水利工程建设与运行管理

宁金金　盛大鹏　张君刚　主编

广东旅游出版社
中国·广州

图书在版编目（CIP）数据

水利工程建设与运行管理 / 宁金金，盛大鹏，张君刚主编． -- 广州：广东旅游出版社，2025.4. -- ISBN 978-7-5570-3563-1

Ⅰ．TV

中国国家版本馆CIP数据核字第20254PL403号

出 版 人：刘志松
责任编辑：魏智宏　黎　娜
封面设计：刘梦杳
责任校对：李瑞苑
责任技编：冼志良

水利工程建设与运行管理
SHUILI GONGCHENG JIANSHE YU YUNXING GUANLI

广东旅游出版社出版发行
（广东省广州市荔湾区沙面北街71号首、二层）
邮编：510130
电话：020-87347732（总编室）　020-87348887（销售热线）
投稿邮箱：2026542779@qq.com
印刷：廊坊市海涛印刷有限公司
地址：廊坊市安次区码头镇金官屯村
开本：710毫米×1000毫米　16开
字数：340千字
印张：18.5
版次：2025年4月第1版
印次：2025年4月第1次
定价：76.00元

[版权所有，翻版必究]
本书如有错页倒装等质量问题，请直接与印刷厂联系换书。

编委会

主　编　宁金金　盛大鹏　张君刚

副主编　马国胜　温振涛　关明杰

　　　　陈　鹏　包家全　牛福田

　　　　邓　晶　赵佳瑞

编　委　彭孝平

前言

水利工程是用于控制和调配自然界的地表水和地下水，为达到除害兴利目的而修建的工程。水利工程建设事关民生大计，水是生命之源、生产之要、生态之基。"兴水利、除水害"事关人类生存、经济发展、社会进步，自古以来就是重点关注对象，也被视为治国兴邦的长策。我国也把水利工程建设视为促进经济健康稳定发展、社会和谐发展的头等大事来抓，并且取得了积极的成效。

水利工程施工是指根据设计方案中所提出的工程结构、数量、质量、进度及造价等要求，对水利工程进行修建。水利工程在具体施工过程中的技术措施、操作方式、维修应用等，都是水利工程管理的重要组成部分。水利工程项目施工管理是以水利工程建设项目施工为管理对象，通过一个临时固定的专业柔性组织，对施工过程进行有针对性和高效率的规划、设计、组织、指挥、协调、控制、落实和总结的动态管理，最终达到管理目标综合协调与优化的系统管理方法。

需明确的是，对于水利工程管理来说，其基本任务是保持工程建筑物和设备的完整、安全，使其处于良好的技术状况，与此同时，还要采取相应的措施来确保水利工程设备的使用与运行，以更好地控制、调节、分配、使用水资源，从而充分发挥其防洪、灌溉、供水、排水、发电、航运、环境保护等效益。

水利工程管理事关项目建设成效，影响重大，意义深远。项目各参建方应将项目管理的重视程度提至足够高度，将工程管理的现存问题予以透彻剖析，并采取针对性的有效对策，以全力做好项目管理，从而促使项目建设的质量、安全、进度等得以满足建设需求。本书结合笔者多年水利工程管理经验，以水利工程建设的现状为切入点，细致剖析了水利工程管理的现存问题，并提出了针对性的解决对策。希望通过本书的分析与研究，能够有效做好水利工程项目建设全过程、全方位动态管控，为提高水利工程项目的建设质量提供帮助。

　　本书主要介绍了水利工程建设与运行管理方面的基本知识，分析了水利水电工程基础理论，重点论述了水利工程建设项目施工质量管理、水利工程建设项目施工进度管理、水利工程建设项目安全管理，并对水利水电工程老化病害及其防治、泵站运行与管理、水电站厂内经济运行等内容进行探索。本书在写作时突出基本概念与基本原理，同时注重理论与实践结合，希望可以对广大相关从业者提供借鉴或帮助。

　　由于作者水平有限，书中难免存在疏漏之处，恳切地希望读者对本书存在的问题提出批评和意见，以待进一步修改，使之更加完善。

目录

第一章　水利水电工程概论 …………………………………… 1
第一节　水利水电工程 ………………………………………… 1
第二节　水利水电工程建设与管理 …………………………… 6
第三节　工程建设项目前期准备 ……………………………… 13
第四节　工程建设投资控制 …………………………………… 21
第五节　工程建设项目评价 …………………………………… 25

第二章　水利工程建设管理理论 …………………………… 35
第一节　水利工程建设项目管理初探 ………………………… 35
第二节　水利工程建设项目管理方法 ………………………… 39
第三节　水利工程建设项目管理系统的设计与开发 ………… 42
第四节　水利工程建设项目管理模式 ………………………… 46
第五节　水利工程建设项目管理及管理体制的分析 ………… 50

第三章　水利工程建设项目施工质量管理 ………………… 54
第一节　施工质量管理概述 …………………………………… 54
第二节　质量管理体系的建立与运行 ………………………… 61
第三节　工程质量统计 ………………………………………… 63
第四节　工程质量事故分析处理 ……………………………… 67
第五节　工程质量验收与评定 ………………………………… 70

第四章　水利工程建设项目施工进度管理 ………………… 75
第一节　施工进度管理概述 …………………………………… 75
第二节　施工进度计划的编制与实施 ………………………… 77

第三节　施工进度计划的检查与比较方法 ……………………… 78

　　第四节　进度拖延的原因分析和解决措施研究 ………………… 81

第五章　水利工程建设项目安全管理 ……………………………… 86

　　第一节　施工不安全因素分析 …………………………………… 86

　　第二节　工程施工安全责任 ……………………………………… 92

　　第三节　施工单位安全控制体系和保证体系 …………………… 96

　　第四节　施工安全技术措施审核和施工现场的安全控制 ……… 100

第六章　水利水电工程老化病害及其防治 ………………………… 107

　　第一节　混凝土坝老化病害及其防治 …………………………… 107

　　第二节　土石坝老化病害及其防治 ……………………………… 116

　　第三节　水闸老化病害及其防治 ………………………………… 131

　　第四节　水工隧洞老化病害及其防治 …………………………… 136

第七章　水利工程与河道治理研究 ………………………………… 141

　　第一节　水利工程治理的内涵 …………………………………… 141

　　第二节　水利工程治理的技术手段 ……………………………… 147

　　第三节　水利工程河道治理及生态水利的应用 ………………… 160

第八章　泵站运行与管理 …………………………………………… 165

　　第一节　水泵的运行与维护 ……………………………………… 165

　　第二节　电动机的运行与维护 …………………………………… 177

　　第三节　电气及辅助设备的运行与维护 ………………………… 184

　　第四节　自动监控系统 …………………………………………… 196

　　第五节　建筑物的管理与维修 …………………………………… 207

第九章　水利工程水库管理基础知识 ……………………………… 214

　　第一节　水库管理概述 …………………………………………… 214

　　第二节　水库库区的防护 ………………………………………… 216

　　第三节　库岸失稳的防治 ………………………………………… 221

　　第四节　水库泥沙淤积的防治 …………………………………… 224

第五节　水库的控制运用 …………………………………………… 230

第十章　水库工程的运行调度管理 …………………………………… 240

　　第一节　水库调度规程及工作制度 ………………………………… 240

　　第二节　水库调度方案的编制 ……………………………………… 243

　　第三节　水库度汛计划的编制 ……………………………………… 246

　　第四节　水库调度的评价与考核 …………………………………… 250

　　第五节　水库的防洪调度图 ………………………………………… 254

　　第六节　水库的防洪限制水位 ……………………………………… 256

　　第七节　防洪调度方式的拟定及调度规则的制定 ………………… 258

第十一章　水电站厂内经济运行 ……………………………………… 268

　　第一节　水电站厂内经济运行的任务及内容 ……………………… 268

　　第二节　水电站动力特性 …………………………………………… 272

　　第三节　等微增率法求解运行机组的最优组合和负荷分配 ……… 279

　　第四节　动态规划法求解运行机组的最优组合和负荷分配 ……… 281

　　第五节　电厂开停机计划的制订 …………………………………… 282

参考文献 ………………………………………………………………… 284

第一章　水利水电工程概论

第一节　水利水电工程

水利工程是指对自然界的地表水和地下水进行控制和调配，以达到除害兴利目的而修建的工程。水利工程的根本任务是除水害和兴水利，前者主要是防止洪水泛滥和溃涝成灾；后者则是从多方面利用水资源为人民造福，包括灌溉、发电、供水、排水、航运、养殖、旅游、改善环境等。

一、水利水电工程类型

（一）按社会功能分

水利基本建设项目是通过固定资产投资形成水利固定资产并发挥社会和经济效益的水利项目。

水利水电工程按其功能和作用分为公益型、准公益型和经营型三类：

（1）公益型工程。指具有防洪、排涝、抗旱和水资源管理等社会公益性管理和服务功能，自身无法得到相应经济回报的水利工程，如堤防工程、河道整治工程、蓄滞洪区安全建设、除涝、水土保持、生态建设、水资源保护、贫困地区人畜饮水、防汛通信、水文设施等。

（2）准公益型工程。指既有社会效益，又有经济效益的水利工程，其中大部分是以社会效益为主。如综合利用的水利枢纽（水库）工程、大型灌区节水改造工程等。

（3）经营型工程。指以经济效益为主的水利工程。如城市供水、水力发电、水库养殖、水上旅游及水利综合经营等。

(二)按工程职能分

按水利工程的职能服务对象可分为:

(1)防洪工程:防止洪水灾害的水利工程。

(2)农田水利工程:防止旱、涝、渍灾,为农业生产服务的水利工程,或称灌溉和排水工程。

(3)水力发电工程:将水能转化为电能的水利工程。

(4)港口和航道工程:创建和改善航运条件的水利工程。

(5)城市水务工程:为工业和生活用水服务,并处理和排除污水和雨水的城镇供水和排水工程。

(6)环境水利工程:防止水土流失和水质污染,维护生态平衡的水土保持工程和环境水利工程。

(7)其他水利工程:保护和增进渔业生产的渔业水利工程;围海造田,满足工农业生产或交通运输需要的海涂围垦工程等。

(8)综合利用水利工程:同时为防洪、灌溉、发电、航运等多种目标服务的水利工程。

(三)水利枢纽类型

为了达到防洪、灌溉、发电、供水等目的,需要修建各种不同类型的建筑物来控制和支配水流,这些建筑物统称为水工建筑物。集中建造的几种水工建筑物配合使用,形成一个有机的综合体,称为水利枢纽。

水电站厂房为了发电而建,是水电站枢纽的主要建筑物。常见的是坝后式厂房,即电站厂房就在厂房坝段的大坝后面,如葛洲坝电站、丹江口电站等;也有引水式电站,即将库水通过压力钢管或引水隧洞引到远离大坝的发电厂房,如鲁布革电站。近年来,地下厂房技术发展迅速,许多大型水电站都采用地下厂房,既解决了水工建筑物布置上的问题,又节省投资、便于管理,如溪洛渡电站、向家坝电站和三峡电站右岸。

除了永久性建筑外,在施工过程中还有许多临时建筑,如围堰、导流洞、砂石料系统等。这些临时建筑在工程完工后大都废弃或拆除,以利于永久建筑的运行。但也有为节省投资而与永久建筑结合的例子,如纵向混凝土围堰常作为引航道、导流洞，也作为放空排沙洞等。农业用水主要是灌溉，由取水口(水源)通过渠道、渡槽、涵管、闸门、泵站等组成的灌溉网给农田供水、排涝，保证农业生产。在沿海地区设置许多水闸，保证内陆水顺利排向大海，同时防止海水在涨潮时倒灌。排灌泵站是为灌溉、排水而设置的抽水装置(见排灌用泵)、进出水建筑物、泵房(见泵站建筑物)及附属设施的综合体。

二、水利水电工程特点

水利工程有很多不同于其他工程的特点，具体如下。

(一)水利工程具有很强的系统性和综合性

单项水利工程是同一流域、同一地区内各项水利工程的有机组成部分，这些工程既相辅相成，又相互制约；单项水利工程自身往往是综合性的，各服务目标之间既紧密联系，又相互矛盾。水利工程和国民经济的其他部门也是紧密相关的。规划设计水利工程必须从全局出发，系统地、综合地进行分析研究，才能得到最为经济合理的优化方案。

(二)水利工程设计的独特性

水利工程的勘测、设计、施工都与其所在的地形、地质、水文、气象、交通等条件息息相关，由于这些条件总是无一相同、千差万别的，因而水利工程在设计上，其工程规模、布置型式及其各水工建筑物的结构、型式、尺寸等具有因地制宜的独特性而成为一个单件性的设计产品，不同于其他土木工程那样可采用定型设计。

(三)水利工程施工的艰巨性

水利工程一般规模大、技术复杂、环境恶劣、工期较长、投资多。水利工程施工具有强度高、干扰大、技术和管理复杂、专业性强以及施工阶段进度受洪水等自然条件制约的特点。因此，为安全、保质、顺利地完成水利工程建设任务，兴建时必须按照基本建设程序和有关标准进行。

(四) 水利工程效益具有显著性和随机性

水利工程是一项投资大、周期长的项目，同时，水利工程一旦建成，它的效益也是很显著的。但是由于水利工程是利用水资源，在很大程度上受河道来水流量制约，故其效益也是随机性的。根据每年水文状况不同而效益不同，此外，农田水利工程还与气象条件的变化有密切联系。

(五) 水利工程工作条件的复杂性

水利工程中各种水工建筑物都是在难以确切把握的气象、水文、地质等自然条件下进行施工和运行的，它们又多承受水的推力、浮力、渗透力、冲刷力等的作用，工作条件较其他建筑物更为复杂。除此之外，当水具有侵蚀性时，还会使混凝土或浆砌石结构中的石灰质溶解，破坏材料强度和耐久性；在水中的钢结构则很容易发生严重锈蚀；在寒冷地区的水工建筑物往往受到冰压力的作用。因此，水工建筑物正常工作的前提条件就是要解决好稳定、防渗、防冲、抗侵蚀和防冻等问题。

三、水利水电工程项目划分

一个基本建设项目往往规模大，建设周期长，影响因素复杂，尤其是大中型水利水电工程。为了便于编制基本建设计划和编制工程造价，组织招投标与施工，进行质量、工期和投资控制，拨付工程款项，实行经济核算和考核工程成本，需系统地对一个基本建设项目逐级划分为若干个各级工程项目。基本建设工程通常按项目本身的内部组成划分为单项工程、单位工程、分部工程和分项工程。

(一) 单项工程

单项工程是一个建设项目中具有独立的设计文件，竣工后能够独立发挥生产能力和使用效益的工程。如工厂内能够独立生产的车间、办公楼，一个水利枢纽工程的发电站、拦河大坝等。单项工程是具有独立存在意义的一个完整工程，也是一个极为复杂的综合体，它是由许多单位工程组成，如一个新建车间，不仅有厂房，还有设备安装工程。

(二) 单位工程

单位工程是单项工程的组成部分，是指具有独立的设计文件、可以独立组织施工，但完工后不能独立发挥效益的工程。如工厂车间是一个单项工程，它又可以划分为建筑工程和设备安装两大类单位工程。每一个单位工程仍然是一个较大的组合体，它本身仍然是由许多结构或更大部分组成的，所以对单位工程还需要进一步划分。

(三) 分部工程

分部工程是单位工程的组成部分，是按工程部位、设备种类和型号、使用的材料和工种的不同对单位工程所作的进一步划分。如建筑工程中的一般土建工程，按照不同的工种和不同的材料结构可划分为土石方工程、基础工程、砌筑工程、钢筋混凝土工程等分部工程。

分部工程是编制工程造价、组织施工、质量评定、包工结算与成本核算的基本单位，但在分部工程中影响工料消耗的因素仍然很多。例如，同样都是土石方工程，由于土壤类别（普通土、坚硬土、砾质土）不同，挖土的深度不同、施工方法不同，则每一单位土方工程所消耗的人工、材料差别很大。因此，还必须把分部工程按照不同的施工方法、材料、规格等作进一步划分。

(四) 分项工程

分项工程是分部工程的组成部分，通过较为简单的施工过程就能生产出来，并且是可以用适当计量单位计算其工程量大小的建筑或设备安装工程产品。一般来说，它的独立存在是没有意义的，它只是建筑或设备安装工程的最基本构成因素。

第二节　水利水电工程建设与管理

一、水利水电工程建设管理

建设管理体制是基本建设得到有效实施的根本保证，现阶段我国的建设管理体制是以国家宏观监督和调控为指导，以项目法人责任制或业主负责制为核心，以招标投标制和建设监理制为服务体系的建设项目管理体制。国家对建设项目的宏观监督、调控主要是从政策和管理制度上对项目的立项、审批进行指导、调控和监督。项目法人或业主对项目的实施、资金使用负责。通过招投标在项目建设中引入竞争机制，选择信用好、有实力的承包人实施项目。实行建设监理制使项目建设管理趋于专业化、规范化和科学化，形成良性循环。

水利工程项目的管理体制包括以下各方面。

（一）水利部管理职责

水利部是国务院水行政主管部门，对全国水利工程建设实行宏观管理。水利部建设与管理司是水利部主管水利建设的综合管理部门，在水利工程建设项目管理方面，其主要管理职责是：

（1）贯彻执行国家的方针政策，研究制定水利工程建设的政策法规，并组织实施。

（2）对全国水利工程建设项目进行行业管理。

（3）组织和协调部属重点水利工程的建设。

（4）积极推行水利建设管理体制的改革，培育和完善水利建设市场。

（5）指导或参与省属重点大中型工程、中央参与投资的地方大中型工程建设的项目协调、监督。

（二）流域机构管理职责

流域机构是水利部的派出机构，对其所在流域行使水行政主管部门的职责，负责本流域水利工程建设的行业管理。

（1）以中央投资为主的水利工程建设项目，除少数特别重大项目由水利部直接组织管理外，其余项目均由所在流域机构负责组织管理。逐步实现按流域综合规划、组织建设生产经营、滚动开发的机制。

(2) 流域机构按照国家投资政策，通过多渠道筹集资金，逐步建立流域水利建设投资主体，从而实现国家对流域水利建设项目的管理。

(三) 地方水行政主管部门管理职责

省（自治区、直辖市）水利（水务）厅（局）是地方的水行政主管部门，负责本地区水利工程建设的行业管理。

(1) 负责本地区以地方投资为主的大中型水利工程建设项目的组织管理。

(2) 支持本地区的国家和部属重点水利工程建设，积极为工程创造良好的建设环境。

(四) 项目法人管理职责

水利工程项目法人对建设项目的立项、筹资、建设、生产经营、还本付息以及资产保值增值的全过程负责，并承担投资风险。代表项目法人对建设项目进行管理的建设单位是项目建设的直接组织者和实施者，负责按项目的建设规模、投资总额、建设工期、工程质量等实行项目建设的全过程管理，对国家或投资各方负责。项目法人对项目建设的全过程负责，对项目的工程质量、工程进度和资金管理负总责，其主要职责为：

(1) 负责组建项目法人在现场的建设管理机构。

(2) 负责落实工程建设计划和资金。

(3) 负责对工程质量、进度、资金等进行管理、检查和监督。

(4) 负责协调项目的外部关系。

(五) 监理单位管理职责

依据《建设工程质量管理条例》（国务院令第279号），工程监理单位应当依照法律法规以及有关技术标准、设计文件和建设工程承包合同，代表项目法人（建设单位）对工程质量实施监理，并对工程质量承担监理责任。工程监理单位应当选派具备相应资格的总监理工程师和监理工程师进驻施工现场。未经监理工程师签字，建筑材料、建筑构配件和设备不得在工程上使用或者安装，施工单位不得进行下一道工序的施工。未经总监理工程师签字，项目法人(建设单位)不拨付工程款，不进行竣工验收。监理工程师应当按照工程监理规范的要求，采取旁站、巡视和平行检验等形式，对建设工程实施监理。

(六) 施工单位管理职责

依据《建设工程质量管理条例》(国务院令第279号)，施工单位对建设工程的施工质量负责，包括：施工单位应当建立质量责任制，确定工程项目的项目经理、技术负责人和施工管理负责人；施工单位必须按照工程设计图纸和施工技术标准施工，不得擅自修改工程设计，不得偷工减料；施工单位在施工过程中发现设计文件和图纸有差错的，应当及时提出意见和建议；施工单位必须按照工程设计要求、施工技术标准和合同约定，对建筑材料、建筑构配件、设备和商品混凝土进行检验，检验应当有书面记录和专人签字；未经检验或者检验不合格的，不得使用；施工单位必须建立健全施工质量的检验制度，严格工序管理，做好隐蔽工程的质量检查和记录等方面的工作。

(七) 设计单位管理职责

依据《建设工程质量管理条例》(国务院令第279号)，勘察、设计单位必须按照工程建设强制性标准进行勘察、设计，并对其勘察、设计的质量负责，包括：注册建筑师、注册结构工程师等注册执业人员应当在设计文件上签字，对设计文件负责；勘察单位提供的地质、测量、水文等勘察成果必须真实、准确；设计单位应当根据勘察成果文件进行建设工程设计；设计文件应当符合国家规定的设计深度要求，注明工程合理使用年限；设计单位在设计文件中选用的建筑材料、建筑构配件和设备，应当注明规格、型号、性能等技术指标，其质量要求必须符合国家规定的标准；设计单位应当就审查合格的施工图设计文件向施工单位作出详细说明；设计单位应当参与建设工程质量事故分析，并对因设计造成的质量事故，提出相应的技术处理方案等。

(八) 质量监督单位(社会监理)管理职责

依据《建设工程质量管理条例》(国务院令第279号)，国家实行建设工程质量监督管理制度。国务院建设行政主管部门对全国的建设工程质量实施统一监督管理。国务院铁路、交通、水利等有关部门按照国务院规定的职责分工，负责对全国的有关专业建设工程质量的监督管理。县级以上地方人民政府建设行政主管部门对本行政区域内的建设工程质量实施监督管理。县级以上地方人民政府交通、水利等有关部门在各自的职责范围内，负责对本行政区域内的专业建设工程质量的监督管理。

二、水利水电工程建设程序

水利工程项目在建设工程中，各个工作环节的先后顺序和步骤也称水利工程基本建设程序。我国规定，对拟兴建的水利工程项目，要严格遵守基本建设程序，做好前期工作，并纳入国家各级基本建设计划后才能开工。

水利工程建设程序一般分为项目建议书、可行性研究报告、初步设计、施工准备（包括招标设计）、建设实施、生产准备、竣工验收、后评价等阶段。水利工程项目建设程序中，按其工作内容可分为决策阶段、设计阶段、建设阶段和生产阶段。从投资人角度，还可分为投资前期、投资期和生产期。从建设管理的角度讲，项目法人的工作重点在投资期，即设计阶段和建设阶段。

水利水电工程建设项目基本建设程序的具体工作内容如下：

(一) 项目建议书阶段

项目建议书应根据国民经济和社会发展长远规划、流域综合规划、区域综合规划、专业规划，按照国家产业政策和国家有关投资建设方针进行编制，是对拟进行建设项目的初步说明。

项目建议书编制一般由政府委托有相应资格的设计单位承担，并按国家现行规定权限向主管部门申报审批。项目建议书被批准后，由政府向社会公布，若有投资建设意向，应及时组建项目法人筹备机构，开展下一项建设程序工作。

(二) 可行性研究报告阶段

可行性研究应对项目进行方案比较，对技术上是否可行和经济上是否合理进行科学的分析和论证。经过批准的可行性研究报告，是项目决策和进行初步设计的依据。可行性研究报告，由项目法人(或筹备机构)组织编制。

可行性研究报告按国家现行规定的审批权限报批。申报项目可行性研究报告，必须同时提出项目法人组建方案及运行机制、资金筹措方案、资金结构及回收资金的办法，并依照有关规定附具有管辖权的水行政主管部门或流域机构签署的规划同意书、对取水许可预申请的书面审查意见。审批部门要委托有项目相应资格的工程咨询机构对可行性报告进行评估，并综合行业归口主管部门、投资机构(公司)、项目法人(或项目法人筹备机构)等方面的意见进行审批。

可行性研究报告经批准后，不得随意修改和变更，在主要内容上有重要变动，应经原批准机关复审同意。项目可行性报告批准后，应正式成立项目法人，并按项目法人责任制实行项目管理。

(三)初步设计阶段

初步设计是根据批准的可行性研究报告和必要而准确的设计资料，对设计对象进行通盘研究，阐明拟建工程在技术上的可行性和经济上的合理性，规定项目的各项基本技术参数，编制项目的总概算。初步设计任务应择优选择有项目相应资格的设计单位承担，依照有关初步设计编制规定进行编制。

初步设计文件报批前，一般须由项目法人委托有相应资格的工程咨询机构或组织行业各方面(管理、设计、施工、咨询等)的专家，对初步设计中的重大问题进行咨询论证。设计单位根据咨询论证意见，对初步设计文件进行补充、修改、优化。初步设计由项目法人组织审查后，按国家现行规定权限向主管部门申报审批。设计单位必须严格保证设计质量，承担初步设计的合同责任。初步设计文件经批准后，主要内容不得随意修改、变更，并作为项目建设实施的技术文件基础。如有重要修改、变更，须经原审批机关复审同意。

(四)施工准备阶段

(1)项目在主体工程开工之前，必须完成各项施工准备工作，其主要内容包括：

① 施工现场的征地、拆迁。
② 完成施工用水、电、通信、路和场地平整等工程。
③ 必需的生产、生活临时建筑工程。
④ 组织招标设计、咨询、设备和物资采购等服务。
⑤ 组织建设监理和主体工程招标投标，并择优选定建设监理单位和施工承包队伍。

(2) 水利工程项目必须满足如下条件，施工准备方可进行：
① 初步设计已经批准。
② 项目法人已经建立。
③ 项目已列入国家或地方水利建设投资计划，筹资方案已经确定。
④ 有关土地使用权已经批准。
⑤ 已办理报建手续。

(五) 建设实施阶段

建设实施阶段是指主体工程的建设实施，项目法人按照批准的建设文件，组织工程建设，保证项目建设目标的实现。项目法人或其代理机构必须按审批权限，向主管部门提出主体工程开工申请报告，经批准后，主体工程方能正式开工。

(六) 生产准备阶段

生产准备是项目投产前所要进行的一项重要工作，是建设阶段转入生产经营的必要条件。项目法人应按照建管结合和项目法人责任制的要求，适时做好有关生产准备工作，生产准备应根据不同类型的工程要求确定，一般应包括如下主要内容：

(1) 生产组织准备。建立生产经营的管理机构及相应管理制度。
(2) 招收和培训人员。按照生产运营的要求，配备生产管理人员，并通过多种形式的培训，提高人员素质，使之能满足运营要求。生产管理人员要尽早介入工程的施工建设，参加设备的安装调试，熟悉情况，掌握好生产技术和工艺流程，为顺利衔接基本建设和生产经营阶段做好准备。
(3) 生产技术准备。主要包括技术资料的汇总、运行技术方案的制定、岗位操作规程制定和新技术准备。

(4) 生产的物资准备。主要是落实投产运营所需要的原材料、协作产品、工器具、备品备件和其他协作配合条件的准备。

(5) 正常的生活福利设施准备。

(七) 竣工验收阶段

竣工验收是工程完成建设目标的标志，是全面考核基本建设成果、检验设计和工程质量的重要步骤。竣工验收合格的项目即从基本建设转入生产或使用。

当建设项目的建设内容全部完成，经过单位工程验收符合设计要求，完成了档案资料的整理工作，待竣工报告、竣工决算等必需文件编制完成后，项目法人向验收主管部门提出申请，根据国家和部委颁布的验收规程，组织验收。工程规模较大、技术较复杂的建设项目可先进行初步验收。不合格的工程不予验收；有遗留问题的项目，对遗留问题必须有具体处理意见，且对于限期处理的问题，需明确要求并落实责任人。

(八) 后评价阶段

建设项目竣工投产，一般经过1～2年生产运营后，要进行一次系统的项目后评价，主要内容包括：

(1) 影响评价。项目投产后对各方面的影响进行评价。

(2) 经济效益评价。对项目投资、国民经济效益、财务效益、技术进步和规模效益可行性研究深度等进行评价。

(3) 过程评价。对项目的立项、设计施工、建设管理、竣工投产、生产运营等全过程进行评价。

项目后评价一般按三个层次组织实施，即项目法人的自我评价、项目行业的评价、计划部门（或主要投资方）的评价。建设项目后评价工作必须遵循客观、公正、科学的原则，做到分析合理、评价公正。通过建设项目的后评价以达到肯定成绩、总结经验、研究问题、吸取教训、提出建议、改进工作，不断提高项目决策水平和投资效果的目的。凡违反工程建设程序管理规定的，按照有关法律、法规、规章的规定，由项目行业主管部门根据情节轻重，对责任人进行处理。

第三节　工程建设项目前期准备

一、流域规划

流域规划是根据国家制定水利建设的方针政策，地区及国民经济各部门对水利建设的需求，提出针对某一河流治理开发的全面综合规划。流域规划是以江河流域为范围，以研究水资源的合理开发和综合利用为中心的长远规划，是区域规划的一种特殊类型，是国土规划的一个重要方面。其主要内容为：查明河流的自然特性，确定治理开发的方针和任务，提出梯级布置方案、开发程序和近期工程项目，协调有关社会经济各方面的关系。按规划的主要对象，流域规划可分为两类：一类是以江河本身的治理开发为主，如较大河流的综合利用规划，多数偏重干、支流梯级和水库群的布置以及防洪、发电、灌溉、航运等枢纽建筑物的配置；另一类是以流域的水利开发为目标，如较小河流的规划或地区水利规划，主要包括各种水资源的利用，水土资源的平衡以及农林和水土保持等规划措施。

(一) 规划原则

江河流域规划的目标大致为：基本确定河流治理开发的方针和任务，基本选定梯级开发方案和近期工程，初步论证近期工程的建设必要性、技术可能性和经济合理性。

(1) 贯彻国家的建设方针和政策。处理好必要与可能、近期与远景、除害与兴利、农业与工业交通、整体与局部、干流与支流、上游与下游、滞蓄与排洪、大型与中小型，以及资源利用与保护等方面的关系。

(2) 贯彻综合利用原则。调查研究防洪、发电、灌溉、航运、过木、供水、渔业、旅游、环境保护等有关部门的现状和要求，分清主次、合理安排。

(3) 重视基本资料。在广泛收集整理已有的普查资料基础上，通过必要的勘测手段和调查研究工作，掌握地质、地形、水文、气象、泥沙等自然条件，了解地区经济特点及发展趋势、用电和其他综合利用要求、水库环境本底情况等基本依据。

(二) 规划内容

流域规划的主要内容包括河流梯级开发方案和近期工程的选择。

1. 河流梯级开发方案的拟定应遵循的基本原则

(1) 根据河流自然条件和开发任务，在必要和可能的前提下，尽量满足综合开发、利用的要求。

(2) 合理利用河道流量和天然落差。

(3) 结合地质地形条件，选择和布置控制性调节水库。

(4) 尽量减少因水库淹没所造成的损失。

(5) 注意对环境的不利影响。

2. 近期工程的选定应考虑的基本条件

(1) 具有较多较可靠的水文、地形、地质等基本资料。

(2) 能较好地满足近期用电和综合开发、利用的要求，距离用电中心较近的、工程技术措施比较容易落实的、建设规模与国民经济发展相适应的工程，则在经济上比较合理。

(3) 对外交通比较方便，施工条件比较优越。

(4) 水库淹没所造成的损失相对较少。

二、项目建议书

(一) 概述

项目建议书（又称立项申请）是根据国民经济和社会发展长远规划、流域综合规划、区域综合规划或专业规划，按照国家产业政策和国家有关投资建设方针，区分轻重缓急，合理选择开发建设项目。对项目的建设条件进行调查和必要的勘测，对设计方案进行比选，并对资金筹措进行分析，择优选定建设项目的规模、地点、建设时间和投资总额，论证建设项目的必要性、可行性和合理性。

水利工程项目建议书的编制是国家基本建设过程的重要阶段，它是在流域、河道综合规划的基础上进行编制的，经主管部门审查，有关部门评估、批准后，列入国家或地区长期经济发展计划，同时也是项目立项和开展下阶段可行性研究报告工作的依据。水利工程项目建议书的编制先由主管部门（一般是政府）或业主根据批准的流域和区域综合规划或专业规划提出的近期开发项目，考虑国家和当地发展的需要，委托有资格的水利水电勘测设计单位编写项目建议书的任务书和相应的勘察设计大纲，报主管部门审查通过后，才能正式开展项目建议书的编制工作。承担编制任务的单位应按批准任务书的要求进行编制，编制所需费用由委托单位支付。

项目建议书编制完成后，按水利工程基本建设管理规定上报主管部门审批。一旦项目建议书获得批准，政府有权将其公之于众。若存在投资建设意愿，应当迅速成立项目法人等筹备组织，以推进后续的建设程序工作。

(二) 项目建议书的主要内容

(1) 项目建设的必要性和任务。概述对项目建设的要求，阐述项目的建设任务，根据项目实际情况进行分析，论证项目建设的必要性。

(2) 建设条件。简述工程所在流域（或区域）的水文条件、工程地质条件。分析项目所在地区和附近有关地区的生态、社会和环境等外部条件及其对本项目的影响。

(3) 建设规模。对规划阶段拟定的工程规模进行复核，通过初步技术经济分析，初选工程规模指标。

(4) 主要建筑物布置。根据初选的建设规模及有关规定，初步确定工程等级及主要建筑物级别、设计洪水标准和地震设防烈度；初选工程场址，初定主要建筑物的基本型式和布置，提出工程总布置初步方案；分项列出各建筑物及地基处理、机电设备和金属结构的工程量。

(5) 工程施工。简述工程区水文气象、对外交通、通信及施工场地等条件，初拟施工导流标准、流量、导流度汛方式、导流建筑物型式和布置，初拟主体工程施工方法、施工总布置和总进度。

(6) 淹没和占地处理。简述淹没、占地处理范围和主要实物指标，以及移民安置、专项迁建规模及实物指标，初估补偿投资费用。

(7) 环境影响。根据工程影响区的环境状况，结合工程特性，简要分析工程建设对环境的影响。对主要不利影响，应初步提出减免的对策和措施，分析是否存在工程开发的重大制约因素。

（8）工程管理。初步提出项目建设管理机构的设置与隶属关系、资产权属关系，以及维持项目正常运作所需管理、维护费用及其来源、负担的原则和应采取的措施。

（9）投资估算及资金筹措。简述投资估算的编制原则、依据及采用的价格水平年，初拟主要基础单价和主要工程单价，提出投资主要指标，按工程量估算投资，提出资金筹措设想。

（10）经济评价。说明经济评价的基本依据，以及国民经济评价和财务评价的价格水平、主要参数及评价准则；提出项目经济初步评价指标，对项目国民经济合理性进行初步评价及敏感性分析；提出项目财务初步评价指标，对项目的财务可行性进行初步评价；从社会效益和财务效益方面，提出项目的综合评价结论。

（11）结论与建议。综述工程项目建设的必要性以及任务、规模、建设条件、工程总布置、淹没和占地处理、环境影响、工期、投资估算和经济评价等主要成果，简述主要问题和地方政府的意见，提出综合评价结论和对下步工作的建议。

三、可行性研究报告

（一）概述

水利水电工程项目的可行性研究是在流域综合规划和项目建议书批准的基础上，在工程涉及的范围内进行较详细的调查研究和必需的地质勘察工作，提出可靠的基础资料，对工程建设项目，在技术上的可行性和经济上的合理性进行全面分析、科学论证，经多种方案综合比较，选定最好的方案，编制可行性研究报告。可行性报告中要确定或基本确定建设条件、主要规划指标、建设规模、工程总布置建筑物基本结构型式，初选主体工程的施工方法、施工导流方案，对工程效益、经济评价以及工程存在的主要问题及其解决方法要有明确的意见。

可行性研究对项目方案进行比选，需要组织各方面的专家和学者对拟建项目的建设条件进行全方位、多方面的综合论证比较。例如，三峡工程就涉及许多部门和专业，甚至整个流域的生态环境、文物古迹、军事等学科。项目可行性研究报告是项目可行性研究的成果，是项目立项建设的主要成果文件。可行性研究报告阶段是项目最终决策和初步设计的依据，必须按规定要求达到应有的深度和准确性。可行性研究是项目是否兴建的关键阶段，可行性研究的投资估算将是建设项目投资控制的总目标，直接关系到投资效益，从投资控制角度来讲是影响投资最大的一个阶段。可行性研究报告经批准后，不得随意修改和变更，因地质和外界环境等的变化而引起的在规模、方案布置、主要建筑物型式等主要内容上的重大变动，需经原审批部门复审同意后，方可修改。

(二) 可行性研究报告内容

可行性研究报告的主要内容如下：

(1) 在项目建议书分析工程建设必要性的基础上，应进一步论证工程建设的必要性，确定工程建设的任务和综合利用工程功能主次顺序。

(2) 确定工程的主要水文参数和水文成果，包括多年平均径流量、不同月份的平均径流量、不同频率的洪峰流量及洪量等。

(3) 查明影响工程的主要地质条件和主要工程的主要地质问题，对工程场地的构造稳定性和地表危害性作出评价；对水库的主要地质问题，如浸没、库区渗漏、诱发地震等作出评价；对主要建筑物地质条件，如承载力、抗滑稳定、渗透稳定、边坡稳定等作出初步评价；对天然建筑材料的产地、储量、质量进行初查，作出初评。

(4) 基本选定工程规模及基本确定工程规模主要指标及效益指标（主要水位、流量水资源用量等）。

(5) 选定工程建设场址（坝址及厂、站、场）。

(6) 选定基本坝型和主要建筑物基本型式，初定工程总布置，提出主要建筑物工程量及总工程量。

(7) 初选机型、电气主接线及其主要机电设备，初定厂房和机电布置。

(8) 初选金属结构设备型式及其布置。

(9) 基本选定对外交通方案，初选施工导流方案、主体工程施工方法和施工总布置，提出控制性工程和实施意见。

（10）初选管理方案、人员编制及设施。

（11）基本确定水库淹没、工程占地的范围，查明主要淹没、工程占地主要实物指标，提出移民安置可行性规划方案，估算淹没、占地补偿投资。

（12）评价工程对环境的影响。

（13）提出主要工程量、建筑材料需用量、估算工程总投资及分年度投资。

（14）明确工程效益，作出经济评价和财务分析。

（15）提出综合评价和结论。

此外，可行性研究报告除上述正文的主要内容外，还应有下列附件：有关工程的重要文件；中间讨论和审查会议纪要；水文分析报告；移民安置和淹没处理规划报告；工程地质专题报告；环境影响评价报告书；重要试验和科研报告。可行性研究报告上报应增加招标的内容，主要包括招标范围、招标组织形式、招标方式等。

四、初步设计与施工图设计

根据建设项目的不同情况，设计过程一般划分为两个阶段，即初步设计和施工图设计。重大项目和技术复杂项目可根据不同行业的特点和需要，增加技术设计阶段。

（一）初步设计

1. 概述

初步设计是在可行性研究的基础上对项目建设的进一步勘测设计工作，其成果是初步设计报告，经批准的初步设计报告确定了项目的建设规模和建设投资。

初步设计是基于已经获得批准的可行性研究报告以及必要且精确的设计资料，对设计对象进行全面的分析和规划，明确所提议工程在技术上具备可行性以及在经济上具有合理性。它确立了项目的一系列基本技术参数，并编制出项目的总体预算估算。为了完成初步设计任务，应当选择具备相应资质的设计单位来承担，而初步设计报告则需遵循相关的初步设计编制规范来制定。

初步设计是可行性研究报告的补充和深化。应根据批准的可行性研究报告的基础资料以及审查提出的意见和问题，对可行性研究报告作进一步补充；对可行性研究阶段要求的工作内容，继续深化研究。拟建的工程任务、规模、水文分析和地质勘察成果、主要建筑物基本型式、施工方案、移民占地、工程管理、投资估算以及环境评价和经济评价，在可行性研究报告阶段均已做了大量工作，绝大部分方案、指标都已确定或基本确定。初步设计主要按照有关规定进行复核，对工程建筑物的布置、机电及施工组织设计、工程概算，进一步深入研究，最终确定整个工程设计方案和工程总投资，编成初步设计报告。初步设计是工程实施的决定环节，是施工招标设计和工程施工年度计划安排的依据。初步设计文件经批准后，主要方案和主要指标不得随意修改、变更，并作为项目实施的技术文件的基础，若有重要的修改、变更，须经原审批部门复审同意。

2. 初步设计报告内容

初步设计是可行性研究报告的补充和进一步深化，水利水电项目的初步设计报告依据《水利水电工程初步设计报告编制规程》(SL/T 619—2021) 的规定，其主要内容如下：

(1) 复核工程任务及具体要求，确定工程规模，选定水位、流量、扬程等特征值，明确运行要求。

(2) 复核水文成果。

(3) 复核区域构造的稳定性，查明水库地质和建筑物工程地质条件、灌区水文地质条件及土壤特性，得出相应的评价和结论。

(4) 复核工程的等级和设计标准，确定工程总体布置，以及主要建筑物的轴线、线路、结构型式和布置、控制尺寸、高程和工程数量。

(5) 确定电厂或泵站的装机容量，选定机组机型、单机容量、单机流量及台数，确定接入电力系统的方式、电气主接线和输电方式及主要机电设备的选型和布置，选定开关站(变电站、换流站)的型式，选定泵站电源进线路径、距离和线路型式，确定建筑物的闸门和启闭机等的型式和布置。

(6) 提出消防设计方案和主要设施。

(7) 选定对外交通方案、施工导流方式、施工总体布置和总进度、主要建筑物施工方法及主要施工设备，提出天然(人工)建筑材料、劳动力、供水和供电的需要量及其来源。

(8) 确定水库淹没、工程占地的范围,核实水库淹没及工程占地范围的实物指标,提出水库淹没处理、移民安置规划和投资概算。

(9) 提出环境保护措施设计。

(10) 拟定水利工程的管理机构,提出工程管理范围和保护范围以及主要管理设施。

(11) 编制初步设计概算,利用外资的工程应编制外资概算。

(12) 复核经济评价。

初步设计报告的附件包括:可行性研究报告审查意见、专题报告的审查意见、主要的会议纪要等;有关工程综合利用、水库淹没对象及工程占地的迁建和补偿、铁路及其他设施改建、设备制造等方面的协议书及主要资料;水文分析复核报告;工程地质报告和专题工程地质报告;水库淹没处理及移民安置规划报告、工程永久占地处理报告;水工模型试验报告及其他试验研究报告;机电、金属结构设备专题论证报告;其他有关的专题报告;初步设计有关附图等。

(二) 施工图设计

施工图设计是按初步设计或技术设计所确定的设计原则、结构方案和控制尺寸,根据建筑安装工作的需要,分期分批地编制工程施工详图。在施工图设计中,还要编制相应的施工预算。在施工图设计阶段的主要工作是:对初步设计拟定的各项建筑物,进一步补充计算分析和试验研究,深入细致地落实工程建设的技术措施,提出建筑物尺寸、布置、施工和设备制造、安装的详图、文字说明,并编制施工图预算,作为预算包干、工程结算的依据。设计文件要按规定报送审批。初步设计与总概算应提交主管部门审批。施工图设计应是设计方案的具体化,由设计单位负责,在交付施工前,须经项目法人或由项目法人委托监理单位审查。重要的大型水利工程,技术复杂,一般增加一个技术设计阶段,其内容根据工程的特点而定,深度应能满足确定设计方案中较重要而复杂的技术问题和有关科学试验、设备制造方面的要求,同时编制修正概算。

第四节 工程建设投资控制

一、投资控制基本概念

(一) 概述

1. 投资

投资是指投资主体为了特定的目的,以达到预期收益的价值垫付行为。投资属于商品经济的范畴,投资活动作为一种经济活动,投资运动过程就是在投资循环周期中价值川流不息的运动过程。生产经营性投资运动过程包括资金筹集、分配、运动(实施)和回收增值四个阶段。

2. 基本建设项目

基本建设是指固定资产的建设,即建筑、安装和购置固定资产的活动及与之相关的工作。按照我国现行规定,凡利用国家预算内基建拨改贷、自筹资金、国内外基建信贷以及其他专项资金进行的以扩大生产能力(或增加工程效益)为目的的新、扩建工程及有关工作,属于基本建设。凡利用企业折旧基金、国家更改措施预算拨改贷款、企业自有资金、国内外技术改造信用贷款等资金,对现有企事业的原有设施进行技术改造(包括固定资产更新)以及建设相应配套的辅助生产、生活福利设施等工程和有关工作,属于更新改造。以上基本建设与更新改造均属于固定资产投资活动。

基本建设项目(简称建设项目)是指按照一个总体设计进行施工,由若干个单项工程组成,经济上实行统一核算,行政上实行统一管理的基本建设单位。例如,一个工厂、一座水库、一座水电站,或其他独立的工程,都是一个建设项目。建设项目按其性质,又可分为新建、扩建、改建、恢复和迁建项目。

(二) 工程项目投资程序与工程项目寿命周期的关系

1. 工程项目寿命周期

工程项目寿命周期是指从最初确定社会需求编制项目建议书开始,经过可行性研究设计、施工、营运等阶段,直至该项目被淘汰或报废为止的全部时间历程，包括项目建设阶段及建成后投入运行和报废阶段。

2. 工程项目投资程序

工程项目投资程序是投资活动必须遵循的先后次序，是建设项目从筹建、竣工投产到全部收回投资这一全过程中资金运动规律的客观反映。主要包括资金筹集、投入和回收三大阶段。具体划分为如下步骤：

(1) 确定投资控制数额。

(2) 筹集建设资金。

(3) 将资金缴存建设银行。

(4) 确定工程项目造价。

(5) 工程价款的结算。

(6) 竣工决算。

(7) 进入生产过程与投资回收。

(三) 水利建设项目投资与工程造价

1. 水利水电工程项目投资

目前建设项目投资有两种含义：一般认为建设项目投资是指工程项目建设阶段所需要的全部费用总和，也就是项目建设阶段有计划地进行固定资产再生产和形成低量流动资金的一次费用总和；若从广义角度来看，建设项目投资是指建设项目寿命周期内所花费的全部费用，包括建设安装工程费用、设备工具购置费用和工程建设其他费用。

水利工程项目投资是指水利工程达到设计效益时所需的全部建设资金 (包括规划、勘测、设计、科研等必要的前期费用)，是反映工程规模的综合性指标，其构成除主体工程外，应根据工程的具体情况，包括必要的附属工程、配套工程、设备购置以及移民、占地与淹没赔偿等费用。当修建工程使原有效益或使生态环境受到较大影响时，还应计及替代补救措施所附加的投资。

2. 水利水电工程造价

工程造价是指工程项目实际建设所花费的费用，工程造价围绕计划投资波动，直至工程竣工决算才完全形成。水利水电工程造价是指各类水利水电建设项目从筹建到竣工验收交付使用全过程所需的全部费用。工程造价有两种含义：一是从投资者的角度来定义，是指建设项目的建设成本，即完成一个建设项目所需费用的总和，包括建筑工程费、安装工程费、设备费以及其他相关的必需费用；二是指工程的承发包价格。

(四) 投资控制

工程项目投资控制是指投资控制机构和控制人员为了使项目投资取得最佳的经济效益，在投资全过程中所进行的计划、组织、控制、监督、激励、惩戒等一系列活动。

进行投资控制，首先要有相应的投资控制机构及其控制人员。我国的投资控制机构和控制人员包括：各级计划部门的投资控制机构及其工作人员；银行系统，尤其是建设银行系统及其工作人员；建设单位的投资控制人员。实行建设监理制度以后，社会监理单位受建设单位的委托，可对工程项目的建设过程进行包括投资控制在内的监理，承担建设单位的投资控制人员的一部分工作。由于社会监理单位是代表建设单位工作的，故可把监理工程师包括在这一类投资控制人员之列。

二、工程项目资金计划

(一) 工程项目的资金规划

在工程项目投资决策前，必须对项目方案的资金筹措与运用作出合理的规划，以期平衡资金的供求，减少筹资成本，提高资金使用收益。不同的资金规划可能导致经济效益有较大的差别。资金规划包括资金需求量的预测、资金筹措、资金结构的选择；资金运用包括与项目运营相衔接的资金投放、贷款及其他负债的偿还等。

(二) 工程项目资金使用计划的控制目标

为了控制项目投资，在编制项目资金使用计划时，应合理地确定工程项目投资控制目标值，包括工程项目的总目标值、分目标值、各细目标值。如果没有明确的投资控制目标，便无法把项目的实际支出额与之进行比较，则无法找出偏差及其程度，控制措施会缺乏针对性。在确定投资控制目标时，应有科学的依据。如果投资目标值与人工单价、材料预算价格、设备价格及各项有关费用和各种取费标准不相适应，则投资控制目标便没有实现的可能，控制也是徒劳的。

三、建设过程投资控制

现代水利建设工程项目与传统工程项目相比，其内涵更加丰富。现代工程规模越来越大，涉及因素众多，后果影响重大而且深远，结构复杂，建设周期长且投资额大，风险也大，更加受到社会、政治、经济、技术、自然资源等众多因素的制约，其投资控制工作就更加困难。

（一）建设前期阶段的投资控制

项目建设前期阶段（决策）投资控制的主要内容是：对建设项目在技术施工上是否可行，进行全面分析、论证和方案比较，确定项目的投资估算数目作为设计概算的编制依据。水利水电工程建设项目的前期工作包括项目建议书、可行性研究（含投资估算）阶段。

水利水电设计单位或咨询单位，应该依据《水利水电工程可行性研究报告编制规程》（SL/T 618—2021）的有关规定，编制投资估算。可行性研究报告投资估算通过上级主管部门批准，就是工程项目决策和开展工程设计的依据。同时可行性研究报告投资估算即控制该建设项目初步设计概算静态总投资的最高限额，不得任意突破。

（二）设计阶段的投资控制

项目投资的 80% 决定于设计阶段，而设计费用一般为工程造价的 1.2% 左右。项目设计阶段的投资控制的主要内容是：通过工程初步设计，确定建设项目的设计概算，对于大中型水利水电工程，设计概算可作为计划投资数的控制标准，不应突破。国外项目在设计阶段的主要工作是编制工程概算。

（三）项目施工准备阶段的投资控制

项目施工准备阶段投资控制的主要工作内容是编制招标标底或审查标底，对承包商的财务能力进行审查，确定标价合理的中标人。

(四) 项目施工阶段的投资控制

项目施工阶段投资管理的主要工作内容是造价控制，通过施工过程中对工程费用的监测，确定建设项目的实际投资额，使它不超过项目的计划投资额，并在实施过程中进行费用动态管理与控制。水利水电建设项目的施工阶段是实现设计概算的过程，这一阶段至关重要的是抓好造价管理，这也是控制建设项目总投资的重要工作。

施工阶段投资控制最重要的一个任务就是控制付款，可以说主要是控制工程的计量与支付，努力实现设计挖潜、技术革新，防止和减少索赔，预防和减少风险干扰，按照合同和财务计划付款。作为监理工程师在项目施工阶段，必须按照合同目标，根据完成工程量的时间、质量和财务计划，审核付款。具体实施时应进行工程量计量和工程付款账单复核工作，按照合同价款、审核过的子项目价款，以及合同规定的付款时间及财务计划付款。另外，要根据建筑材料、设备的消耗和人工劳务的消耗等，进行施工费用的结算和竣工决算。

(五) 项目竣工后的投资分析

竣工决算是综合反映竣工项目建设成果和财务情况的总结性文件，也是办理交付使用的依据。竣工决算包括项目从筹建到竣工验收投产的全部实际支出费，即建筑工程费、设备及安装工程费和其他费用，它是考核竣工项目概预算与基建计划执行情况以及分析投资效益的依据。项目竣工后通过项目决算，控制工程实际投资不突破设计概算，确保项目获得最佳投资效果，并进行投资回收分析。

第五节　工程建设项目评价

一、工程建设项目评价概述

项目的经济评价主要包括国民经济评价和财务评价。根据项目实施的阶段，还可以将水利建设项目评价划分为项目前期评价、项目中期评价和后期评价。水利建设项目的类型众多，其经济、技术、社会、环境及运行、经营管理等情况涉及面广，情况复杂，因而每个建设项目评价的内容、步骤和方法并不完全一致。但从总体上看，一般项目的评价都遵循一个客观的、循序渐进的基本程序，选择适宜的方法及设置一套科学合理的评价指标体系，以全面反映项目的实际状况。水利建设项目评价的一般步骤可分为提出问题、筹划准备、深入调查搜集资料、选择评价指标、分析评价和编制评价报告。选择合适的评价方法和评价指标是最为重要的阶段。评价主要指标可以根据水利建设项目的功能情况增减。如属于社会公益性质或者财务收入很少的水利建设项目，评价指标可以适当减少；涉及外汇收支的项目，应增加经济换汇成本、经济节汇成本等指标。

二、财务评价

(一) 概述

财务评价是从项目核算单位的角度出发，根据国家现行财税制度和价格体系，分析项目的财务支出和收益，考察项目的财务盈利能力和财务清偿能力等财务状况，判别项目的财务可行性。水利水电建设项目财务评价必须符合新的财务、会计、税制法规等方面的改革情况。

(二) 财务支出与财务收入

1. 财务支出

水利建设项目的财务支出包括建设项目总投资、年运行费、流动资金和税金等费用。建设项目总投资主要由固定资产投资、固定资产投资方向调节税、建设期和部分运行期的借款利息和流动资金四部分组成。

(1) 固定资产投资。指项目按建设规模建成所需的费用，包括建筑工程费、机电设备及安装工程费、金属结构设备及安装工程费、临时工程费、建设占地及水库淹没处理补偿费、其他费用和预备费。

(2) 固定资产投资方向调节税。这是贯彻国家产业政策，引导投资方向，调整产业结构而设置的税种。根据财政部、国家税务总局、原国家计委的相关政策，对《中华人民共和国固定资产投资方向调节税暂行条例》规定的纳税义务人，固定资产投资应税项目自2000年1月1日起新发生的投资额，暂停征收固定资产投资方向调节税。

(3) 建设期和部分运行期的借款利息。这是项目总投资的一部分。运行初期的借款利息应根据不同情况，分别计入固定资产总投资或项目总成本费用。

(4) 流动资金。水利水电工程的流动资金通常可以按30～60天周转期的需要量估列，一般可参照类似工程流动资金占销售收入或固定资产投资的比率，或单位产量占流动资金的比率来确定。例如，对于供水项目，可按固定资产投资的1%～2%估列，对于防洪治涝等公益性质的水利项目，可以不列流动资金。年运行费是指项目建成后，为了维持正常运行每年需要支出的费用，包括工资及福利费、水源费、燃料及动力费、工程维护费（含库区维护费）、管理费和其他费用。产品销售税金及附加、所得税等税金根据项目性质，按照国家现行税法规定的税目、税率进行计算。

2. 总成本费用

水利建设项目总成本费用指项目在一定时期内为生产、运行以及销售产品和提供服务所花费的全部成本和费用。总成本费用可以按经济用途分类计算，也可以按照经济性质分类计算。

(1) 按照经济用途分类计算。按照经济用途分类计算应包括制造成本和期间费用。

(2) 按照经济性质分类计算。按经济性质分类计算应包括材料、燃料及动力费、工资及福利费、维护费、折旧费、摊销费、利息净支出及其他费用等。

3. 财务收入与利润

水利项目的财务收入是指出售水利产品和提供服务所得的收入，年利润总额是指年财务收入扣除年总成本和年销售税金及附加后的余额。

(三) 财务评价指标

水利项目财务评价指标分主要和次要两类：主要财务指标有财务内部收益率、财务净现值、投资回收期、资产负债率和借款偿还期；次要指标有投资利润率、投资利税率、资本金利润率、流动比率、速动比率、负债权益比和偿债保证比等。《方法和参数》中取消了投资利润率、投资利税率、资本金利润率、借款偿还期、流动比率、速动比率等指标，新增了总投资收益率、项目资本金净利润率、利息备付率、偿债备付率等指标，并正式给出了相应的融资前税前财务基准收益率、资本金税后财务基准收益率、资产负债率合理区间、利息备付率最低可接受值、偿债备付率最低可接受值、流动比率合理区间、速动比率合理区间。

财务评价指标可分为分析项目盈利能力参数和分析项目偿债能力参数。分析项目盈利能力的指标主要包括财务内部收益率、总投资收益率、投资回收期、财务净现值、项目资本金净利润率、投资利润率、投资利税率等指标。分析项目偿债能力的指标主要包括利息备付率、偿债备付率、资产负债率、流动比率、速动比率、借款偿还期等。

(四) 水利建设项目的财务评价报表

财务评价指标都需要通过财务报表来实现，因而财务评价报表十分重要，是财务评价的关键环节。财务评价报表有现金流量表、损益表、资金来源与运用表、资产负债表、财务外汇平衡表等基本报表。从原始基础资料直接获取财务报表信息，有时容易出错，必要情况下可编制总成本费用估算表和借款还本付息计算表等辅助报表。

(1) 现金流量表（全部投资）。从项目自身角度，不分投资资金来源，以项目全部投资作为计算基础，考察项目全部投资的盈利能力。

(2) 现金流量表（自有资金）。从项目自身角度，以投资者的出资额为计算基础，把借款本金偿还和利息支付作为现金流出，考核项目自有资金的盈利能力。

(3) 损益表。反映项目计算期内各年的利润总额、所得税及税后利润的分配情况，用以计算投资利润率、投资利税率等指标。

(4) 资金来源与运用表。综合反映项目计算期内各年的资金来源、资金运用及资金余缺情况，用以选择资金筹措方案，制定适宜的借款及偿还计划，并为编制资产负债表提供依据。

(5) 资产负债表。综合反映项目计算期内各年末资产、负债和所有者权益的增减变化及对应关系，用以考查项目资产、负债、所有者权益的结构是否合理，并计算资产负债率等指标，进行项目清偿能力分析。

（6）财务外汇平衡表。适用于有外汇收支的项目，用以反映项目在计算期内各年外汇余缺程度，进行外汇平衡分析。

（7）总成本费用估算表。反映项目在一定时期内为生产、运行以及销售产品和提供服务所花费的成本和费用情况。

（8）借款还本付息计算表。反映项目在项目建设期、运行初期、正常运行期的借款及还本付息情况。

三、国民经济评价

（一）概述

国民经济评价是从国家（全社会）整体的角度分析，采用影子价格，计算项目对国民经济的净贡献，据此评价项目的经济合理性。水利建设项目经济评价应以国民经济评价为主，对于国民经济评价结论不可行的项目，一般应予以否定。如项目财务评价与国民经济评价结论均属可行，此时该项目应予通过。如国民经济评价合理，而财务评价不可行，而此项目又属于国计民生所亟需，此时可进行财务分析计算，提出维持项目正常运行需由国家补贴的资金数额、需要采取的经济优惠措施及有关政策，提供上级决策部门参考。

国民经济评价在项目决策阶段进行称为项目国民经济前评价。项目国民经济后评价是在项目建成并经过一段时间生产运行后进行。项目国民经济前评价的主要目的是评价项目的经济合理性，为科学决策提供依据，除国家规定的参数外，主要采用预测估算值，一般仅包括项目经济合理的评价结论。项目国民经济后评价的主要目的是总结经验和教训，以改善项目的国民经济效益并提高项目国民经济评价的质量和决策水平。项目国民经济后评价所依据数据除国家规定的经济参数外，项目后评价时点以前，采用实际发生数据；在项目后评价时点以后，采用以实际发生值为基础的新的预测估算值。项目国民经济后评价除包括项目经济合理性的评价结论，还包括项目从国民经济角度存在的问题，以及提高项目经济效益的意见和建议。

(二) 一般规定

(1) 国民经济评价计算的基准年一般可以选用建设开始年，并以该年年初作为计算的基准点；价格水平年可以选择建设开始年、运行期开始年或后评价开始前一年。

(2) 水利建设项目国民经济评价中的费用和效益应尽可能用货币表示；不能用货币表示的，应采用其他定量指标表示；定量有难度的，可以进行定性描述。

(3) 采用社会折现率，按照国家发改委和建设部发布的《建设项目经济评价方法与参数》的规定，结合实际情况测定为8%，对于收益期长的建设项目，如果远期效益较大，效益实现的风险较小，社会折现率可适当降低但不应低于6%。但是对属于社会公益性质的水利建设项目，可同时采用12%和7%的社会折现率进行评价，供项目决策参考。

(4) 分析确定属于国民经济内部转移支付的费用，如与建设项目相关的税金、国内借款利息、计划利润以及各种补贴，均不应计入项目的效益或者费用。但国外贷款利息的支付，造成国内资源向国外转移，故应计为项目的费用。

(5) 进行国民经济评价时，项目的投入物和产出物原则上应采用影子价格计算，考虑到实际工程中测算影子价格的工作量大，现在很多物品的市场价格已接近影子价格，故可以适当简化计算。

(三) 影子价格的计算

影子价格是20世纪30年代末、40年代初分别由苏联经济学家康托罗维奇和荷兰经济学家丁伯根提出并进行研究的，把资源与价格联系起来是影子价格的主要特征之一。在研究短缺资源优化配置中，需要编制涉及国民经济各重要部门庞大而复杂的线性规划模型，其对偶规划的最优解，就是各项产品或资源的影子价格。影子价格是反映资源在最优分配条件下的一种价格。如果一个国家实现了各种资源的最优配置，那么各种资源的最优计划价格（影子价格）也就求出来了；反之，如果利用线性规划模型求出的各种资源的影子价格去指导一个国家生产，其资源的最优配置也就实现了。在充分竞争的、完善的市场条件下，供求均衡状态下的市场价格，就是线性规划模型所求解的影子价格。

对于某一产品而言，一方面，是建设项目的投入物；另一方面，是生产该产品企业的产出物。当进行水利建设项目国民经济评价时，需要测算本项目各项投入物的影子价格，其目的在于正确估算建设项目的投入费用，即全社会为项目各类投入物究竟付出了多少国民经济代价。当估算水利建设项目的国民经济效益时，需要测算各类产出物的影子价格，即这些产出物究竟为全社会提供了多少国民经济效益。对已建项目进行国民经济后评价时，与对未建项目进行国民经济前评价时一样，无论计算项目投入物的费用或其产出物的效益，均需采用影子价格。

1. 影子价格的特点

一般说来，影子价格具有以下特点：

(1) 时间性。由于价格受到通货膨胀、通货紧缩和市场供需关系的影响，因此不同时间的影子价格是变化的。

(2) 地区性和空间性。资源的分布和产量具有较强的地区性和空间性，因而影子价格也应随之变化。

(3) 受供求关系和用途影响。影子价格受到市场的供需变化的影响，某种资源（产品）供小于求时，价格上升，影子价格随之上升；某种资源（产品）供大于求时，价格下降，影子价格随之下降。从产品的边际效益来看，工业用水边际效益大于农业用水的边际效益，作为工业用水的影子价格就比农业用水高。

(4) 方法性和实用性。同一资源（产品）影子价格根据不同的测算方法得出的数值不同，因此应考虑资料水平和方法的可靠度及适用性，综合分析后选用。

2. 影子价格的测算方法

影子价格的测算方法较多，一般可以分为两大类：一类是理论方法即数学方法；另一类是近似的实用方法。要依靠建立庞大的线性规划数学模型来准确地求解影子价格几乎是不可能的。目前常采用的几种近似的测算方法有国际市场价格法、分解成本法、机会成本法、支付意愿法等。

(1) 国际市场价格法。该方法适用于测算进出口外贸货物的影子价格，认为在激烈竞争条件下的国际市场价格，接近影子价格。对其影子价格，要先分析货物（产品）是出口还是进口，是项目生产的产出物还是项目需要的投入物。对外贸货物一般用国际市场价格计算，出口货物以离岸价格为基础计算货物的影子价格，进口货物以到岸价格为基础计算其影子价格。

（2）分解成本法。这是测算非外贸货物影子价格的一个重要方法，原则上应对边际成本进行分解，如缺乏资料，也可以分解平均成本。该方法对单位产品的财务成本按要素进行分解，主要要素有原材料、燃料和动力、工资及福利费、折旧费、修理费、利息净支出以及其他费用等。而后确定主要要素的影子价格，在分解时要剔除上述数据中可能包括的税金。对主要要素中的外贸货物，按外贸货物确定其影子价格；对于非外贸货物，当《方法与参数》或者其他规程规范中有影子价格或换算系数的，按规定采用。国内无影子价格的，则对其进行第二轮分解，用第一轮的方法测定影子价格，直至全部要素都能确定影子价格为止，一般两轮分解就能满足要求。

（3）机会成本法。机会成本是指建设项目需占用某种有限资源时，就要减少这种资源用于其他用途的边际效益。在某一国家的各种资源得到最优配置的情况下，机会成本和边际效益相等，因此机会成本就是影子价格。在市场经济为主的情况下，机会成本仍不失为估算影子价格的好方法。

（4）支付意愿法。消费者支付意愿是指消费者愿意为产品或劳务支付的价格，把消费者愿意为某种产品或劳务付出的边际价格作为生产该商品或付出劳务的边际效益，即影子价格。该方法适用于市场机制比较完善，且能够自由买卖的货物。一般情况下，只能根据市场价格波动的情况和对消费者进行调查，来确定消费者支付意愿。

（5）特殊投入物影子价格的计算方法。作为特殊投入物的劳动力影子工资及土地的影子费用可按下列原则确定：

①影子工资可以采用概预算工资（含职工福利费）乘以影子工资换算系数求得。影子工资换算系数参阅《方法与参数》。

②土地的影子费用等于建设项目占地而使国民经济为此放弃的效益，即土地的机会成本加上国民经济为项目占用土地而新增加的资源消耗（如拆迁、改建、剩余劳动力安置等）。土地的机会成本可按项目占用土地而使国民经济为此放弃的该土地的净效益计算。

(四) 费用及效益

水利建设项目国民经济评价的费用包括项目的固定资产投资（包括更新改造投资）、流动资金与年运行费。

1. 固定资产投资费用

水利建设项目的固定资产投资包括达到设计规模所需的由国家、企业和个人以各种方式投入主体工程和相应配套工程的全部建设费用。国民经济后评价中的固定资产投资应包括工程竣工决算投资和工程竣工决算后除险加固、改扩建及设备更新等投资。

2. 年运行费

水利建设项目的年运行费包括工资及福利费、燃料及动力费、维护费、修理费及其他费用。其中，维护费包括工程维护费和库区维护费。

3. 流动资金

水利建设项目的流动资金应包括维持项目正常运行所需的购买燃料、材料、备品、备件和支付职工工资等所需的周转金。流动资金应在运行初期的第一年开始安排，其后根据投产规模分析确定。由于流动资金所占比重很小，一般可以简化计算。如后评价中，项目后评价时点以前发生的流动资金按项目实际发生值，可按各年的物价指数调整计算；后评价时点后可能的流动资金，如缺乏资料，可按年运行费的 5%～10% 来计算。

水利建设项目国民经济评价的效益包括防洪（防凌、防潮）效益、治涝效益、灌溉效益、城镇供水效益、水力发电效益、航运效益以及旅游、水产等其他效益。

项目的国民经济效益应在选定影子价格水平年基础上进行，遵循以下办法：

(1) 建设项目效益计算的范围和价格水平年应该与费用计算的口径一致。

(2) 国民经济评价的效益按假定无本工程情况下可能产生的效益（或造成的损失）与有本工程情况下可能或实际获得的效益（或实际损失）的差值计算，包括直接效益和间接效益。

(3) 对于防洪治涝、灌溉、城镇供水等项目，国民经济效益的计算除计算多年平均年效益外，还应计算特大洪涝年或连续干旱年的效益。

（4）综合利用水利项目除按项目功能分别计算各个功能效益外，还应计算项目的整体效益。整体效益的计算应注意剔除分项效益的重复计算部分。

（5）项目对社会、经济、环境造成的不利影响，未发生且能采取措施补救的，应在项目费用中计入补救措施的费用；对未发生且难以采取措施补救或者采取措施不能消除全部不利影响的，应计算全部或部分负效益；已经发生的，按实际发生所耗费用计算其负效益。

（五）国民经济评价指标

水利建设项目的国民经济评价指标可以分为两类：一类反映国民经济盈利能力指标，如经济内部收益率、经济净现值、经济效益费用比；另一类在后评价中使用，反映项目后评价指标与前评价指标两者的偏离程度，如实际经济内部收益率的偏离率、实际经济净现值的偏离率、实际经济效益费用比的偏离率。以上国民经济评价指标的计算，都可以通过编制国民经济效益费用流量表求出。

第二章　水利工程建设管理理论

第一节　水利工程建设项目管理初探

一、水利工程建设项目的施工特性

我国实行项目经理资质认证制度以来，以工程项目管理为核心的生产经营管理体制已在施工企业中基本形成。2001年，建设部等颁布了《建设工程项目管理规范》国家标准，对建设工程项目的规范化管理产生了深远的影响。

水利工程的项目管理还取决于水利工程施工的以下特性：

（1）水利工程施工经常是在河流上进行，受地形、地质、水文、气象等自然条件的影响很大。施工导流、围堰填筑和基坑排水是施工进度的主要影响因素。

（2）水利工程多处于交通不便的偏远山谷地区，远离后方基地，建筑材料的采购运输、机械设备的进出场费用高、价格波动大。

（3）水利工程量大，技术工种多，施工强度高，环境干扰严重，需要反复比较、论证和优选施工方案，才能保证施工质量。

（4）在水利工程施工过程中，石方爆破、隧洞开挖，以及水上、水下和高空作业多，必须十分重视施工安全。

由此可见，水利工程施工对项目管理提出了更高的要求。企业必须培养和选派高素质的项目经理，组建技术和管理实力强的项目部，优化施工方案，严格控制成本，才能顺利完成工程施工任务，实现项目管理的各项目标。

二、水利工程建设项目的管理内容

(一) 质量管理

(1) 人的因素。一个施工项目质量的好坏与人有着直接的关系，因为人是直接参与施工的组织者和操作者。施工项目中标后，施工企业要通过竞聘上岗来选择年富力强、施工经验丰富的项目经理。然后，由项目经理根据工程特点、规模组建项目经理部，代表企业负责该工程项目的全面管理。项目经理是项目的最高组织者和领导者，是第一责任人。

(2) 材料因素。材料质量直接影响到工程质量和建筑产品的寿命。因此，要根据施工承包合同、施工图纸和施工规范的要求，制订详细的材料采购计划，健全材料采购、使用制度。要选择信誉高、规模大、抗风险能力强的物资公司作为主要建筑材料的供应方，并与之签订物资采购合同，明确材料的规格、数量、价格和供货期限，明确双方的职责和处罚措施。材料进场后，应及时通知业主或监理对所有的进场材料进行必要的检查和试验，对不符合要求的材料或产品予以退货或降级使用，并做好材料进货台账记录。对入库产品应做出明显标识，标识牌应注明产品规格、型号、数量、产地、入库时间和拟用工程部位。对影响工程质量的主要材料（如钢筋、水泥等），要做好材质的跟踪调查记录，避免混入不合格的材料，以确保工程质量。

(3) 机械因素。随着建筑施工技术的发展，建筑专业化、机械化水平越来越高，机械的种类、型号越来越多。因此，要根据工程的工艺特点和技术要求，合理配置、正确管理和使用机械设备，确保机械设备处于良好的状态。要实行持证上岗操作制度，建立机械设备的档案制度和台账记录，实行机械定期维修保养制度，提高设备运转的可靠性和安全性，降低消耗，提高机械使用效率，延长机械寿命，保证工程质量。

(4) 技术措施。施工技术水平是企业实力的重要标志。采用先进的施工技术，对于加快施工进度、提高工程质量和降低工程造价都是有利的。因此，要认真研究工程项目的工艺特点和技术要求，仔细审查施工图纸，严格按照施工图纸编制施工技术方案。项目部技术人员要向各个施工班组和各个作业层进行技术交底，做到层层交底、层层了解、层层掌握。在工程施工中,还要大胆采用新工艺、新技术和新材料。

(5) 环境因素。环境因素对工程质量的影响具有复杂和多变的特点。例如,春季和夏季的暴雨、冬季的大雪和冰冻,都直接影响着工程的进度和质量,特别是对室外作业的大型土方、混凝土浇筑、基坑处理工程的影响更大。因此,项目部要注意与当地气象部门保持联系,及时收听、收看天气预报,收集有关的水文气象资料,了解当地多年来的汛情,采取有效的预防措施,以保证施工的顺利进行。

(二) 进度管理

进度管理是指按照施工合同确定的项目开工、竣工日期和分部分项工程实际进度目标制订的施工进度计划,按计划目标控制工程施工进度。在实施过程中,项目部既要编制总进度计划,还要编制年度、季度、月、旬、周计划,并报监理批准。目前,工程进度计划一般是采用横道图或网络图来表示,并将其张贴在项目部的墙上。工程技术人员按照工程总进度计划,制订劳动力、材料、机械设备、资金使用计划,同时还要做好各工序的施工进度记录,编制施工进度统计表,并与总的进度计划进行比较,以平衡和优化进度计划,保证主体工程均衡进展,减少施工高峰的交叉,最优化地使用人力、物力、财力,提高综合效益和工程质量。若发现某道主体工程的工期滞后,应认真分析原因并采取一定的措施,如抢工、改进技术方案、提高机械化作业率等来调整工程进度,以确保工程总进度。

(三) 成本管理

施工项目成本控制是施工项目工作质量的综合反映。成本管理的好坏,直接关系到企业的经济效益。成本管理的直接表现为劳动效率、材料消耗、故障成本等,这些在相应的施工要素或其他的目标管理中均有所表现。成本管理是项目管理的焦点。项目经理部在成本管理方面,应从施工准备阶段开始,以控制成本、降低费用为重点,认真研究施工组织设计,优化施工方案,通过技术经济比较,选择技术上可行、经济上合理的施工方案。同时,根据成本目标编制成本计划,并分解落实到各成本控制单元,降低固定成本,减小或消灭非生产性损失,提高生产效率。从费用构成的方面考虑,首先要降低材料费用,因为材料费用是建筑产品费用的最大组成部分,一般占到总费用的 60%~70%。加强材料管理是项目取得经济效益的重要途径之一。

(四)安全管理

安全生产是企业管理的一项基本原则,与企业的信誉和效益紧密相连。因此,要成立安全生产领导小组。由项目经理任组长、专职安全员任副组长,并明确各职能部门安全生产责任人。层层签订安全生产责任状,制定安全生产奖罚制度;由项目部专职安全员定期或不定期地对各生产小组进行检查、考核,其结果在项目部张榜公布。同时,要加强职工的安全教育,提高职工的安全意识和自我保护意识。

三、水利工程建设项目管理的注意事项

(一)提高施工管理人员的业务素质和管理水平

施工管理工作具有专业交叉渗透、覆盖面宽的特点。项目经理和施工现场的主要管理人员应做到一专多能,不仅要有一定的理论知识和专业技术水平,还要有比较广博的知识和比较丰富的工程实践经验,更需要具备法律、经济、工程建设管理和行政管理的知识和经验。

(二)牢固树立服务意识,协调处理各方关系

项目经理必须清醒地认识到,工程施工也属于服务行业,自己的一切行为都要控制在合同规定的范围内;要正确地处理与项目法人(业主)、监理公司、设计单位及当地质检站的关系,以便在施工过程中顺利地开展工作,互相支持、互相监督,维护各方的合法权益。

(三)严格执行合同

按照"以法律为准绳,以合同为核心"的原则,运用合同手段,规范施工程序,明确当事人各方的责任、权利、义务,调解纠纷,保证工程施工项目的圆满完成。

(四) 严把质量关

既要按设计文件执行施工合同，又要根据专业知识和现场施工经验对设计文件中的不合理之处提出意见，以便设计单位修改。拟订阶段进度计划并在实施中检查监督，做到以工程质量求施工进度、以工程进度求投资效益。依据批准的概算投资文件及施工详图对工程总投资分解，对各阶段的施工方案、材料设备、资金使用及结算等提出意见，努力节约投资。

(五) 加强自身品德修养，调动积极因素

现场施工管理人员特别是项目经理，必须忠于职守，认真负责，爱岗敬业，吃苦耐劳，廉洁奉公。通过推行"目标管理，绩效考核"，调动一切积极因素，充分发挥每个项目参与者的作用，做到人人参与管理、个个分享管理带来的实惠，才能保证工程质量和进度。

水利工程建设项目管理是一项复杂的工作。项目经理除了要加强工程施工管理及有关知识的学习外，还要加强自身修养，严格按规定办事，善于协调各方面的关系，保证各项措施真正得到落实。在市场经济不断发展的今天，施工单位只有不断提高管理水平，增强自身实力，提高服务质量，才能不断拓展市场，在竞争中立于不败之地。因此，建设一支技术全面、精通管理、运作规范的专业化施工队伍既是时代的要求，更是一种责任。

第二节 水利工程建设项目管理方法

水利工程管理是保证水利工程正常运行的关键环节，这不仅需要每个水利职工从意识上重视水利工程管理工作，还需要水利工程管理达到较高的水平。本节对水利工程管理方法进行探讨研究。

一、明确水利工程的重大意义

水利工程是保障经济增长、社会稳定发展、国家食物安全稳定的重要途径；是使我们能够有效地遏制生态环境急剧恶化的局面，实现人口、资

源、环境与经济、社会的可持续利用与协调发展的重要保障。特别是水利工程的管理涉及社会安全、经济安全、食物安全、生态与环境安全等方面，在思想上务必要予以足够的重视。

二、水利工程建设项目存在的问题

（一）管理执行力度不够

我国的水利工程建设项目管理普遍存在执行力度不够的问题，不能很好地按照法律规定进行规范的管理工作。在实际工程项目管理中，项目管理人员对施工现场控制力不足，导致产生各种各样的工程问题。没有相对应的管理人员对机械设备进行操作管理，缺乏对机械设备维护管理，导致工作人员对机械设备操作不当，产生失误，造成资源损失。在材料采购过程中监管力度不足，使得一些不合格材料进入施工工程。存在偷工减料现象，造成水利工程出现质量问题。

（二）管理体制不完善

水利工程建设项目管理体制不完善，在各方面管理制度不健全。例如，在招标过程中，不能严格遵守公平原则，存在暗箱操作现象，导致一些优秀施工企业不能公平中标，影响了施工工程市场管理体系。施工现场安全设施不完善，工作人员安全得不到保障。管理体制落后，管理人员对有关的工程工作人员监督不力，对工作人员的管理方式传统，相关的管理制度得不到有效执行，降低了施工效率。缺乏有力的制度保障，对法律法规不重视，存在违法违规行为。需要政府机构参与协调管理，但相关部门没有完整的管理体制，不能清晰地明确各部门管理职责；各部门工作之间的关联程度较高，相互混杂，无法协调管理工作的正常进行，不能合理有效地进行项目管理。

三、提高水利工程建设项目管理的措施

（一）加强项目合同管理

水利工程项目规模大、投资多、建设期长，又涉及与设计、勘察和施工

等多个单位依靠合同建立的合作关系，整个项目的顺利实施主要依靠合同的约束，因此水利工程项目合同管理是水利工程建设的重要环节，是工程项目管理的核心，其贯穿于项目管理的全过程。项目管理层应强化合同管理意识，重视合同管理，要从思想上对合同重要性有充分的认识，强调按合同要求施工，而不单是按图施工。并在项目管理组织机构中建立合同管理组织，使合同管理专业化。例如，在组织机构中设立合同管理工程师、合同管理员，并具体定义合同管理人员的地位、职能，明确合同管理的规章制度、工作流程，确立合同与质量、成本、工期等管理子系统的界面，将合同管理融于项目管理的全过程之中。

(二) 加强质量、进度、成本的控制

(1) 工程质量控制方面。一是建立全面质量管理机制，即全项目、全员、全过程参与质量管理；二是根据工程实际健全工程质量管理组织，如生产管理、机械管理、材料管理、试验管理、测量管理、质量监督管理等；三是各岗位工作人员配备在数量和质量上要有保证，以满足工作需要；四是机械设备配备必须满足工程的进度要求和质量要求；五是建立健全质量管理制度。

(2) 进度控制方面。进度控制是一个不断进行的动态过程，其总目标是确保既定工期目标的实现，或者在保证工程质量和不增加工程建设投资的前提下，适当缩短工期。项目部应根据编制的施工进度总计划、单位工程施工进度计划、分部分项工程进度计划，经常检查工程实际进度情况。若出现偏差，应与具体施工单位共同分析产生的原因及对总工期目标的影响，制定必要的整改措施，修订原进度计划，确保总工期目标的实现。

(3) 成本控制方面。项目成本控制就是在项目成本的形成过程中，对生产经营所消耗的人力资源、物质资源和费用开支进行指导、监督、调节和限制，把各项生产费用控制在计划成本范围之内，保证成本目标的实现。项目成本的控制不仅是专业成本人员的责任，也是项目管理人员特别是项目部经理的责任。

(三) 施工技术管理

水利水电工程施工技术水平是企业综合实力的重要体现。引进先进工程施工技术，能够有效提高工程项目的施工效率和质量，为施工项目节约建设成本，从而实现经济利益和社会利益的最大化。应重视新技术与专业人才，积极研究并引进先进技术，借鉴国内外先进经验；同时，培养一批掌握新技术的专业队伍，为水利水电工程的高效、安全、可靠开展提供强有力保障。

近年来，水利工程建设大力发展，我国经济建设以可持续发展为理念进行社会基础建设。为了提高水利工程建设水平，对水利工程建设项目管理进行改进，加强项目管理力度，规范水利工程管理执行制度，完善工程管理体制，对水利工程质量进行严格管理，促进相关管理人才的储备、培训、引进，改进项目管理方式，优化传统工作人员管理模式，避免安全隐患的存在，保障水利工程质量安全，扩大水利工程建设规模，鼓励水利工程进行科学化的技术建设，推进我国水利工程的可持续发展。

第三节 水利工程建设项目管理系统的设计与开发

一、工程背景

2011年《中共中央、国务院关于加快水利改革发展的决定》提出"大兴农田水利建设，加快中小河流治理和小型水库除险加固，抓紧解决工程性缺水问题，提高防汛抗旱应急能力，继续推进农村饮水安全建设"，这标志着我们国家的水利项目建设工作即将迈入新的发展阶段。众所周知，水利项目是一种意义独特的项目，它所需的资金较多，建设步骤烦琐，参与机构众多，质量规定严苛，监督工作无法顺利开展，容易出现腐败现象。对此，怎样提升项目监管力度，避免腐败问题出现，就成了项目建设监管部门必须认真对待的工作内容。

通过分析我们可知，对于上述问题的最佳处理办法就是切实按照法规条例分析问题。目前水利机构已经出台了很多规章。不过，因为项目的建设内容存在很多不同之处，依旧有很多问题存在，比如参建机构的水平较低、员工的素养不高、法规意识淡薄等等。这就导致了很多规章过于形式化，未真正落到实处，没有发挥出它们的价值。

进入21世纪之后，科技高速发展，电脑及通信技术等高科技开始运用到水利工作之中，换句话讲，水利工作开始进入信息化时代。利用信息科技创新水利项目管理体系，实现全网办公，成为水利信息化的重要内容。对于项目管理信息体系的创建工作来讲，目前已有很多水利机构开展了此方面的试点，并且获取了显著成就。总的来讲，依托当前的技术规章，我们国家的水利单位正在不断完善自身的项目管理体系，使得项目管理工作更加公开、规范。该体系的存在为我们创造了一个相对公开、公平的网络监控氛围，保证了项目建设工作能够切实依据规定开展，对于提升项目价值有着非常重要的作用。

二、需求分析

依据工作的差异，我们可以将系统用户划分为两类：第一类，项目参与方。项目建设工作的具体落实单位，具体来讲主要涵盖了项目业主及设计的实施机构、后续的监理机构等，它们主要负责收录信息、审核流程等。第二类，项目监管方。项目建设管控工作的主管机构，具体涵盖水利厅主管部门、建设处、水库处、水土保持处、农村水利处、财务处、安全监督处、监察室等，它们主要负责批复流程、制定决策等。

依据项目执行过程的不同，可以将项目建设管理工作分为三个时期。第一，论证时期。该时期的主要负责机构是项目业主方和主管方。工作内容主要有三个部分，分别是研究项目可行性、立项、下达项目。第二，建设时期。顾名思义，该时期主要和项目业主及设计和施工、监理等机构有密切的关联。工作内容主要是招投标、订立合约、审批报告、变更设计、安全管控等。第三，运维时期。该时期的用户主要有两方，分别是运维管控机构及上层主管方。工作内容有三个部分，分别是运维管控、平时维护及质量督察。

三、系统设计

（一）建设目标

该系统成立之初的目的是依托现行的技术条例，借助遥感及通信技术等先进科技，创建涵盖项目建设全阶段的项目建设管理平台，以此来确保管理工作更加有序，更加规范。它的存在明显提升了项目管理工作的公开性，为后续的项目监管工作等的开展提供了所需的信息。

（二）系统架构

水利工程建设项目管理系统采用以数据库为核心的 client/server 模式开发。其结构主要有三层。第一，数据层。项目建设及管控时期的所有的信息资料，比如图片及视频等，它们的存在是为了给业务活动提供所需的信息。第二，业务层。项目建设和管控时期的所有的业务活动，比如项目审批及申报、设计变更及验收等。第三，表现层。项目建设及管控时期的所有的人机交互活动，比如信息存储、网络报批及查询。它主要是用来直接和使用人交互信息的，必须确保其能够便于使用人使用，符合使用人的喜好。

（三）功能设计

第一，基本信息管理。项目参建方的各种信息的全面记录，涵盖项目立项审批、项目基本信息、参建各方基本情况等。第二，项目制度文件。项目建设管理阶段的各种制度资料，涵盖项目安全管理文件、质量控制文件等。第三，业主建设文件。项目业主方在项目建设及管理时期生成的各种资料，涵盖前期文件、项目建设文件、项目验收文件、附件资料等。第四，招标投标管理。项目招标及投标时期的所有资料，涵盖资格预审信息、评标会议信息、中标单位备案信息等。第五，合同费用管理。项目建设管控阶段的合同资料，涵盖合同签订审查会签表、合同基本信息表、工程款结算支付单、合同费用支付台账等。第六，监理建设文件。项目监理方在项目管理阶段生成的资料，包括监理设计文件、监理审核文件、监理批复文件等。第七，勘察设计管理。项目勘察设计方在项目建设阶段中生成的所有的资料，涵盖勘测任务书、勘测资料单、设计图纸通知单等。第八，计划统计管理。项目建设及管控时期生成的计划资料，涵盖资金使用计划、施工总计划、施工年度计划等。第九，投资控制管理。项目建设和管理时期生成的各种验收计价资料，涵盖综合概算清单、工程量清单、工程价款支付申请书等。第十，变更索赔管理。项目建设及管控时期生成的变更索赔资料，涵盖变更申请报告、变更项目价格申报表等。第十一，施工任务管理。项目建设及管控时期生成的完工资料，涵盖工程分类管理、检验批划分标准等。第十二，施工质量管理。项目建设和管控时期生成的所有的施工质量资料，涵盖水土建筑物外观质量评定表、房屋建筑安装工程观感质量评定表等。第十三，安全环境管理。项目建设及管控时期生成的安全环境资料，涵盖应急预案、安全培训记录、安全技术交底等。第十四，施工现场管理。项目建设及管控时期生成的现场的管理资料，涵盖施工技术方案申报表、施工图用图计划报告等。第十五，监理日常管理。项目建设及管控时期的日常监理资料，涵盖工程开工许可证、施工违规警告通知单等。第十六，竣工资料管理。项目建设及管控时期生成的所有完工资料，涵盖验收应提供的资料目录、法人验收工作计划格式、法人验收申请报告格式等。

四、关键技术

（一）工作流

该系统主要依靠工作流来控制并且处理业务内容，以此来实现信息高度共享，确保信息传递速率更快，对于提升项目运作稳定性来讲意义非常重要。工作流管理联盟提出工作流管理系统体系结构的参考模型，给出过程定义工具、过程定义、活动、数据流、控制流、工作流等概念，并规范了功能组成部件和接口。本系统借鉴工作流管理系统体系结构，制定了水利工程建设项目管理系统的体系结构，由三项内容组成。第一，软件构件。主要负责实现特定功能。比如定义及审核流程等。第二，系统控制数据。存储系统和其他系统进行逻辑处理、流程控制、规则、约束条件、状态、结果等数据。第三，其他。供工作流系统调用的外部应用和数据。

（二）开放式可扩展模型

该模型构建了一个面向水利工程建设管理业务处理的可扩展框架，并使用COM组件技术加以实现。它的最基础内容是各种信息支撑科技，如数据传递等，而它的中间层是其最为重要功能的开展区域，如业务管控及数据库创设等。

五、系统的初步实现

水利工程建设项目管理系统选择 Windows XP Professional 操作系统支持下的 Microsoft Visual C#NET2005 和 SQL Server 2008 数据库进行软件代码编写。现如今已实现了系统设计功能。

近几年来，国家和地区主管机构非常重视水利项目发展，积极投入财政资金。在这种良好的发展背景之下，我们国家的水利项目建设管理体系正在逐步形成。经过长久的实践证明，该系统的存在可以切实提升管理工作的公开性，使项目保证质量、保证效率地进行，为项目后续发展奠定良好的基础。

第四节　水利工程建设项目管理模式

随着水利水电事业的发展，工程项目建设规模越来越大，结构更复杂，技术含量更高，对多专业的配合要求更迫切，传统的平行发包管理模式已经不能满足当前的工程建设需要。目前，在水利工程建设市场需求的推动下产生了多种项目管理模式。

一、平行发包管理模式

平行发包模式是水利工程建设在早期普遍实施的一种建设管理模式，是指业主将建设工程的设计、监理、施工等任务经过分解分别发包给若干个设计、监理、施工等单位，并分别与各方签订合同。

（一）优点

（1）有利于节省投资。一是与 PMC（项目管理承包/咨询）、PM（项目管理）模式相比节省管理成本；二是能根据工程实际情况，合理设定各标段拦标价。

（2）有利于统筹安排建设内容。根据项目每年的到位资金情况择优计划开工建设内容，避免因资金未按期到位影响整体工程进度，甚至造成工程停工、索赔等问题。

(3) 有利于质量、安全的控制。传统的单价承包施工方式，承建单位以实际完成的工程量来获取利润；完成的工程量越多，获取的利润就越大。承建单位为寻求利润一般不会主动优化设计以减少建设内容，而是严格按照施工图进行施工，质量、安全能得以保证。

(4) 锻炼干部队伍。建设单位全面负责建设管理各方面的工作，在建设管理过程中，能有效地提高水利技术人员的工程建设管理水平。

(二) 缺点

(1) 协调难度大。建设单位协调设计、监理单位，以及多个施工单位、供货单位，协调跨度大，合同关系复杂，各参建单位利益导向不同、协调难度大、协调时间长，影响工程整体建设的进度。

(2) 不利于投资控制。现场设计变更多，且具有不可预见性，工程超概算严重，投资控制困难。

(3) 管理人员工作量大。管理人员需对工程现场的进度、质量、安全、投资等进行管理与控制。工作量大，需要具有管理经验且综合素质的管理队伍。

(4) 建设单位责任风险高。项目法人责任制是"四制"管理中的主要组成部分，建设单位直接承担工程招投标、进度、安全、质量、投资的把控和决策，责任风险高。

(三) 应用效果

采用此管理模式的项目多建设周期长，不能按合同约定完成建设任务，有些项目甚至出现工期遥遥无期情况，项目建设投资易超出初设批复概算，投资控制难度大，已完成项目还面临建设管理人员安置难问题。比如，德江长丰水库，总库容1105万立方米，总投资2.89亿元，共分为14个标段，2011年底开工，至今还未完工。

二、EPC 项目管理模式

EPC（Engineering—Procuremen—Construction）即设计—采购—施工总

承包,是指工程总承包企业按照合同约定,承担项目的设计、采购、施工、试运行服务等工作,并对承包工程的质量、安全、工期、造价全面负责。此种模式一般以总价合同为基础。在国外,EPC 一般采用固定总价(非重大设计变更,不调整总价)。

(一) 优点

(1) 合同关系简单,组织协调工作量小。由单个承包商对项目的设计、采购、施工全面负责,简化了合同组织关系,有利于业主管理,在一定程度上减少了项目业主的管理与协调工作。

(2) 设计与施工有机结合,有利于施工组织计划的执行。由于设计和施工(联合体)统筹安排,设计与施工有机地融合,能够较好地将工艺设计与设备采购及安装紧密结合起来,有利于项目综合效益的提升。在工程建设中发现问题能得到及时、有效的解决,避免设计与施工不协调而影响工程进度。

(3) 节约招标时间、减少招标费用。只需一次招标来选择监理单位和 EPC 总承包商。不需要对设计和施工分别招标,节约招标时间,减少招标费用。

(二) 缺点

(1) 由于设计变更因素,合同总价难以控制。由于初设阶段深度不够,实施中难免出现设计漏项,引起设计变更等问题。当总承包单位盈利较低或盈利亏损时,总承包单位会采取重大设计变更的方式增加工程投资,而重大设计变更批复时间长,影响工程进度。

(2) 业主对工程实施过程参与程度低,不能有效地全过程控制。无法对总承包商进行全面跟踪管理,不利于质量、安全控制。合同为总价合同,施工总承包方为了加快施工进度,获取最大利益,往往容易忽视工程质量与安全。

(3) 业主要协调分包单位之间的矛盾。在实施过程中,分包单位与总承包单位发生利益分配纠纷,影响工程进度,项目业主在一定程度上需要协调分包单位与总承包单位的矛盾。

(三) 应用效果

由于初设与施工图阶段不是同一家设计单位负责，设计缺陷、重大设计变更难以控制。项目业主与 EPC 总承包单位在设计优化、设计变更方面存在较大分歧，且 EPC 总承包单位内部也存在设计与施工利益分配不均情况，工程建设期间施工进度、投资难控制。

三、PM 项目管理模式

PM 项目管理服务是指工程项目管理单位按照合同约定，在工程项目决策阶段，为业主编制可行性研究报告，进行可行性分析和项目策划；在工程项目实施阶段，为业主提供招标代理、设计管理、采购管理、施工管理和试运行（竣工验收）等服务，代表业主对工程项目进行质量、安全、进度、投资、合同、信息等管理和控制。工程项目管理单位按照合同约定承担相应的管理责任。PM 模式的工作范围比较灵活，可以是全部项目管理的总和，也可以是某个专项的咨询服务。

(一) 优点

（1）提高项目管理水平。管理单位为专业的管理队伍，有利于更好地实现项目目标，提高投资效益。

（2）减轻协调工作量。管理单位对工程建设现场的管理和协调，业主单位主要协调外部环境，可减轻业主对工程现场的管理和协调工作量，有利于弥补项目业主人才不足的问题。

（3）有利于保障工程质量与安全。施工标由业主招标，避免造成施工标单价过低，有利于保证工程质量与安全。

（4）委托管理内容灵活。委托给 PM 单位的工作内容和范围也比较灵活，可以具体委托某一项工作，也可以是全过程、全方位的工作，业主可根据自身情况和项目特点有更多的选择。

(二) 缺点

（1）职能职责不明确。项目管理单位职能职责不明确，与监理单位职能存在交叉问题，比如合同管理、信息管理等。

（2）体制机制不完善。目前没有指导项目管理模式的规范性文件，不能对其进行规范化管理，有待进一步完善。

（3）管理单位积极性不高。由于管理单位的管理费为工程建设管理费的一部分，金额较小，管理单位投入的人力资源较大，利润较低。

（4）增加管理经费。增加了项目管理单位，相应地增加了一笔管理费用。

（三）应用效果

采用此种管理模式只是简单地代项目业主服务，因为没有利益约束，不能完全实现对项目参建单位的有效管理，且各参建单位同管理单位不存在合同关系，建设期间容易发生不服从管理或落实目标不到位现象，工程推进缓慢，投资控制难。

第五节 水利工程建设项目管理及管理体制的分析

水利工程管理体制属于生产关系范畴，各国因国情不同而异。我国为社会主义公有制国家，水利工程项目特别是水利水电等大中型工程项目的投资主体是政府和公有制企事业单位。因此，我国的水利工程项目建设管理体制不同于私有制国家。本节主要对水利工程建设项目管理体制进行分析。

水利工程建设项目是最为常见也最为典型的项目类型，是项目管理的重点。水利工程建设项目是指按照一个总体设计进行施工，由一个或几个相互内在联系的单项工程组成，经济上实行统一核算、行政上实行统一管理的建设实体。

一、水利工程项目管理

（一）成功的水利工程项目

在水利工程项目实施过程中，人们的一切工作都是围绕着一个目的——为了取得一个成功的项目而进行的。那么，怎样才算一个成功的项目呢？对不同的项目类型，在不同的时候，从不同的角度，就有不同的认识标准。通常一个成功的项目从总体上至少必须满足如下条件：

（1）满足预定的使用功能要求（包括功能、质量、工程规模等），达到预定的生产能力或使用效果，能经济、安全、高效率地运行，并提供较好的运行条件。

（2）在预算费用（成本或投资）范围内完成，尽可能地降低费用消耗，减少资金占用，保证项目的经济性要求。在预定的时间内完成项目的建设，及时地实现投资目的，达到预定的项目总目标和要求。能为使用者（顾客或用户）接受、认可，同时又照顾到社会各方面及各参与者的利益，使得各方面都感到满意。

（3）与环境协调，即项目能为它的上层系统所接受，包括：

①与自然环境的协调。没有破坏生态或恶化自然环境，具有好的审美效果。

②与人文环境的协调。没有破坏或恶化优良的文化氛围和风俗习惯。

③项目的建设和运行与社会环境有良好的接口，为法律所允许，或至少不能招致法律问题，有助于社会就业、社会经济发展。

要取得完全符合上述每一个条件的项目几乎是不可能的，因为这些指标之间有许多矛盾。在一个具体的项目中常常需要确定它们的重要性（优先级），有的必须保证，有的尽可能照顾，有的又不能保证。

（二）水利工程项目取得成功的前提

要取得一个成功的水利工程项目，有许多前提条件，必须经过各方面努力。最重要的有如下三个方面：

（1）进行充分的战略研究，制订正确、科学、符合实际（即与项目环境和项目参加者能力相称）且有可行性的项目目标和计划。如果项目选择出错，就会犯方向性、原则性错误，给工程项目带来根本性的影响，造成无法挽回的损失。这是战略管理的任务。

（2）工程的技术设计科学、经济，符合要求。这里包括工程的生产工艺（如产品方案、设备方案等）和施工工艺的设计，选用先进、安全、经济、高效且符合生产和施工要求的技术方案。

(3) 有力的、高质量、高水平的项目管理。项目管理者为战略管理、技术设计和工程实施提供各种管理服务，如提供项目的可行性论证、拟订计划、做实施控制。它将上层的战略目标和计划与具体的工程实施活动联系在一起，将项目的所有参加者的力量和工作融为一体，将工程实施的各项活动组织成一个有序的过程。

二、当前我国建设项目管理体制的具体措施

（一）项目法人责任制

在我国建立项目法人责任制，就是按照市场经济的原则，转换项目建设与经营机制，改善项目管理，提高投资效益，从而在投资建设领域建立有效的微观运行机制的一项重要改革措施。其核心内容是明确由项目法人承担投资风险，不但负责建设，而且负责建成以后的生产经营和归还贷款本息，由项目法人对项目的策划、资金筹措、建设实施、生产经营、债务偿还和资产的保值增值全过程负责。

实行项目法人责任制，一是明确了由项目法人承担投资风险，因而强化了项目法人及投资方和经营方的自我约束机制，对控制工程投资、工程质量和建设进度起到了积极的作用。二是项目法人不但负责建设，而且负责建成以后的经营和还款，对项目的建设与投产后的生产经营实行一条龙管理，全面负责。这样可把建设的责任和生产经营的责任密切结合起来，从而较好地克服了基建管花钱、生产管还款，建设与生产经营相互脱节的弊端。三是可以促进招标投标工作、建设监理工作等其他基本建设管理制度的健康发展，提高投资效益。

（二）招标投标制

在计划经济体制时代，我国建设项目管理体制是按投资计划采用行政手段分配建设任务，形成工程建设各方一起"吃大锅饭"的局面。建设单位不能自主选择设计、施工和材料设备供应单位，设计、施工和设备材料供应单位靠行政手段获取建设任务，从而严重影响我国建筑业的发展和建设投资的经济效益。招标投标制是市场经济体制下建筑市场买卖双方的一种主要竞

争性交易方式。我国推行工程建设招标投标制，是为了适应社会主义市场经济的需要，促使建筑市场各主体之间进行公平交易、平等竞争，以提高我国水利水电工程项目建设的管理水平，促进我国水利水电建设事业的发展。

(三) 建设监理制

工程建设监理制度在西方国家已有较长的发展历史，并日趋成熟与完善。随着国际工程承包业的发展，国际咨询工程师联合会制定的《土木工程施工合同条件》等已为国际工程承包市场普遍认可和广泛采用。该合同条件在总结国际土木工程建设经验的基础上，科学地将工程技术、管理、经济、法律结合起来，突出监理工程师负责制，详细地规定了项目法人、监理工程师和承包商三方的权利、义务和责任，对建设监理的规范化和国际化起了重要的作用。无疑，充分研究国际通行的做法，并结合我国的实际情况加以利用，建立我国的建设监理制度，是当前发展我国建设事业的需要，也是我国建筑行业与国际市场接轨的需要。

第三章　水利工程建设项目施工质量管理

第一节　施工质量管理概述

质量是反映实体满足明确或隐含需要能力的特性的总和，质量管理指的是，对工程的质量和组织的活动进行协调。从这个定义中我们可以看出，质量管理不仅包括对工程的产品质量的管理，还要对社会工作的质量进行管理。除此之外，还要进行质量策划、质量控制、质量保证和质量改进等。

一、工程质量的特点

工程质量的特点主要表现在以下几个方面。

(一) 质量波动大

工程建设的周期通常都比较长，就使得工程所遭遇的影响因素增多，从而加大了工程质量的波动程度。

(二) 影响因素多

对工程质量产生影响的因素有很多。因为水利工程建设的项目大多数由多家建设单位分工合作完成，各个建设单位的人员、材料以及机械等都不一致，使得工程的质量形式更为复杂，影响工程的因素也更多。

(三) 质量变异大

从上述中我们可以得知，影响工程质量的因素很多，这同时也就加大了工程质量的变异概率，任何因素的变异均会引起工程项目的质量变异。

(四）质量具有隐蔽性

由于工程在建设的过程中，多家建设单位参与施工，工序交接多；所使用的材料、人员的水平均衡不一，导致质量有好有差；隐蔽工程多，再加上取样的过程中还会受到多种因素和条件的限制，从而增大了错误判断率。

（五）终检局限性大

建筑工程通常都会有固定的位置，在对工程进行质检时，不能对其进行解体或是拆卸，因此工程内部存在的很多隐蔽性的质量问题，在最后的终检验收时都很难发现。

在工程质量管理的过程中，除去要考虑到上述几项工程的特点之外，还要认识到质量、进度和投资目标这三者之间是一种对立统一的关系，工程的质量会受到投资、进度等方面的制约。想要保证工程的质量，就应该针对工程的特点，对质量进行严格控制，将质量控制贯穿于工程建设的始终。

二、水利工程质量管理的原则

对水利工程的质量进行管理的目的是使工程建设符合相关的要求。那么我们在进行质量管理时应遵循以下几项原则。

（一）遵守质量标准原则

在对工程质量进行评价时，必须要依据质量标准来进行，而其中所涉及的数据则是质量控制的基础。工程的质量是否符合相关要求，只有在将数据作为依据进行衡量之后才能做出最终的评判。

（二）坚持质量最优原则

坚持质量最优原则是对工程进行质量管理所遵循的基本思想，在水利工程建设的过程中，所有的管理人员和施工人员都要将工程的质量放在首位。

(三) 坚持为用户服务原则

在进行工程项目的建设过程中,要充分考虑和时刻谨记业主用户的需求,把业主用户的需求作为整个工程项目管理的基础,并把这种思想灌输到各个施工人员当中。施工人员是质量的创造者,在工程建设中,施工人员的劳动创造才是工程质量的基础,才是工程建设的不竭动力。

(四) 坚持全面控制原则

全面控制原则指的是,要对工程建设的整个过程都进行严格的质量控制。依靠能够确切反映客观实际的数字和资料对工程所有阶段的质量进行控制,从而对工程建设的各个方面进行全面掌控。

(五) 坚持预防为主原则

应该在水利工程实际实施之前,就要明确所有对工程质量产生影响的因素并对其进行全面的分析,找出其中的主导因素,将工程的质量问题消灭于萌芽状态,从而真正做到未雨绸缪。

三、工程项目质量控制的任务

工程项目质量控制的任务的核心是要对工程建设各个阶段的质量目标进行监督管理。由于工程建设各阶段的质量目标不同,因此对各阶段的质量控制对象和任务要一一进行确定。

(一) 工程项目决策阶段质量控制的任务

在工程项目决策阶段,对工程质量的控制,主要是对可行性研究报告进行审核,其必须要符合条件才可以最终被确认执行。

(1) 是否符合国民经济发展的长远规律。
(2) 是否符合国家经济建设的方针政策。
(3) 是否符合工程项目建议书和业主要求。
(4) 是否具有可靠的基础资料和数据。
(5) 是否符合技术经济方面的规范标准。

(6) 报告的内容、深度和计算指标是否达到标准要求。

(二) 工程项目设计阶段质量控制的任务

在工程项目的设计阶段，对工程质量的控制主要是对与设计相关的各种资料和文件进行审核。

(1) 审查设计基础资料的正确性和完整性。

(2) 编制设计招标文件，组织设计方案竞赛。

(3) 审查设计方案的先进性和合理性，确定最佳设计方案。

(4) 督促设计单位完善质量保证体系，建立内部专业交底及专业会签制度。

(5) 进行设计质量跟踪检查，控制设计图纸的质量。

(三) 工程项目施工阶段质量控制的任务

对工程施工阶段进行质量控制是整个工程质量控制的中心环节。根据工程质量形成时间的不同，可以将施工阶段的质量控制分为质量的事前控制、事中控制和事后控制三个阶段，其中，事前控制是最为重要的一个阶段。

(1) 事前控制：

① 审查技术资质。

② 完善工程质量体系。

③ 完善现场工程质量管理制度。

④ 争取更多的支持。

⑤ 审核设计图纸。

⑥ 审核施工组织设计。

⑦ 审核原材料和配件。

⑧ 对那些永久性的生产设备或装置，应按审批同意的设计图纸组织采购或订货，在到货之后要进行检查验收。

⑨ 检查施工场地。对于施工的场地也要进行检查验收。

⑩ 严把开工。在工程建设正式开始之前，所有准备工作都做完，并且全部合格之后，才可以下达开工的命令；对于中途停工的工程来说，如果没

有得到上级的开工命令,那么就不能复工。

(2)事中控制:

① 完善工序控制措施。工序控制对工程质量起着决定性的作用,因此一定要注重对工序的控制,以保证工程质量。找出影响工序质量的所有因素,将它们全部纳入质量体系的控制范围之内。

② 严格检查工序交接。在工程建设的过程中,每一个建设阶段只有按照有关的验收规定合格之后才能开始进行下一个阶段的建设。

③ 注重做试验或复核。

④ 审查质量事故处理方案。在工程建设的过程中,如果发生了意外事故。要及时作出事故处理方案,在处理结束之后还要对处理效果进行检查。

⑤ 注意检查验收。对已经完成的分部工程,严格按照相应的质量评定标准和办法进行检查验收。

⑥ 审核设计变更和图纸修改。在工程建设过程中,如果设计图纸出现了问题,要及时进行修改,并对修改过后的图纸再次进行审核。

⑦ 行使否决权。在对工程质量进行审核的过程中,可以按照合同的相关规定行使质量监督权和质量否决权。

⑧ 组织质量现场会议。组织定期或不定期的质量现场会议,及时分析、通报工程质量状况。

(3)事后控制:

① 对承包商所提供的质量检验报告及有关技术性文件进行审核。

② 对承包商提交的竣工图进行审核。

③ 组织联动试车。

④ 根据质量评定标准和办法,对完工的工程进行检查验收。

⑤ 组织项目竣工总验收。

⑥ 收集与工程质量相关的资料和文件,并归档。

(四)工程项目保修阶段质量控制的任务

(1)审核承包商的工程保修书。

(2)检查、鉴定工程质量状况和工程使用情况。

(3)确定工程质量缺陷的责任人。

(4)督促承包商修复缺陷。

(5)在保修期结束后,检查工程保修状况,移交保修资料。

四、水利工程质量管理的内容

在对水利工程的质量进行管理时,要注意从全面的观点出发。不仅要对工程质量进行管理,还要从工作质量和人的质量方面进行管理。

(一)工程质量

工程质量指的是建设水利工程要符合相关法律法规的规定以及技术标准、设计文件和合同等有关要求,其所起到的具体作用要符合使用者的要求。具体来说,对工程质量管理主要表现在以下几个方面。

1. 工程寿命

所谓的工程寿命,实际上指的就是建设的项目在正常的环境条件下可以达到的使用时间,即工程的耐久性,这是进行水利工程项目建设的最重要的指标之一。

2. 工程性能

工程性能是工程建设的重点内容,要能够在各个方面,包括外观、结构、力学以及使用等方面满足使用者的需求。

3. 安全性

工程的安全性主要是指在工程的使用过程中,其结构上应能保护工程,具备一定的抗震、耐火效果,进而保护人员的人身不受损害。

4. 经济性

经济性指的是工程在建设和使用的过程中应该进行成本的计算,避免不必要的支出。

5. 可靠性

可靠性指的是工程在一定的使用条件和使用时间下,所能够有效完成相应功能的程度。例如,某水利工程在正常的使用条件和使用时间下,不会发生断裂或是渗透等问题。

6. 与环境的协调性

与环境的协调性指的是水利工程的建设和使用要与其所处的环境相互

协调适应，不能违背自然环境的发展规律，应与自然和谐共处，实现可持续发展。

通过量化评定或定性分析来对上述六个工程质量的特性进行评定，以此明确规定出可以反映工程质量特性的技术参数，然后通过相关的责任部门形成正式的文件下达给工程建设组织，以此来作为工程质量施工和验收的规范，这就是所谓的质量标准。通过将待验收的工程与制定好的工程质量标准相比较，符合标准的就是合格品，不符合标准的就是不合格品。需要注意的是，施工组织的工程建设质量，不仅要满足施工验收规范和质量评价标准的要求，还要满足建设单位和设计单位所提出的相关合理要求。

(二) 工作质量

工作质量指的是从事建筑行业的部门和建筑工人的工作可以保证工程的质量。工作质量包括生产过程质量和社会工作质量两个方面，如技术工作、管理工作、社会调查、后勤工作、市场预测、维护服务等方面的工作质量。想要确保工程质量可以达到相关部门的要求，前提条件是必须要保证工作质量符合要求。

(三) 人的质量

人的质量指的是参与工程建设的员工的整体素质。人是工程质量的控制者，也是工程质量的"制造者"。工程质量的好与坏同人的因素是密不可分的。

建设员工的素质主要指的是文化技术素质、思想政治素质、身体素质、业务管理素质等多个方面。建设人员的文化技术素质直接影响工程项目质量，尤其是技术复杂、操作难度大、精度要求高的工程对建设人员的素质要求更高。身体素质是指根据工程施工的特点和环境，应严格控制人的生理缺陷，特殊环境下的作业比如高空，患有高血压、心脏病的人不能参与，否则容易引发安全事故。思想政治素质和业务管理素质主要指的是在施工场地，施工人员应该避免产生错误的情绪，比如畏惧、抑郁等，也注意避免错误的行为，比如吸烟、打盹、错误的判断、打闹嬉戏等等，都会影响工作的质量。

第二节 质量管理体系的建立与运行

一、工程项目质量管理体系的概述

工程项目质量管理体系是以控制、保证和提高工程质量为目标，运用系统的概念和方法，使企业各部门、各环节的质量管理职能组织起来，形成一个有明确任务、职责、权限而互相协调、互相促进的有机整体，使质量管理规范化、标准化的体系。

质量管理体系要素是构成质量体系的基本单元，它是工程质量产生和形成的主要因素。施工阶段是建设工程质量的形成阶段，是工程质量监督的重点，因此，必须做好质量管理的工作，施工单位建立质量管理体系要抓好以下七个环节：

(1) 要有明确的质量管理目标和质量保证工作计划。

(2) 要建立一个完整的信息传递和反馈系统。

(3) 要有一个可靠有效的计量系统。

(4) 要建立和健全质量管理组织机构，明确职责分工。

(5) 组织开展质量管理小组活动。

(6) 要与协作单位建立质量的保证体系。

(7) 要努力实现管理业务规范化和管理流程程序化。

二、建设工程项目质量控制体系的建立

建设工程项目质量控制体系的建立首先需要质量体系文件化，对其进行策划，根据工程项目的总体要求，从实际出发，对质量管理体系文件进行编制，保证其合理性；然后要定期进行质量管理体系评审和评价。

(一) 建立工程项目质量控制体系的基本原则

(1) 全员参与的分层次规划原则。只有全员参与到质量管理体系当中才能为企业带来利益，又因水利工程施工的特殊性，还需要对不同的施工单位制定不同的质量管理标准。

(2) 过程管理原则。在工作过程中，按照建设标准和工程质量总体目标，

分解到各个责任主体，依据合适的管理方式，确定控制措施和方法。

(3) 质量责任制原则。施工单位只需做好自己负责项目的工作即可，责任分明，质量与利益相结合，提高工程质量管理的效率。

(4) 系统有效性原则。即做到整体系统和局部系统的组织、人员、资源和措施落实到位。

(二) 建立步骤

(1) 总体设计。质量管理体系建设的第一步一定要先对整个大的环境进行充分的了解，制定一个符合社会、市场以及项目的质量方针和目标。

(2) 质量管理体系文件的编制。编制质量手册、质量计划、程序文件和质量记录等质量体系文件，包括对质量管理体系过程和方法所涉及的质量活动所进行的具体阐述。

(3) 人员组织的确定。根据各个阶段的侧重部分，合理安排组织人员进行监督，制定质量控制工作制度，形成质量控制的依据。

三、工程项目质量管理体系运行

质量管理体系运转的基本方式是按照计划（Plan）→执行（Do）→检查（Check）→处理（Action）的管理循环进行的，它包括四个阶段、八个步骤。

(一) 四个阶段

(1) 计划阶段：按使用者要求，根据具体生产技术条件，找到生产中存在的问题及其原因，拟定生产对策和实施计划。

(2) 执行阶段：按预订对策和生产措施计划，组织实施。

(3) 检查阶段：对生产产品进行必要的检查和测试，即把执行的工作结果与预定目标对比，检查执行过程中出现的情况和问题。

(4) 处理阶段：把经过检查发现的各种问题及用户意见进行处理，凡符合计划要求的给予肯定，成文标准化；对不符合计划要求和不能解决的问题，转入下一循环，以便进一步研究解决。

(二) 八个步骤

(1) 分析现状，找到问题，依靠数据做支撑，不武断，不片面，结论合理有据。

(2) 分析各种影响因素，要把可能因素一一加以分析。

(3) 找出主要影响因素，在分析的各种因素中找到主要的关键的影响因素，对症下药。改进工作，提高质量。

(4) 研究对策，针对主要因素拟定措施，制定计划，确定目标。

以上 4 个步骤均属 P（Plan 计划）阶段的工作内容。

(5) 执行措施，为 D（Do 执行）阶段的工作内容。

(6) 检查工作结果，对执行情况进行检查，找出经验教训，是 C（Check 检查）阶段工作内容。

(7) 巩固措施，制定标准，把成熟的措施订成标准（规程、细则），形成制度。

(8) 遗留问题转入下一个循环。

以上 (7)、(8) 为 A（Action 处理）阶段的工作内容。

PDCA 循环工作原理是质量管理体系的动力运作方式，有着以下特点。

①四个阶段相互统一成一个整体，一个都不可缺少，先后次序不能颠倒。

②施工建设单位的各部门都存在 PDCA 循环。

③PDCA 循环在转动中前进，每个循环结束，质量提高一步。每经过一次循环，就解决了一批问题，质量水平就有了新的提高。

④A 阶段是一个循环的关键，这一阶段的目的在于总结经验，巩固成果，找出偏差，纠正错误，以利于下一个管理循环。

第三节 工程质量统计

对工程项目进行质量控制的一个重要方法是利用质量数据和统计分析。通过收集和整理质量数据，进行统计分析比较，可以找出生产过程的质量规律,从而对工程产品的质量状况进行判断,找出工程中存在的问题和问题产生的原因,然后再有针对性地找出解决问题的具体措施,从而有效解决工程中出现的质量问题,保证工程质量符合要求。

一、工程质量数据

质量数据是用以描述工程质量特征性能的数据。它是进行质量控制的基础,如果没有相关的质量数据,那么科学的现代化质量控制就不会出现。

(一)质量数据的收集

质量数据的收集总的要求应当是随机地抽样,即整批数据中每一个数据都有同样的机会被抽到。常用的方法有随机法、系统抽样法、二次抽样法和分层抽样法。

(二)质量数据的特征

为了进行统计分析和运用特征数据对质量进行控制,经常要使用许多统计特征数据。

统计特征数据主要有均值、中位数、极值、极差、标准偏差、变异系数。其中,均值、中位数表示数据集中的位置;极差、标准偏差、变异系数表示数据的波动情况,即分散程度。

(三)质量数据的分类

根据不同的分类标准,可以将质量数据分为不同的种类。

1.按质量数据的特点分类

(1)计数值数据。计数值数据是不连续的离散型数据。如不合格品数、不合格的构件数等,这些反映质量状况的数据是不能用量测器具来度量的,采用计数的办法,只能出现0、1、2等非负整数。

(2)计量值数据。计量值数据是可连续取值的连续型数据。如长度、重量、面积、标高等质量特征,一般都是可以用量测工具或仪器等量测,一般都带有小数。

2. 按质量数据收集的目的分类

（1）控制性数据。控制性数据一般是以工序作为研究对象，是为分析、预测施工过程是否处于稳定状态而定期随机地抽样检验获得的质量数据。

（2）验收性数据。验收性数据是以工程的最终实体内容为研究对象，以分析、判断其质量是否达到技术标准或用户的要求，再采取随机抽样检验获取的质量数据。

（四）质量数据的波动

在工程施工过程中常可看到在相同的设备、原材料、工艺及操作人员条件下，生产的同一种产品的质量不同，反映在质量数据上，即具有波动性，其影响因素有偶然性因素和系统性因素两大类。

（1）偶然性因素造成的质量数据波动。偶然性因素引起的质量数据波动属于正常波动，偶然因素是无法或难以控制的因素，所造成的质量数据的波动量不大，没有倾向性，作用是随机的，工程质量只有偶然因素影响时，生产才处于稳定状态。

（2）系统性因素造成的质量数据波动。由系统因素造成的质量数据波动属于异常波动，系统因素是可控制、易消除的因素，这类因素不经常发生，但具有明显的倾向性，对工程质量的影响较大。

质量控制的目的就是要找出出现异常波动的原因，即系统性因素，并加以排除，使质量只受偶然性因素的影响。

二、质量控制的统计方法

在质量控制中常用的统计工具及方法主要有以下几种。

（一）排列图法

排列图法又叫做巴雷特法、主次排列图法，主要是用来分析各种因素对质量的影响程度，是分析影响质量主要问题的有效方法。纵坐标为 N，N 为频数，根据频数的大小可以判断出主次影响因素：累计频率 0%~80% 的因素为主要因素，80%~95% 为次要因素，95%~100% 为一般因素。将众多的因素进行排列，主要因素就会令人一目了然。

(二) 直方图法

直方图法又叫做频率分布直方图，用来分析质量的稳定程度。通过抽样检查，将产品质量频率的分布状态用直方图形来表示，根据直方图形的分布形状，以质量指标均值、标准差和代表质量稳定程度的离差系数或其他指标作为判据，探索质量分布规律，分析和判断整个生产过程是否正常。

1. 直方图的分布形式

直方图主要有六种分布形式：

(1) 锯齿型，通常是由于分组不当或是组距确定不当而产生的。

(2) 正常型，说明产品生产过程正常，并且质量稳定。

(3) 绝壁型，一般是剔除下限以下的数据造成的。

(4) 孤岛型，一般是由于材质发生变化或他人临时替班所造成的。

(5) 双峰型，主要是将两种不同的设备或工艺的数据混在一起所造成的。

(6) 平顶型，生产过程中有缓慢变化的因素是产生这种分布形式的主要原因。

2. 使用直方图需要注意的问题

(1) 直方图是一种静态的图像，因此不能够反映出工程质量的动态变化。

(2) 画直方图时要注意所参考数据的数量应大于50。

(3) 直方图呈正态分布时，可求平均值和标准差。

(4) 直方图出现异常时，应注意将收集的数据分层，然后画直方图。

(三) 控制图法

控制图也可以叫做管理图，用以进行适时的生产控制，掌握生产过程的波动状况。控制图的纵坐标是质量指标，有一根中心线代表质量的平均指标，一根上控制线和一根下控制线，代表质量控制的允许波动范围。横坐标为质量检查的批次（时间）。将质量检查的结果，按批次（时间）点绘在图上，即反映生产过程中各个阶段质量波动状态的图形，可以看出生产过程随时间变化而变化的质量动态。如果工程质量出现问题就可以通过管理图发现，进而及时制定措施进行处理。

(四) 因果分析图法

因果分析图也叫鱼刺图、树枝图，这是一种逐步深入研究和讨论质量问题的图示方法。

根据排列图找出主要因素 (主要问题)，用因果分析图探寻问题产生的原因。这些原因，通常不外乎人、机器、材料、方法、环境等五个方面。这些原因有大有小。在一个大原因中，还有中原因、小原因，把这些原因按照大小顺序分别用主干、大枝、中枝、小枝来一一列出，如鱼刺状，并框出主要原因 (主要原因不一定是大原因)，根据主要原因，制定出相应措施。

(五) 相关图法

产品质量与影响质量的因素之间具有一定的联系，但不一定是严格的函数关系，这种关系叫做相关关系。相关图又称为散布图，就是用来分析影响因素之间的相关关系。纵坐标代表某项质量指标，横坐标代表影响质量的某种因素。

相关图的形式有强正相关、弱正相关、不相关、强负相关、弱负相关和非线性相关几种形式。此外还有调查表法、分层法等。

第四节 工程质量事故分析处理

工程建设项目的事故是很难完全避免的。因此，必须加强组织措施、经济措施和管理措施，严防事故发生，对发生的事故应调查清楚，按有关规定进行处理。

一、工程质量事故的分类及处理职责

凡水利工程在建设中或完工后，由于设计、施工、监理、材料、设备、工程管理和咨询等方面造成工程质量不符合规程、规范和合同要求的质量标准，影响工程的使用寿命或正常运行，一般需作补救措施或返工处理的，统称为工程质量事故。

日常所说的事故大多指施工质量事故。各门类、各专业工程、各地区不同时期界定建设工程质量事故的标准尺度不一,既可以按照对工程的耐久性和正常使用的影响程度来进行划分,也可以按照对工期影响时间的长短以及直接经济损失的大小进行划分。大多数情况下是按照经济损失严重程度进行质量事故的划分。

(一) 一般质量事故

一般质量事故是指由于质量低劣或达不到合格标准,需加固补强,且对工程造成一定的经济损失,经处理后不影响正常使用、不影响工程使用寿命的事故。经济损失一般在 5000～50000 元范围之内。一般质量事故由县级以上建设行政主管部门负责牵头进行处理。

(二) 严重质量事故

严重质量事故是指对工程造成较大经济损失或延误较短工期。经济损失一般在 50000～100000 元范围之内,延误工期包括工程建筑物结构不符合设计要求,发生倾斜、偏移或者裂缝等存在安全隐患的现象;发生结构强度不足,产生沉降等现象。若是发生的事故导致严重后果也可属于严重质量事故,包括造成 2 人以下重伤或者事故性质恶劣。严重质量事故由县级以上建设行政主管部门负责牵头组织处理。

(三) 重大质量事故

重大质量事故是指对工程造成特大经济损失,一般在 100000 元以上;或者是发生工程建筑物倒塌或报废;或者是由于工程的质量事故造成 3 人以上的人员重伤或者发生人员死亡都属于此列。

二、工程质量问题原因分析

工程质量问题表现形式千差万别,类型多种多样。但最基本的还是人、机械、材料、工艺和环境几方面的原因。一般可分为直接原因和间接原因。

直接原因主要有人的行为不规范和材料、机械等不符合规定要求。

(1) 人的行为不规范,如设计人员不按规范设计,不经可行性论证,未做调查分析就拍板定案；没有搞清工程地质情况就仓促开工；监理人员不按规范进行监理；施工人员违反操作规程等，都属于人的行为不规范。

（2）建筑材料及制品不合格。如水泥、钢材等某些指标不合格，皆属于此列。

间接原因是指质量事故发生地的环境条件，如施工管理混乱，质量检查监督失职，质量保证体系不健全等。其主要表现为：

（1）图纸未经审查或不熟悉图纸，盲目施工。

（2）未经设计部门同意擅自修改设计或不按图施工。

（3）不按有关的施工质量验收规范和操作规程施工。

（4）缺乏基本结构知识，蛮干施工。

（5）施工管理紊乱，施工方案考虑不周，施工顺序错误，技术交底不清，违章作业，疏于检查、验收等，均可能导致质量问题。

间接原因往往导致直接原因的发生。还要注意自然条件的影响，水和温度的变化对工程建筑物的材料影响很大，在高温、狂风、暴雨、雷电等恶劣环境下，材料可能会发生损坏，成为导致工程质量事故发生的诱因，要特别加以注意。

三、质量事故处理方案的确定

（一）事故处理的目的

工程质量事故分析与处理的目的主要是正确分析事故原因，防止事故恶化；创造正常的施工条件；排除隐患，预防事故发生；总结经验教训，区分事故责任；采取有效的处理措施，尽量减少经济损失，保证工程质量。

（二）事故处理的原则

质量事故发生后，应坚持"三不放过"的原则，即事故原因不查清不放过，事故主要责任人和职工未受到教育不放过，补救措施不落实不放过。发生质量事故，应立即向有关部门（业主、监理单位、设计单位和质量监督机构等）汇报，并提交事故报告。由质量事故造成的损失费用，坚持事故责任是谁就由谁承担的原则。若责任在施工承包商，则事故分析与处理的一切费用由承包商自己负责；施工中事故责任不在承包商，则承包商可依据合同向业主提出索赔；若事故责任在设计或监理单位，应按照有关合同条款给予相关单位必要的经济处罚；构成犯罪的，移交司法机关处理。

(三) 事故处理方案

质量事故处理方案，应当在正确分析和判断事故产生原因的基础上确定。通常可以根据质量问题的情况，确定以下三类不同性质的处理方案。

(1) 修补处理。适用于工程的某些部分的质量虽未达到规定的规范、标准或设计要求，存在一定的缺陷，但通过修补可以不影响工程的外观和正常使用的质量事故。

(2) 返工处理。当工程质量严重违反规范或标准，影响工程使用和安全，而又无法通过修补的办法纠正所出现的缺陷时，必须返工。

(3) 限制使用。当工程质量问题按修补方案处理无法达到规定的使用要求和安全标准，而又无法返工处理，不得已时可以作出诸如结构卸荷或减荷以及限制使用的决定。

第五节　工程质量验收与评定

一、工程质量评定

(一) 质量评定的意义

工程质量评定，是依据国家或部门统一制定的现行标准和方法，对照具体施工项目的质量结果，确定其质量等级的过程。水利工程按《水利水电工程施工质量检验与评定规程》(SL 176—2007，以下简称《检验与评定规程》) 执行，不仅能够将评定的标准和方法进行统一，以便工程建设单位有据可查，还可以准确对工程质量进行评价，对各个企业的技术水平进行考核与对比，促进企业间的良性竞争，为企业提高建筑工程的质量提供依据。

工程质量评定以单元工程质量评定为基础，其评定的先后次序是单元工程、分部工程和单位工程。工程质量的评定在施工单位 (承包商) 自评的基础上，由建设（监理）单位复核，报政府质量监督机构核定。

（二）评定依据

水利工程施工项目质量管理评定主要是依靠以下标准和规范来进行。

(1) 国家与水利水电部门有关行业规程、规范和技术标准。

(2) 经批准的设计文件、施工图纸、设计修改通知、厂家提供的设备安装说明书及有关技术文件。

(3) 工程合同采用的技术标准。

(4) 工程试运行期间的试验及观测分析成果。

（三）评定标准

1. 单元工程质量评定标准

单元工程质量等级按《检验与评定规程》进行。当单元工程质量达不到合格标准时，必须及时处理，其质量等级按如下评定标准进行确定。

(1) 合格：

① 经加固补强并经过鉴定能达到设计要求的；

② 经鉴定达不到设计要求，但建设（监理）单位认为能基本满足安全和使用功能要求，可不补强加固的；

③ 经补强加固后，改变外形尺寸造成永久缺陷，但建设（监理）单位认为能基本满足设计要求的。

(2) 重新评定等级：全部返工重做的。

2. 分部工程质量评定标准

分部工程质量的等级可以分为合格和优良两个等级，其各自的评定标准如下所示。

(1) 质量合格：

① 单元工程质量全部合格；

② 中间产品质量及原材料质量全部合格；

③ 金属结构及启闭机制造质量合格；

④ 机电产品质量合格。

(2) 质量优良：

① 单元工程质量全部合格：其中有 50% 以上达到优良，主要单元工程、重要隐蔽工程及关键部位的单位工程质量优良，且未发生过质量事故。

② 中间产品质量全部合格：混凝土拌和物质量达到优良；原材料质量金属结构及启闭机制造质量合格，机电产品质量合格。

3. 单位工程质量评定标准

单位工程质量评定的等级也分为合格和优良两个等级，各自的评定标准如下。

(1) 质量合格：

①分部工程质量全部合格；

②中间产品质量及原材料质量全部合格，金属结构及启闭机制造质量合格，机电产品质量合格；

③外观质量得分率达 70% 以上；

④施工质量检验资料基本齐全。

(2) 质量优良：

①分部工程质量全部合格：其中有 50% 以上达到优良，主要分部工程质量优良，且未发生过重大质量事故。

②中间产品质量全部合格：混凝土拌和物质量达到优良，原材料质量、金属结构及启闭机制造质量合格，机电产品质量合格。

③外观质量得分率达 85% 以上。

④施工质量检验资料齐全。

4. 工程质量评定标准

单位工程质量全部合格，工程质量可评为合格；若其中 50% 以上的单位工程优良，且主要建筑物单位工程质量优良，则工程质量可评优良。

二、工程质量验收

(一) 工程验收的主要工作

(1) 分部工程验收的主要工作。分部工程验收是指在工程尚未完工前，发包人在完全自主决定的情况下，根据合同进度计划规定的或需要提前使用尚未全部完工的某项工程时，发包人接受此部分工程前的交工验收。

（2）阶段验收的主要工作。根据工程建设需要，当工程施工到了里程碑标志的工程和进度，工程建设达到一定关键阶段（如基础处理完毕、截流、水库蓄水、机组启动、输水工程通水等）时，进行的验收叫阶段工程验收。阶段验收的主要工作：检查已完工程的质量和形象面貌；检查在建工程建设情况；检查待建工程的计划安排和主要技术措施落实情况，以及是否具备施工条件；检查拟投入使用工程是否具备运用条件；对验收遗留问题提出处理要求。

（3）完工验收的主要工作。完工验收应具备的条件是所有分部工程已经完建并验收合格。完工验收的主要工作：检查工程是否按批准设计完成；检查工程质量，评定质量等级，对工程缺陷提出处理要求；对验收遗留问题提出处理要求；按照合同规定，施工单位向项目法人移交工程。

（4）竣工验收的主要工作。工程在投入使用前必须通过竣工验收。竣工验收应在全部工程完建后3个月内进行。进行验收确有困难的，经工程验收主持单位同意，可以适当延长期限。竣工验收应具备以下条件。

① 已完成合同范围内的全部单位工程以及有关的工作项目。工程已按批准设计规定的内容全部建成且能正常运行。

② 历次验收所发现的问题已基本处理完毕。

③ 备齐了符合合同要求的竣工资料。

a. 永久工程竣工图。

b. 列入保修期的尾工工程项目清单。

c. 未完成的缺陷修复清单。

d. 施工期的观测资料。

e. 竣工报告、施工文件、施工原始记录，以及其他资料。

④ 工程建设征地补偿及移民安置等问题已基本处理完毕，工程主要建筑物安全保护范围内的迁建和工程管理土地征用已经完成。

⑤ 工程投资已经全部到位。

⑥ 竣工决算已经完成并通过竣工审计。

⑦ 监理工程师做工程验收准备。当合同中规定的工程项目基本完工时，监理工程师应在承包人提出竣工验收申请报告之前，组织设计、运行、地质

和测量等有关人员检查工程建设和运行情况；协调处理有关问题；讨论并通过《竣工验收鉴定书》，核对准备提交的竣工资料等，做好验收准备工作。

⑧ 承包人应提前21天提交竣工验收申请报告，并附竣工资料。

⑨ 监理工程师收到报告进行后审核，并在14天内进行竣工验收。如发现工程有重大缺陷，可拒绝或推迟验收。处理完成后，达到监理工程师满意时，重新提交申请，进行审核，并进行竣工验收。

⑩ 监理工程师验收完毕，应在收到申请报告后28天内签署工程接收证书。从此发包人接收了工程，并承担起工程照管的责任。

（二）缺陷通知期限期满前的检验

缺陷通知期限期满前的检验是指在缺陷通知期限期满全部工程最终移交给发包人之前，监理工程师对承包人完成的未移交工程尾工和修补工程缺陷进行的交工检验。

该期间的工程的收尾工作、机电设备的安装、维护和修补项目应逐一让监理工程师检验直至合格。假若承包人在缺陷通知期限期间所有的项目任务已完成，并且其工程质量全部符合合同规定时，整个工程缺陷通知期限期满后28天内，由监理工程师签署和颁发履约证书。此时才应认为承包人的义务已经完成。

第四章 水利工程建设项目施工进度管理

第一节 施工进度管理概述

施工管理水平对于缩短建设工期、降低工程造价、提高施工质量、保证施工安全至关重要。施工管理工作涉及施工、技术、经济等活动。其管理活动从制订计划开始，通过计划的制订进行协调与优化，确定管理目标；然后在实施过程中按计划目标进行指挥、协调与控制；最后根据实施过程中反馈的信息调整原来的控制目标，通过施工项目的计划、组织、协调与控制实现施工管理的目标。

一、进度的概念

进度是指工程施工项目的实施过程中具体的进展情况，具体包括在项目实施过程中需要消耗的时间、劳动力、成本等。当然，项目实施结果应该以项目任务的完成情况和工程的数量来表述。但是在实际操作中，很难找到一个恰当的指标来反映工程进度，因为工程实物进度不仅是传统的工期控制，而且将工期与工程实物、成本、劳动消耗、资源等统一起来。

二、进度指标

进度控制的基本对象是工程活动，包括项目结构图上各个层次的单元，上至整个项目，下至各个工作包。项目进度指标的确定对项目工程的进度表述、计算和控制有重要影响。由于一项工程有不同的子项目、工作包，因此必须挑选一个对所有工程活动都适用的计量单位。

（一）持续时间

持续时间是进度的重要指标。例如计划工期2年，现已经进行了1年，则工期已达50%。一个工程活动，计划持续时间为30天，现已经进行了15天，则已完成50%。但通常不能说工程进度已达50%，因为工期与人们通常概念上的进度不一致，工程的实际效率往往低于计划效率。

（二）资源消耗指标

资源消耗包括劳动工时、机械台班、成本消耗等。资源消耗有较强的可比性，但在实际工程中要注意有时投入资源数量和进度会产生背离，同时实际工作和计划常有差别，这样可以统一精度指标分析尺度。

三、进度控制原理

（一）动态控制原理

施工进度控制不仅是一个不断进行的动态控制，也是一个循环进行的过程。当实际进度按照计划进度进行时，两者相吻合；当实际进度没有按照计划进度进行时，便产生超前或落后的偏差。

（二）系统原理

在施工项目的具体进度计划中，由于过程中总是发生变化，因此实施各种进度计划和施工组织系统都是为了努力完成各项任务。此外，为了保证施工进度实施，还需要一个施工进度的检查控制系统。不同层次的人员负有不同的进度控制职责，应分工协作，形成一个纵横连接的施工项目控制组织系统。实施是计划控制的落实，控制保证计划按期完成。

（三）信息反馈原理

信息反馈是施工项目进度控制的主要环节。只有将施工过程中的信息反馈给各级负责人员，经比较分析后做出决策，调整进度计划，才能保证施工过程符合预定工期目标。

第二节 施工进度计划的编制与实施

一、施工进度计划的编制

(一) 施工进度计划的分类

施工进度计划是在确定工程施工目标工期的基础上制定的,按照不同的划分标准,施工进度计划可以分为不同种类。按照计划内容,施工进度计划可以分为目标性时间计划与支持性资源进度计划,按照计划时间,施工进度计划可以分为总进度计划与阶段性计划,按照进化深度,施工进度计划可以分为总进度计划与分项进度计划。它们组成一个相互关联、相互制约的计划系统。

(二) 施工进度计划的表示方法

如前所述,在编制施工进度计划时一般可借助两种方式,即文字说明与各种进度计划图表。

1. 横道图

横道图,又称甘特图,是应用广泛的进度表达方式。横道图控制法的优点是形象、简单。在运用横道图控制法时,能够使每项工作的起止时间均由横道线的两个端点来表示。

2. 工程进度曲线

S 形曲线是以时间为横轴、以完成累计工作量为纵轴、按计划时间累计完成任务量的曲线作为预定的进度计划。从整个项目的实施进度来看,由于项目的初期和后期进度比较慢,因而进度曲线大体呈 S 形。

通过比较可以获得如下信息:

(1) 实际工程进展速度。

(2) 进度超前或拖延的时间。

(3) 工程量的完成情况。

(4) 后续工程进度预测。

二、施工进度计划的实施

施工进度计划的实施就是施工活动的开展，利用施工进度计划指导施工活动、落实和完成计划。为了保证施工进度计划的实施，应做好如下工作：

（一）施工进度计划的审核

施工项目经理应进行施工进度计划的审核，其主要内容如下：
(1) 施工顺序安排是否符合施工程序的要求。
(2) 施工进度计划中的内容是否有遗漏，分期施工是否满足分批交工的需要和配套交工的要求。
(3) 各项保证进度计划实现的措施是否设计得周到、可行且有效。

（二）施工进度计划的贯彻

施工项目的所有施工进度计划，包括施工总进度计划、单位工程施工进度计划、分部分项工程施工进度计划，都是围绕一个总任务而编制的。因此，在实施施工进度计划前，要检查各层次的计划，形成严密的计划保证系统。同时，要层层明确责任，进行计划的交底，使计划得到全面、彻底的实施。

（三）施工项目进度计划的实施

为了实施施工计划，对于规定的任务，要结合现场施工条件编制月（旬）作业计划，实行签发施工任务书，做好施工进度记录，填好施工进度统计表，掌握计划实施情况，协调各方面关系，加强各薄弱环节，实现动态平衡，保证完成作业计划和实现进度目标。

第三节　施工进度计划的检查与比较方法

一、施工进度计划的检查

在施工项目的实施过程中，为了进行进度控制，进度控制人员应经常

搜集施工进度材料,进行统计整理和对比分析,确定实际进度与计划进度之间的关系,其主要工作如下:

(1)跟踪检查施工实际进度。保证汇报资料的准确性,进度控制人员要经常到现场查看施工项目的实际进度情况,从而保证经常地、定期地准确掌握施工项目的实际进度。

(2)对比实际进度与计划进度。通过使用横道图比较法、S形曲线比较法、"香蕉"形曲线比较法、前锋线比较法和列表比较法等,将搜集整理的资料与施工项目的实际进度进行比较。

(3)施工进度检查结果的处理。通过检查,应向企业提交施工进度控制报告,以最简单的书面形式向施工项目经理及各级业务职能负责人汇报。

二、施工实际进度与计划进度的比较方法

(一)横道图比较法

横道图比较法就是将在项目实施中针对工作任务检查实际进度搜集的信息经整理后,将实际进度直接用横道线并列标于原计划的横道线旁,进行直观比较。横道图比较法是人们在施工中进行施工项目进度控制经常采用的一种简单方法。为了比较方便,一般用它们实际完成量的累计百分比与计划应完成量的累计百分比进行比较。根据施工进度控制要求和提供的进度信息,调整施工进度计划可以采用以下几种方法:

1. 匀速施工横道图比较法

匀速进展是指在施工项目中,每项工作在单位时间内完成的任务量都是相等的。此时,每项工作累计完成的任务量与时间呈线性关系。这种方法的前提条件是施工速度保持不变,如果速度是变化的,这种方法就不能用来比较计划进度与实际进度的时间关系曲线。必须指出的是,涂黑的粗线右端与检查日期相重合,表明实际进度与施工计划进度相一致;若涂黑的粗线右端在检查日期左侧,表明实际进度拖后;若在右侧,表明实际进度超前。

2. 双比例单侧横道图比较法

双比例单侧横道图比较法是在工作的进度按变速进展的情况下,工作实际进度与计划进度进行比较的一种方法。当工作在不同单位时间里的进展

速度存在差异时，累计完成的任务量与时间的关系不是呈直线变化的。这种比较法是将工作实际进度用涂黑粗线表示，同时在其上标出某对应时刻完成任务的累计百分比。这种比较法不仅可对施工速度变化的进度进行比较，而且可对检查日期进度进行比较，还可提供某一指定时间二者比较的信息。

3. 双比例双侧横道图比较法

双比例双侧横道图比较法同样适用于工作进度以非恒定速度进行的情况，它是一种用于对比工作实际进度与预定计划进度的方法。双比例双侧横运用比较法是将工作实际进度用涂黑粗线表示，并将检查的时间和完成的累计百分比交替绘制在计划横道线上下两面，其长度表示该时间内完成的任务量。通过两个上下相对的百分比相比较，判断该工作的实际进度与计划进度之间的关系。

综上所述，横道图比较法具有记录、比较方法简单，形象直观，容易掌握的特点，被广泛用于简单的进度监测工作中。但是，由于它以横道图进度计划为基础，因此带有不可克服的局限性，一旦某些工作进度产生偏差，就难以预测其对后续工作的影响，并且难以确定调整方法。

（二）前锋线比较法

施工进度计划用时标网络计划表达时，还可以采用实际进度前锋线进行实际进度与计划进度的比较。通过比较前锋线与工作箭线的交点位置，可以判定施工实际进度与计划进度的偏差。若前锋线为直线，则表示到检查点处进度正常；若前锋线为凹凸线，则表示到检查点处进度出现异常，其中，左凸表示进度滞后，右凸表示进度超前，两者均属异常。简而言之，前锋线比较法是通过施工项目实际进度前锋线判定施工实际进度与计划进度偏差的方法。

（三）S形曲线比较法

S形曲线比较法以横坐标表示进度时间、纵坐标表示累计完成任务量，绘制出一条按计划时间累计完成任务量的曲线。在整个施工过程中，开始和结尾阶段单位时间投入的资源量较少，中间阶段单位时间投入的资源量较多。所以随时间发展的累计完成的任务量，该施工过程呈现S形变化。

(四)"香蕉"形曲线比较法

"香蕉"形曲线由两条以同一开始时间、同一结束时间的 S 形曲线组合而成。其中一条 S 形曲线是按最早开始时间安排进度所绘制的 S 形曲线，简称 ES 曲线；而另一条 S 形曲线是按最迟开始时间安排进度所绘制的 S 形曲线，简称 LS 曲线。除了项目的开始和结束点外，ES 曲线在 LS 曲线上方。在施工过程中，同一时刻两条曲线所对应完成的工作量不同。理想的状况是任一时刻的实际进度在两条曲线所包区域内的曲线尺。

香蕉曲线是由按最早开始时间和最迟开始时间绘制的两条 S 曲线组合而成，可用于预测后期工程的进展情况。

(五) 列表比较法

当采用无时标网络计划时，也可以采用列表分析法。列表分析法是列表计算有关参数，根据原有总时差和尚有总时差判断实际进度与计划进度的比较方法。

第四节　进度拖延的原因分析和解决措施研究

一、进度拖延的原因分析

工程项目的进度受到较多因素的影响，项目管理者应按预定的项目计划，定期评审实施进度情况，分析并确定拖延的根本原因。进度拖延是工程项目实施过程中经常发生的现象，拖延之后赶进度，不仅延误工期，还费财费力，得不偿失。因此，在各层次的项目单元、各个阶段应避免出现延误。

(一) 工期及相关计划的失误

计划失误是常见现象。在计划期，人们将持续时间安排得过于乐观，具体包括以下内容：计划时忘记（遗漏）部分必需的功能或工作；资源或能力不足；出现了计划中未能考虑到的风险或状况；未能使工程实施达到预定的效率。在现代工程中，建设者需事先对影响进度的各种因素进行调查，预测其对进度可能产生的影响，避免由于计划值不足而耽误工期。

（二）实施过程中管理的失误

业主与承包商之间沟通不足或施工者缺乏工期意识，导致项目各活动因前提条件不具备而造成工程拖延。因此，任务下达时，承包商应提供足够的资金，保证材料不拖延，没有未完成项目计划规定的拖延，各单位有良好的信息沟通，这样能够防止施工延期，避免造成财产损失。

二、解决进度拖延的措施

若出现施工拖延，可以采取积极的赶工措施，以弥补或部分弥补已经产生的拖延。如果不采取特别措施，在通常情况下，拖延的影响会越来越大。这是一种消极的办法，最终结果必然损害工期目标和经济效益。因此，在项目拖延后，采取措施赶工、修改网络计划等方法来解决进度拖延问题，避免造成经济重大损失。

在项目拖延的情况下，可以采取以下几种措施进行赶工：

（1）重新分配资源。例如，将服务部门的人员投入生产中去，投入风险准备资源，采用加班或多班制的工作方式来应对。

（2）增加资源投入。例如，增加劳动力、材料、周转材料和设备的投入量。虽然这是最常用的办法，但它会带来费用、资源增加，加剧资源控制困难等问题。

（3）减少工作范围。包括减少工作量或删去一些工作包（或分项工程），但这可能产生损害工程的完整性、经济性、安全性、运行效率，或提高项目运行费用，以及必须经过上层管理者如投资者、业主的批准等影响。

（4）提高劳动生产率。要提高劳动生产率，必须在加强培训、注意工人级别与工人技能的协调的前提下，在工作中实施奖赏机制及个人负责制，避免项目组织的矛盾，使项目小组在时间和空间上能够合理地组合和搭接，很好地改善工作环境和项目的公用设施。

（5）将部分任务转移。将部分任务转移，如分包、委托给另外的单位，将原计划由自己生产的结构构件改为外购等。当然，这不仅有风险，还会产生新的费用，而且需要增加控制和协调工作。

如果 A_1、A_2 两项工作由两个单位分包按次序施工，则持续时间较长。而如果将它们合并为由一个单位来完成，则持续时间可大大缩短。其原因如下：

① 两个单位分别负责，中间包含对 A1 工作的检查、打扫和场地交接，以及对 A2 工作的准备过程，这些过程都存在前期准备阶段效率较低的情况，会导致工期延长。正常施工阶段后，又进入后期低效率过程，这是由分包合同或工作任务单所规定的，因此总的平均效率较低。

② 如果合并由一个单位来完成，则不仅平均效率会提高，而且许多工作能够穿插进行。实践证明，采用"设计—施工"总承包或项目管理总承包比分阶段、分专业平行包的工期会大大缩短。

③ 修改实施方案，如将现浇混凝土改为场外预制、现场安装，这样可以提高施工速度。例如，在一项国际工程中，原施工方案为现浇混凝土，工期较长。进一步调查发现，该国木工的劳动素质较差，且可培训性不高，无法保证原工期，后来采用预制装配施工方案则大大缩短了工期。当然，这一方面必须有可用的资源；另一方面要考虑会造成成本的超支。

三、施工进度计划的调整

（一）分析进度偏差对后续工作及总工期的影响

在施工过程中，难免出现偏差，这就需要对出现的偏差进行调整。在工程项目实施过程中，通过实际进度与计划进度的比较，若发现有进度偏差，应采取相应的调整措施对原进度计划进行调整，以确保工期目标的顺利实现。调整进度计划实施的方法分为三个步骤：

（1）分析出现进度偏差的工作是否为关键工作。如果出现进度偏差的工作为关键工作，则将对后续工作和总工期产生影响，必须采取相应的调整措施。这种方法通过对出现的偏差进行分析，能有效掌握偏差对施工项目后续工作产生的影响。

（2）分析进度偏差是否大于总时差，可以有效掌握施工项目的总体工期。若工作的进度偏差小于或等于该工作的总时差，则说明此偏差对总工期无影响，但它对后续工作的影响程度还需要进行比较偏差与自由时差的情况来进一步判断。

（3）分析进度偏差是否超过自由时差，能够掌握偏差对后续工作的影响程度。如果工作的进度偏差未超过该工作的自由时差，则此进度偏差不影响后续工作，因此，原进度计划可以不作调整

通过分析，进度控制人员可以根据进度偏差的影响程度，制定相应的纠偏措施进行调整，以获得符合实际进度情况和计划目标的新进度计划。

（二）调整进度计划的方法

当实际进度偏差影响后续工作、总工期而需要调整进度计划时，就需要对后续工作进行调整，其调整方法主要有两种。

1. 改变工作间的逻辑关系

当工程项目实施中产生的进度偏差影响总工期时，可以改变关键线路和超过计划工期的非关键线路上的有关工作之间的逻辑关系，从而达到缩短工期的目的。一种是改变关键线路上工作之间的先后顺序，另一种是改变关键线路上的逻辑关系。需要注意的是，在进行这样的调整后，工作之间的平行搭接时间延长，必须做好工作之间的沟通协调。

2. 改变工作延续时间

改变工作延续时间主要是对施工项目中关键线路上的工作进行适当调整。这种方法不改变工程项目中各项工作之间的逻辑关系，而是通过采取措施来缩短某些工作的持续时间，以保证按计划工期完成该工程项目。通过改变工作的延续时间，可以压缩位于关键线路以及超过计划工期的非关键线路上的那些可被压缩持续时间的工作。这种调整方法通常可以在网络图上直接进行。改变工作延续时间一般会出现以下三种情况：

（1）某项工作项目中的延误时间已超过其自由时差，但未超过其总时差。如果施工项目中的某项工作拖延的时间在自由时差以外，那么施工项目的总工期不会受到影响，只对其后续工作产生影响。因此，在进行调整前，需要确定其后续工作允许拖延的时间限制，并以此作为进度调整的限制条件，寻求合理的方案，把进度拖延对后续工作的影响减少到最低程度。

（2）网络计划中某项工作进度拖延的时间超过总时差。如果工程项目必须按照原计划工期完成，则只能采取缩短关键线路上后续工作持续时间的方

法来达到调整计划的目的。如果项目总工期允许拖延，则此时只需重新绘制实际进度检查日期之后的简化网络计划即可。当然，具体的调整方法是以总工期的限制时间作为规定工期，除需考虑总工期的限制条件外，还应考虑网络计划中后续工作的限制条件。

（3）网络计划中某项工作进度超前。施工单位在制定网络计划时，往往要考虑多重影响因素的作用，但是在实践操作中，无论是进度拖延还是超前，都可能造成其他目标的失控。在这种情况下，工期超前的这项工作可能对施工项目整体的资源安排和时间安排产生重要影响。因此，如果建设工程实施过程中出现进度超前的情况，进度控制人员必须综合分析进度超前对后续工作产生的影响，并同承包单位协商，提出合理的进度调整方案，以确保工期总目标的顺利实现。

第五章　水利工程建设项目安全管理

第一节　施工不安全因素分析

施工中的不安全因素不仅很多，而且随工种、工程的不同而变化，概括起来，这些不安全因素主要来自人、物和环境三个方面。

一、人的不安全行为

人既是管理的对象，又是管理的动力。人的行为是安全生产的关键。在施工作业中存在的违章指挥、违章作业以及其他行为都有可能导致生产安全事故的发生。统计资料表明，88%的安全事故由人的不安全行为造成。通常不安全行为主要包括以下几个方面：

(1) 违反上岗身体条件规定。如患有不适合从事高空和其他施工作业相应的疾病；未经严格的身体检查，不具备从事高空、井下、水下等相应施工作业规定的身体条件；疲劳作业和带病作业。

(2) 违反上岗规定。无证人员从事需持证上岗岗位作业，非定机、定岗人员擅自操作等。

(3) 不按规定使用安全防护品。进入施工现场不佩戴安全帽、高空作业不佩挂安全带或挂置不可靠、在潮湿环境中有电作业不使用绝缘防护品等。

(4) 违章指挥。在作业条件未达到规范、设计条件下，组织进行施工；在已经不适应施工的条件下，继续进行施工；在已发事故安全隐患未排除时，冒险进行施工；在安全设施不合格的情况下，强行进行施工；违反施工方案和技术措施；施工中出现异常的情况下，做了不当处置等。

(5) 违章作业。违反规定的程序、规定进行作业。

(6) 缺乏安全意识。

二、物的不安全因素

物的不安全状态主要表现在以下三个方面：

(1) 设备、装置的缺陷。主要是指设备、装置的技术性能降低、强度不够、结构不良、磨损、老化、失灵、腐蚀、物理和化学性能达不到要求等。

(2) 作业场所的缺陷。主要是指施工作业场地狭小、交通道路不宽畅、机械设备拥挤、多工种交叉作业组织不善、多单位同时施工等。

(3) 物资和环境的危险源。化学方面：氧化、易燃、毒性、腐蚀等；机械方面：振动、冲击、位移、倾、陷落、抛飞、断裂、剪切等；电气方面：漏电、短路、电弧、高压带电作业等；自然环境方面：辐射、强光、雷电、风暴、浓雾、高低温、洪水、高压气体、火源等。

上述不安全因素中，人的不安全因素是关键因素，物的不安全因素是通过人的生理和心理状态而起作用。因此，在安全控制中，监理人必须将两类不安全因素结合起来综合考虑，才能达到确保安全的目的。

三、施工中常见的引起安全事故的因素

(一) 高处坠落引起的安全事故

高空作业四面临空，条件差，危险因素多，无论是水利水电工程，还是其他建筑工程，高空坠落事故都较多，其主要不安全因素如下：

(1) 安全网或护栏等的设置不符合要求。高处作业点的下方必须设置安全网、护栏、立网、盖好洞口等，从根本上避免人员坠落或万一有人坠落时能免除或减轻伤害。

(2) 脚手架和梯子的结构不牢固。

(3) 施工人员安全意识差。例如，高空作业人员不系安全带、没有掌握高空作业的操作要领等。

(4) 施工人员身体素质差。如患有心脏病、高血压等。

(二) 使用起重设备引起的安全事故

起重设备如塔式、门式起重机等的工作特点是塔身较高，行走、起吊、

回转等作业可同时进行。这类起重机较突出的大事故发生在"倒塔""折臂"和拆装时。发生这类事故的主要原因如下:

(1) 司机操作不熟练,引起误操作。

(2) 超负荷运行,造成吊塔倾倒。

(3) 斜吊时,吊物一离开地面,就绕其垂直方向摆动,极易伤人。同时会引起"倒塔"。

(4) 轨道铺设不符合规定,尤其地锚埋设不符合要求,安全装置失灵。如起重量限制器、吊钩高度限制器、幅度指示器、夹轨等失灵。

(三) 施工用电引起的安全事故

电气事故的预兆性不直观、不明显,而事故的危害很大。使用电气设备引起触电事故的主要原因有:

(1) 违章在高压线下施工,而未采取其他安全措施,以致钢管脚手架、钢筋等触碰高压线而触电。

(2) 供电线路铺设不符合安装规程。如架设得太低,导线绝缘损坏,以及采用不合格的导线或绝缘子等。

(3) 维护检修违章。移动或修理电气设备时没有预先切断电源,用湿手接触开关、插头,使用不合格的电气安全用具等。

(4) 用电设备损坏或不合格,使带电部分外露。

(四) 爆破引起的安全事故

无论是露天爆破、地下爆破,还是水下爆破,都可能发生安全事故,其主要原因可归结为以下几个方面:

(1) 炮位选择不当,最小抵抗线掌握不准,装药量过多,放炮时飞石超过警戒线,造成人员伤亡或损坏建筑物和设备。

(2) 违章处理瞎炮,拉动起爆体触响雷管,引起爆炸伤人。

(3) 起爆材料质量不符合标准,发生早爆或迟爆。

(4) 人员、设备在起爆前未按规定撤离或爆破后人员过早进入危险区而造成事故。

(5) 爆破时,点炮个数过多,或导火索太短,点炮人员来不及撤到安全地点而发生爆炸。

(6) 电力起爆时,附近有杂散电流或雷电干扰而发生早爆。

(7) 用非爆破专业测试仪表测量电爆网络或起爆体,因其输出电流强度大于规定的安全值而发生爆炸事故。

(8) 大量爆破对地震波、空气冲击和飞石的安全距离估计不足,附近建筑物和设备未采取相应的保护措施而造成损失。

(9) 爆炸材料没有按规定存放或警戒,管理不严,造成爆炸事故。

(10) 炸药仓库位置选择不当,由意外因素引起爆炸事故。

(11) 变质的爆破材料未及时处理或违章处理而造成爆炸事故。

(五) 坍塌引起的安全事故

施工中引起塌方的主要原因如下:

(1) 边坡修得太小,或在堆放泥土施工中,大型机械离沟坑边太近。这些均会增大土体的滑动力。

(2) 排水系统设计不合理或失效。这使得土体抗滑力减小,滑动力增大,从而引起塌方。

(3) 由流沙、涌水、沉陷和滑坡引起的塌方。

(4) 发生不均匀沉降和显著变形的地基。

(5) 由于违规拆除结构件、拉结件或其他原因造成破坏的局部杆件或结构。

(6) 受载后发生变形、失稳或破坏的局部杆件。

四、安全技术操作规程中关于安全的规定

(一) 高处施工安全规定

(1) 凡在坠落高度基准面 2 m 和 2 m 以上有可能坠落的高处进行作业,均称为高处作业。高处作业的级别如下:高度在 2～5 m 时,称为一级高处作业;在 5～15 m 时,称为二级高处作业;在 15～30 m 时,称为三级高处作业;在 30 m 以上时,称为特级高处作业。

(2) 特级高处作业应于地面设联系信号或通信装置,并且应有专人负责。

(3)遇有六级以上大风,没有特别可靠的安全措施,禁止从事高处作业。进行三级、特级和悬空高处作业时,必须事先制定安全技术措施,在施工前,应向所有施工人员进行技术交底,否则不得施工。

(4)高处作业使用的脚手架上应铺设固定脚手板和 1 m 高的护身栏杆。安全网必须随着建筑物升高而提高,安全网距离工作面的最大高度不超过 3 m。

(二)使用起重设备安全规定

(1)司机应听从作业指挥人员的指挥,得到信号后方可操作。在操作前必须鸣号,发现停车信号(包括非指挥人员发出的停车信号)应立即停车。司机要密切注视作业人员的动作。

(2)起吊物件的重量不得超过本机的额定起重量,禁止斜吊、拉吊和起吊埋在地下或与地面冻结以及被其他重物卡压的物件。

(3)当气温低于 -20 ℃或遇雷雨大雾和六级以上大风时,禁止作业(高架门机另有规定)。夜间工作时,机上及作业区域应有足够的照明,臂杆及竖塔顶部应有警戒信号灯。

(三)施工用电安全规定

(1)现场(临时或永久)110 V 以上的照明路线必须绝缘良好、布线整齐且应相对固定,并经常检查维修。照明灯悬挂高度应在 2.5 m 以上,当经常有车辆通过时,悬挂高度不得小于 5 m。

(2)行灯电压不得超过 36 V,在潮湿地点、坑井、洞内和金属容器内部工作时,行灯电压不得超过 12 V,行灯必须戴有防护罩。

(3)110 V 以上的灯具只可作为固定照明使用,其悬挂高度一般不得低于 2.5 m,当低于 2.5 m 时,应设保护罩,以防人员意外接触。

(四)爆破施工安全规定

(1)爆破材料在使用前必须检验,凡不符合技术标准的爆破材料一律禁止使用。

(2)装药前,非爆破作业人员和机械设备均应撤离至指定安全地点或采取保护措施。撤离之前不得将爆破器材运到工作面。装药时,严禁将爆破器材放在危险地点或机械设备和电源火源附近。

（3）爆破工作开始前，必须明确规定安全警戒线，制定统一的爆破时间和信号，并在指定地点设安全哨，执勤人员应有红色袖章、红旗和口笛。

（4）爆破后，炮工应检查所有装药孔是否全部起爆，如发现瞎炮，应及时按照瞎炮处理的规定妥善处理。未处理前，必须在其附近设警戒人员看守，并设明显标志。

（5）当地下相向开挖的两端相距30 m以内时，放炮前必须通知另一端暂停工作，并退到安全地点；当相向开挖的两端相距15 m时，一端应停止掘进，单头贯通。

（6）当地下井挖硐室内空气含沼气或二氧化碳浓度超过1%时，禁止进行爆破作业。

（五）土方施工安全规定

（1）严禁使用掏根搜底法挖土或将坡面挖成反坡，以免塌方，造成事故。当土坡上发现有浮石或其他松动突出的危石时，应通知下面的工作人员迅速离开，立即进行处理。弃料应存放到远离边线5.0 m以外的指定地点。当发现边坡有不稳定现象时，应立即进行安全检查和处理。

（2）在靠近建筑物、设备基础、路基、高压铁塔、电杆等附近施工时，必须根据土质情况、填挖深度等制定具体防护措施。

（3）凡边坡高度大于15 m，或有软弱夹层存在、地下水比较发育，以及岩层面或主要结构面的倾向与开挖面的倾向一致，且二者走向的边角小于45°，岩石的允许边坡值要另外论证。

（4）在边坡高于3 m，陡于1∶1的坡上工作时，须挂安全绳；在湿润的斜坡上工作时，应有防滑措施。

（5）施工场地的排水系统应有足够的排水能力和备用能力，一般应比计算排水量加大50%~100%进行准备。

（6）排水系统的设备应有独立的动力电源（尤其洞内开挖），保证绝缘良好，动力线应架起。

第二节　工程施工安全责任

项目法人、勘察（测）单位、设计单位、施工单位、建设监理单位及其他与水利工程建设安全生产有关的单位必须遵守安全生产法律、法规和标准规定，保证水利工程建设安全生产，依法承担水利工程建设安全生产责任。

一、建设单位的安全责任

（1）建设单位应当向施工单位提供施工现场及毗邻区域内供水、排水、供电、供气、供热、通信、广播电视等地下管线资料，气象和水文观测资料，相邻建筑物和构筑物、地下工程的有关资料，并保证资料的真实、准确、完整。

当建设单位因建设工程需要，向有关部门或者单位查询前款规定的资料时，有关部门或者单位应当及时提供，以便能够在施工过程中采取相应措施加以保护，避免在施工中挖断管线、损伤地下设施等。

（2）建设单位不得对勘察、设计、施工、工程监理等单位提出不符合建设工程安全生产法律、法规和强制性标准规定的要求，不得压缩合同约定的工期。

（3）建设单位在编制工程概算时，应当确定建设工程安全作业环境及安全施工措施所需费用，作为工程总造价的组成部分，以满足工程安全的需要。

（4）建设单位不得明示或者暗示施工单位购买、租赁、使用不符合安全施工要求的安全防护用具、机械设备、施工机具及配件、消防设施和器材。

（5）建设单位在申请领取施工许可证时，应当提供建设工程有关安全施工措施的资料。对于依法批准开工报告的建设工程，建设单位应当自开工报告批准之日起15日内，将保证安全施工的措施报送建设工程所在地的县级以上地方人民政府建设行政主管部门或者其他有关部门备案。

（6）建设单位应当将拆除工程发包给具有相应资质等级的施工单位。建设单位应当在拆除工程施工15日前，将下列资料报送建设工程所在地的县级以上地方人民政府建设行政主管部门或者其他有关部门备案：

① 施工单位资质等级证明。
② 拆除建筑物、构筑物及可能危及毗邻建筑的说明。
③ 拆除施工组织方案。
④ 堆放、清除废弃物的措施。

实施爆破作业的，应遵守国家有关民用爆炸物品管理的规定。

二、勘察（测）单位安全责任

勘察（测）单位应当按照法律、法规和工程建设强制性标准进行勘察（测），提供的勘察（测）文件必须真实、准确，满足水利工程建设安全生产的需要。勘察（测）单位在勘察（测）作业时，应当严格执行操作规程，采取措施保证各类管线设施和周边建筑物、构筑物的安全。勘察（测）单位和有关勘察（测）人员应当对其勘察（测）成果负责。

三、设计单位安全责任

设计单位应当按照法律、法规和工程建设强制性标准进行设计，并考虑项目周边环境对施工安全的影响，防止因设计不合理而导致生产安全事故的发生。设计单位应当考虑施工安全操作和防护的需要，对涉及施工安全的重点部位和环节在设计文件中注明，并对防范生产安全事故提出指导意见。对于采用新结构、新材料、新工艺以及特殊结构的水利工程，设计单位应当在设计中提出保障施工作业人员安全和预防生产安全事故的措施建议，设计单位和有关设计人员应当对其设计成果负责。设计单位应当参与与设计有关的生产安全事故分析，并承担相应责任。

四、监理单位的安全责任

建设监理单位和监理人员应当按照法律、法规和工程建设强制性标准实施监理，并对水利工程建设安全生产承担监理责任，建设监理单位应当审查施工组织设计中的安全技术措施或者专项施工方案是否符合工程建设强制性标准。

建设监理单位在实施监理过程中，发现存在生产安全事故隐患的，应当要求施工单位进行整改；对情况严重的，应当要求施工单位暂时停止施工，并及时向水行政主管部门、流域管理机构或者其委托的安全生产监督机构以及项目法人报告。

五、施工单位的安全责任

施工单位的安全责任主要包括以下几个方面：

（1）依法取得资质和承揽工程。施工单位从事建设工程的新建、扩建、改建和拆除等活动，应当具备国家规定的注册资本，专业技术人员、技术装备和安全生产等条件，依法取得相应等级的资质证书，并在其资质等级许可范围内承揽工程。

（2）具有安全生产管理机构和人员配备。施工单位应当设立安全生产管理机构，配备专职安全生产管理人员，负责对安全生产进行现场监督检查。当发现安全事故隐患，应当及时向项目负责人和安全生产管理机构报告；对违章指挥、违章操作的，应当立即制止。

（3）建立安全生产制度和操作规程。

① 施工单位应当在施工现场建立消防安全责任制度，确定消防安全责任人，制定用火、用电、使用易燃易爆材料等各项消防安全管理制度和操作规程，设置消防通道、消防水源，配备消防设施和灭火器材，并在施工现场的入口处设置明显标志。

② 施工单位主要负责人依法对本单位的安全生产工作全面负责。施工单位应当建立健全安全生产责任制度和安全生产教育培训制度，制定安全生产规章制度和操作规程，保证本单位安全生产条件所需资金的投入，对所承担的建设工程进行定期和专项安全检查，并做好安全检查记录。

③ 确保安全费用的投入和合理使用。施工单位对列入建设工程概算的安全作业环境及安全施工措施所需费用，应当用于施工安全防护用具及设施的采购和更新、安全施工措施的落实、安全生产条件的改善，不得挪作他用。

（4）对管理和作业人员实行安全教育培训制度和考核上岗。

① 垂直运输机械作业人员、安装拆卸工、爆破作业人员、起重信号工、登高架设作业人员等特种作业人员必须按照国家有关规定经过专门的安全作业培训，并取得特种作业操作资格证书后，方可上岗作业。

② 施工单位的主要负责人、项目负责人、专职安全生产管理人员应当

经建设行政主管部门或者其他有关部门考核合格后,方可任职。

③每年施工单位应当对管理人员和作业人员至少进行一次安全生产教育培训,其教育培训情况记入个人工作档案。安全生产教育培训考核不合格的人员不得上岗。

④作业人员进入新的岗位或者施工现场前,应当接受安全生产教育培训。未经教育培训或者教育培训考核不合格的人员不得上岗作业。

(5) 明确安全生产责任。

①建设工程实行施工总承包的,由总承包单位对施工现场的安全生产负总责。总承包单位应当自行完成建设工程主体结构的施工。对于总承包单位依法将建设工程分包给其他单位的,分包合同中应当明确各自在安全生产方面的权利、义务。总承包单位和分包单位对分包工程的安全生产承担连带责任。

②分包单位应当服从总承包单位的安全生产管理,分包单位不服从管理导致生产安全事故的,由分包单位承担主要责任。

(6) 对使用安全护品和施工机具设备的安全管理。施工单位应当向作业人员提供安全防护用具和安全防护服装,并书面告知危险岗位的操作规程和违章操作的危害。

(7) 编制安全控制措施。施工单位应当在施工组织设计中编制安全技术措施和施工现场临时用电方案,对下列达到一定规模的危险性较大的分部分项工程编制专项施工方案,并附具安全验收结果,经施工单位技术负责人、总监理工程师签字后实施,由专职安全生产管理人员进行现场监督:基坑支护与降水工程、土方开挖工程、模板工程、起重吊装工程、脚手架工程、拆除与爆破工程,以及国务院建设行政主管部门或者其他有关部门规定的其他危险性较大的工程。

(8) 创建安全文明的施工现场。

①施工单位应当在施工现场的入口处、施工起重机械、临时用电设施、脚手架、出入通道口、楼梯口、电梯井口、孔洞口、桥梁口、隧道口、基坑边沿、爆破物及有害危险气体和液体存放处等危险部位设置明显的安全警示标志,并且安全警示标志必须符合国家标准。

②施工单位应当将施工现场的办公区、生活区与作业区分开设置,并

保持安全距离；办公区、生活区的选址应当符合安全性要求。职工的膳食、饮水、休息场所等应当符合卫生标准。施工单位不得在尚未竣工的建筑物内设置员工集体宿舍。

③施工单位应当遵守有关环境保护法律、法规的规定，在施工现场采取措施，防止或者减少粉尘、废气、废水、固体废物、噪声、振动和施工照明对人与环境的危害及污染。

（9）进行安全技术交底。在建设工程施工前，施工单位负责项目管理的技术人员应当就有关安全施工的技术要求向施工作业班组、作业人员做出详细说明，并由双方签字确认。

（10）起重机械和架设设施验收。施工单位在使用施工起重机械和整体提升脚手架、模板等自升式架设设施前，应当组织有关单位进行验收，也可以委托具有相应资质的检验检测机构进行验收，对于承租的机械设备和施工机具及配件，应由施工总承包单位、分包单位、出租单位和安装单位共同进行验收，验收合格后方可投入使用。

第三节　施工单位安全控制体系和保证体系

对于某一施工项目，从本质上讲，施工的安全控制是施工承包人的分内工作。施工现场不发生安全事故可以避免不必要损失的发生，保证工程的质量和进度，有助于工程项目的顺利进行。因此，作为监理工程师，有责任和义务督促或协助施工承包人加强安全控制。因此，施工安全控制体系由施工承包人的安全保证体系和监理工程师的安全控制（或监督）体系两部分组成。监理工程师一般应建立安全科（小组）或设立安全工程师，并督促施工承包人建立和完善施工安全控制组织机构，由此形成安全控制网络。

一、管理职责

（一）安全管理目标

（1）项目经理为施工项目安全生产第一责任人，对安全施工负全面责任。

(2)安全目标应符合国家法律、法规的要求，形成方便员工理解的文件，并保持实施。

(二)安全管理组织

施工项目应规定从事与安全有关的管理、操作和检查人员的职责、权限，并形成文件。

二、安全管理体系

(一)安全管理原则

(1)安全生产管理体系应符合工程项目的施工特点，使之符合安全生产法规的要求。

(2)形成文件。

(二)安全施工计划

针对工程项目的规模、结构、环境、技术含量、资源配置等因素进行安全生产策划，主要内容如下：

(1)配置必要的设施、装备和专业人员，确定控制和检查的手段与措施。

(2)确定整个施工过程中应执行的安全规程。

(3)冬季、雨季、雪天和夜间施工时安全技术措施及夏季的防暑降温工作。

(4)确定危险部位和过程，对风险大和专业性强的施工安全问题进行论证。

(5)因工程的特殊要求需要补充的安全操作规程。

根据策划的结果，编制安全保证计划。

三、采购过程的控制

(1)施工单位对自行采购的安全设施所需的材料、设备及防护用品进行控制。确保符合安全规定的要求。

(2)对分包单位自行采购的安全设施所需的材料、设备及防护用品进行控制。

四、施工过程安全控制

(1) 应对施工过程中可能影响安全生产的因素进行控制，确保施工项目按照安全生产的规章制度、操作规程和程序进行施工。

① 进行安全策划，编制安全计划。

② 根据项目法人提供的资料，对施工现场及其受影响的区域内地下障碍物进行清除，或采取相应措施对周围道路采取保护措施。

③ 落实施工机械设备、安全设施及防护品进场计划。

④ 制定现场安全专业管理制度，规范特种作业和施工人员的行为。

⑤ 检查各类持证上岗人员的资格。

⑥ 检查、验收临时用电设施。

⑦ 施工作业人员进行施工前，对施工人员进行安全技术交底。

⑧ 应规定专人对施工过程中的洞口、高处作业所采取的安全防护措施进行检查。

⑨ 对施工中使用明火采取审批措施，现场的消防器材及危险物的运输、储存、使用应得到有效管理。

⑩ 如果搭设或拆除的安全防护设施、脚手架、起重设备当天未完成，应设置临时安全措施。

(2) 根据安全计划中确定的特殊的关键过程，落实监控人员，确定监控方式、措施并实施重点监控，必要时应实施旁站监控。

① 对监控人员进行技能培训，保证监控人员行使职责且权利不受干扰。

② 对于危险性较大的悬空作业、起重机械安装和拆除等危险作业，编制作业指导书，实施重点监控。

③ 对事故隐患的信息反馈，有关部门应及时处理。

五、安全检查、检验和标识

(一) 安全检查

(1) 施工现场的安全检查应执行国家、行业、地方的相关标准。

(2) 应组织有关专业人员定期对现场的安全生产情况进行检查，并保存记录。

(二) 安全设施所需的材料、设备及防护用品的进货检验

(1) 应按安全计划和合同的规定，检验进场的安全设施所需的材料、设备及防护用品是否符合安全使用的要求，确保合格品投入使用。

(2) 对检验出的不合格品进行标识，并按有关规定进行处理。

(三) 过程检验和标识

(1) 按安全计划的要求，对施工现场的安全设施、设备进行检验，只有通过检验的设备才能安装和使用。

(2) 对施工过程中的安全设施进行检查验收。

(3) 保存检查记录。

六、事故隐患控制

对存在隐患的安全设施、过程和行为进行控制，确保不合格设施不使用、不合格过程不通过、不安全行为不放过。

七、纠正和预防措施

(一) 纠正措施

(1) 针对产生事故的原因，记录调查结果，并研究防止同类事故所需的纠正措施。

(2) 对存在事故隐患的设施、设备、安全防护用品，先实施处置并做好标识。

(二) 预防措施

(1) 针对影响施工安全的过程，审核其结果和安全记录，以发现、分析并消除事故隐患的潜在因素。

(2) 对要求采取的预防措施，制定所需的处理步骤。

(3) 对预防措施实施控制，并确保落到实处。

八、安全教育和培训

（1）安全教育和培训应贯穿施工全过程，覆盖施工项目的所有人员，确保未经过安全生产教育培训的员工不得上岗作业。

（2）安全教育和培训的重点是管理人员的安全意识和安全管理水平，操作者遵章守纪、自我保护和提高防范事故的能力。

第四节　施工安全技术措施审核和施工现场的安全控制

一、施工安全技术措施

（一）施工安全技术措施概念

施工安全技术措施是指为防止工伤事故和职业病的危害，在工程项目施工中，针对工程特点、施工现场环境、施工方法、劳动组织、作业方法使用的机械、动力设备、变配电设施、架设工具，以及各项安全防护设施等制定的确保安全施工的技术措施，其是施工组织设计的重要组成部分。

（二）施工安全技术措施审核

水利水电工程施工的安全问题是一个重要问题，这要求在每一项单位工程和分部工程开工前，监理人单位的安全工程师首先要提醒施工承包人注意考虑施工中的安全措施。在施工组织设计或技术措施中，施工承包人必须充分考虑工程施工的特点，编制具体的安全技术措施，尤其对危险工种要特别强调安全措施，工程负责人在审核施工承包人的安全措施时，其要点如下：

1. 超前性

应在开工前编制安全措施，在工程图纸会审时，要考虑到施工安全。因为开工前已编审了安全技术措施，用于该工程的各种安全设施有较充分的时间做准备。为保证各种安全设施的落实，工程变更设计情况变化，安全技术措施也应相应及时补充完善。

2. 针对性

施工安全技术措施是针对每项工程特点而制定的，编制安全技术措施的技术人员必须掌握工程概况、施工方法、施工环境、条件等第一手资料，并熟悉安全法规、标准等，才能编写具有针对性的安全技术措施，主要考虑以下几个方面：

（1）针对不同工程的特点可能造成施工的危害，从技术上采取措施，消除危险，保证施工安全。

（2）针对不同的施工方法，如井巷作业、水上作业、提升吊装、大模板施工等，可能给施工带来不安全因素。

（3）针对使用的各种机械设备、变配电设施给施工人员可能带来危险因素，从安全保险装置等方面采取的技术措施。

（4）针对施工中有毒有害、易燃易爆等作业，可能给施工人员造成的危害，采取措施防止发生伤害事故。

（5）针对施工现场及周围环境，可能给施工人员或周围居民带来危害，以及材料、设备运输带来的不安全因素，从技术上采取措施予以保护。

3. 可靠性

主要从以下几个方面考虑可靠性：

(1) 考虑是否全面。

① 充分考虑了工程的技术和管理的特点。

② 充分考虑安全保证要求的重难点。

③ 予以全过程、全方位的考虑。

④ 对潜在影响因素进行较为深入的考虑。

(2) 依据充分。

① 采用的标准和规定合适。

② 依据的试验成果和文献资料可靠。

(3) 设计正确。

① 对设计方法及其安全保证度的选择正确。

② 设计条件和计算简图正确、计算公式正确。

③ 按设计计算结果提出的结论和施工要求正确、适度。

(4) 规定明确。

① 技术与安全控制指标的规定明确。

② 对检查和验收的结果规定明确。

③ 对隐患和异常情况的处理措施明确。

④ 管理要求和岗位责任制度明确。

⑤ 作业程序和操作要求规定明确。

(5) 便于落实。

① 无执行不了的和难以执行的规定及要求。

② 有全面落实和严格执行的保证措施。

③ 有对执行中可能出现的情况和问题的处理措施。

(6) 能够监督。

① 单位的监控要求不低于政府和上级的监控。

② 措施和规定全面纳入监控要求。

4. 安全技术措施中的安全限控要求

施工安全的限控要求是针对施工技术措施在执行中的安全控制点以及施工中可能出现的其他事故因素，做出相应的限制、控制的规定和要求。

(1) 施工机具设备使用安全的限控要求。包括自身状况、装置和使用条件、运行程序和操作要求、运行工况参数（负载、电压等）。

(2) 施工设施（含作业的环境条件）安全限控的要求。施工设施是指在建设工地现场和施工作业场所所设置的，为施工提供所需生产、生活、工作与作业条件的设施。包括现场围挡和安全防护设施，场地、道路、排水设施，现场消防设施，现场生产设施以及环境保护设施等。它们的共同特点是临时性。安全作业环境则为实现施工作业安全所需的环境条件。包括安全作业所需要的环境条件、施工作业对周围环境安全的保证要求、确保安全作业所需要的施工设施和安全措施、安全生产环境（包括安全生产管理工作的状况及其单位、职工对安全的重视程度）。

(3) 施工工艺和技术安全的限控要求。包括材料、构件、工程结构、工艺技术、施工操作等。

5. 施工总平面图安全技术要求审查

施工平面图布置是一项技术性很强的工作，若布置不当，不仅会影响施工进度，造成浪费，还会留下安全隐患。施工布置安全审查着重审核易燃易爆及有毒物质的仓库和加工车间的位置是否符合安全要求，电气线路和设备的布置与各种水平运输、垂直运输线路布置是否符合安全要求，高边坡开挖、洞井开挖布置是否有适合的安全措施。

6. 对新技术等的审核

对方案中采用的新技术、新工艺、新结构、新材料、新设备等特别要审核有无相应的安全技术操作规程和安全技术措施。对施工承包人的各工种的施工安全技术，审核其是否满足《水利水电工程土建施工安全技术规程》(SL 399—2007)规定的要求。在施工中，常见的施工安全控制措施有以下几个方面：

(1) 高空施工安全措施。

① 进入施工现场必须佩戴安全帽。

② 悬空作业必须佩戴安全带。

③ 高空作业点下方必须设置安全网。

④ 楼梯口、预留洞口、坑井口等必须设置围栏、盖板或架网。

⑤ 临时周边应设置围栏或安全网。

⑥ 脚手架和梯子结构牢固，搭设完毕要办理验收手续。

(2) 施工用电安全措施。

① 对常带电设备，要根据其规格、型号、电压等级、周围环境和运行条件，加强保护，防止意外接触，如对裸导线或母线应采取封闭、高挂或设置罩盖等绝缘、屏护遮栏，保证安全距离等措施。

② 对偶然带电设备，如电机外壳、电动工具等，要采取保护接地或接零、安装漏电保护器等措施。

③ 检查、修理作业时，应采用标志和信号来帮助作业者做出正确判断，同时要求他们使用适当的保护用具，防止发生触电事故。

④ 手持式照明器或危险场所照明设备要求使用安全电压。

⑤ 电气开关位置要适当，要有防雷措施，坚持一机一箱，并设门、锁保护。

(3) 爆破施工安全控制措施。

① 充分掌握爆破施工现场周围环境，明确保护范围和重点保护对象。

② 正确设计爆破施工方案，明确安全技术措施。

③ 严格炮工持证上岗制度，并努力提高他们的安全意识，要求按章作业。

④ 装药前，严格检查炮眼深度、方位、距离是否符合设计方案。

⑤ 装药后，检查孔眼预留堵塞长度是否符合要求、盖网是否连接牢固。

⑥ 坚持爆破效果分析制度，通过检查分析来总结经验和教训，制定改进措施和预防措施。

二、部分工程安全技术措施审查

（1）土石方工程。开挖顺序和开挖方法、机械的选择及其安全作业条件、边坡的设计、深基坑边坡支护、清运作业安全、降水和防流沙措施、防滑坡和其他土石方坍塌措施、雨季施工安全措施。

（2）爆破工程。爆炸材料的运输和储存保管，爆破方案，引爆和控制爆破作业，防飞石、冲击波、灰尘的安全措施，瞎炮和爆破异常情况处置预案。

（3）脚手架工程。搭设高度、施工荷载、升降机构和升降操作、搭设和安装质量控制防倾和防坠装置。

（4）模板工程。模板荷载的计算和控制、高支撑架的构造参数、对拉螺栓和连接构造、模板装置的高空拆除。

（5）安（吊）装工程。构件运输、拼装和吊装方案，最不利吊装工况的验算，起重机带载移动的验算，临时加固、临时固定措施，重要工程吊装系统的指挥和联络信号，吊装过程异常状态的处置预案。

三、施工现场安全控制

安全工程师在施工现场进行安全控制的任务有施工前安全措施的落实情况检查、施工过程中的安全检查和控制。

（一）施工前安全措施的落实检查

在施工承包人的施工组织设计或技术措施中，应对安全措施做出计划。由于工期、经费等原因，这些措施常得不到贯彻落实，因此安全工程师必须在施工前到现场进行实地检查。检查的办法是将施工平面图与安全措施计划及施工现场情况进行比较，指出存在的问题，并督促安全措施的落实。

(二) 施工过程中的安全检查形式及内容

安全检查是发现施工过程中不安全行为和不安全状态的重要途径，是消除事故隐患、落实整改措施、防止事故伤害、改善劳动条件的重要方法。

1. 安全检查形式

施工过程中进行安全检查，其形式如下：

(1) 企业或项目定期组织的安全检查。

(2) 各级管理人员的日常巡回检查、专业安全检查。

(3) 季节性和节假日安全检查。

(4) 班组自我检查、交接检查。

2. 安全检查内容

施工过程中进行安全检查，其主要内容如下：

(1) 查思想。即检查施工承包人的各级管理人员、技术干部和工人是否树立了"安全第一、预防为主"的思想、是否对安全生产给予足够重视。

(2) 查制度。即检查安全生产的规章制度是否建立健全和落实。如对一些要求持证上岗的特殊工种，上岗工人是否证照齐全。特别是承包人的各职能部门是否切实落实了安全生产责任制。

(3) 查措施。即检查所制定的安全措施是否具有针对性、是否进行了安全技术措施交底、安全设施和劳动条件是否得到改善。

(4) 查隐患。事故隐患是事故发生的根源，大量事故隐患的存在必然导致事故的发生。因此，安全工程师必须在查隐患上下功夫，对查出的事故隐患，要提出整改措施，落实整改的时间和人员。

(三) 安全检查方法

(1) 一般方法。常采用看、听、嗅、问、查、测、验、析等方法。

① 看。看现场环境和作业条件、看实物和实际操作、看记录和资料等。

② 听。听汇报、听介绍、听反映、听意见、听机械设备运转响声等。

③ 嗅。对挥发物、腐蚀物等气体进行辨别。

④问。对影响安全的问题详细询问。

⑤查。查明数据，查明问题，查清原因，追查责任。

⑥测。测量、测试、监测。

⑦验。进行必要的试验或化验。

⑧析。分析安全事故的隐患、原因。

（2）安全检查表法。这是一种原始的、初步的定性分析方法，它通过事先拟定的安全检查明细表或清单，对安全生产进行初步的诊断和控制。

第六章 水利水电工程老化病害及其防治

第一节 混凝土坝老化病害及其防治

一、混凝土坝的维护

混凝土坝的维护是指对混凝土坝主要建筑物及其设施进行的日常保养和防护。主要包括工程表面、伸缩缝止水设施、排水设施、监测设施等的养护和维修，以及冻害、碳化与氯离子侵蚀、化学侵蚀等的防护和处理。

(一) 表面养护和防护

(1) 坝面和坝顶路面应经常整理，保持清洁整齐，无积水、散落物、杂草、垃圾和乱堆的杂物、工具。

(2) 溢流过水面应保持光滑、平整，无引起冲磨损坏的石块和其他重物，以防止溢流过水面出现空蚀或磨损现象。

(3) 在寒冷地区，应加强冰压、冻拔、冻胀、冻融等冻害的防护。

(4) 对重要的钢筋混凝土结构，应采取表面涂料涂层封闭的方法，防止混凝土碳化与氯离子侵蚀对钢筋的锈蚀作用。

(5) 对沿海地区或化学污染严重的地区，应采取涂料涂层防护或浇筑保护层的方法，防止溶出性侵蚀或酸类和盐类侵蚀。

(二) 伸缩缝止水设施维护

(1) 各类止水设施应完整无损，无渗水或渗漏量不超过允许范围。

(2) 沥青井出流管、盖板等设施应经常保养，溢出的沥青应及时清除。

(3) 沥青井应 5~10 年加热一次，沥青不足时应补灌，沥青老化时应及时更换。

(4) 伸缩缝充填物老化脱落时，应及时充填封堵。

(三) 排水设施维护

(1) 排水设施应保持完整、通畅。

(2) 坝面、廊道及其他表面的排水沟、孔应经常进行人工或机械清理。

(3) 坝体、基础、溢洪道边墙及底板的排水孔应经常进行人工掏挖或机械疏通，疏通时应不损坏孔底反滤层。无法疏通的，应在附近补孔。

(4) 集水井、集水廊道的淤积物应及时清除。

二、混凝土坝的裂缝

裂缝是水工混凝土建筑物普遍存在的技术问题。当混凝土坝出现裂缝，特别是严重裂缝时，应首先对裂缝的形态进行必要的调查、检测，分析裂缝的成因，然后有针对性地制定和实施合适的处理措施。

(一) 混凝土坝裂缝的检测

裂缝检测主要是对裂缝的走向、长度、宽度和深度进行量测。其中，裂缝的走向以目视判断为主。裂缝的长度一般用精密钢尺量测。裂缝的宽度一般采用读数放大镜量测；对于重要的裂缝，则应安装监测仪器监测其开合度变化。裂缝的深度可采用塞尺插入裂缝中量测；对于精度要求较高的裂缝深度，一般应采用以下专用方法进行检测：

1. 超声波平测法

利用低频超声波遇到裂缝时将绕裂缝末端传播的原理，将探头对称布置在裂缝两侧，测出超声波从发射探头出发绕过裂缝末端到达接收探头所需的时间，然后与超声波在无裂缝混凝土中的传播时间进行对比，从而计算出裂缝的深度。

当裂缝为斜裂缝时，可在接收端多布置几个探头，利用几何关系求解斜裂缝的走向和深度。上述方法称为平测法，属于无损检测。当裂缝深度较大时，超声波平测法比较困难，可采用钻孔超声波检测。

2. 钻孔超声波检测

在裂缝两侧各 0.5~1.0 m 处（在仪器穿透能力强的情况下，距离宜宽一些，以免裂缝偏出钻孔）钻两孔，清理后充水作为耦合介质，将探头置于钻孔中,在钻孔内的不同深度处进行对测,根据接收信号的振幅或声时的突变情况来判断裂缝尾端的深度。信号发生突变处的深度即裂缝的深度。

3. 凿槽检测法

用风镐、风钻、手工凿等工具沿裂缝的走向凿槽,直至裂缝的末端,然后用钢尺量测裂缝的深度。由于凿槽时产生的岩粉、灰渣等容易掩盖缝面,因此,深度量测时可能存在较大的误差;当裂缝较深时,凿槽也比较困难。凿槽检测法仅适用于对浅层裂缝或无其他检测工具时缝深的临时检测。

4. 钻孔压水法

在裂缝一侧或两侧打斜孔穿过裂缝,然后在孔口安装压水设备和阻塞器进行压水。若裂缝表面可见压水渗出,说明钻孔穿过裂缝,则继续往深处钻斜孔并再次压水,如此反复进行,直至裂缝表面不渗水为止,此时的钻孔与裂缝的交点到裂缝表面的距离就是裂缝的深度。此法简便易行,无须其他仪器,在工程中经常采用。

5. 孔内电视检查法

在需要探测裂缝深度的缝面,骑缝钻 50~150 的钻孔,孔内冲洗风干后,将电视摄像探头插入钻孔内并逐渐下移,从电视屏幕上可以看到孔内的图像,从而判断裂缝的位置和深度。孔内电视检查法除可以用于检测裂缝外,还可以用于检测其他隐蔽部位的混凝土缺陷。具有防水探头的全景式孔内彩色电视系统不仅可以更好地完成上述工作,还可以用于水下检测。

(二) 混凝土坝裂缝的成因

混凝土坝产生裂缝的根本原因在于混凝土承受的拉应力大于混凝土的抗拉强度。其具体原因是多方面的,且大多是多种因素共同作用的结果,主要表现如下:

1. 外约束导致温度应力过大引起的裂缝

混凝土在浇筑初期,水泥将释放大量水化热,导致坝体混凝土温度急剧升高;随着混凝土温度的下降(自然冷却及人工冷却),混凝土产生较大的温降收缩;混凝土的收缩将受到基础或下部混凝土的约束(称为外约束)而不能自由发挥,从而产生温度应力(称为约束应力);一旦降温过快、过大(混凝土温度急剧下降),致使所产生的温度应力大于混凝土的抗拉强度,就会导致从基础面或下部混凝土处产生贯穿性裂缝或深层裂缝，对大坝安全危害较大。

2. 内约束导致温度应力过大引起的裂缝

混凝土施工或运行过程中，在温降条件中，特别是冬季温度骤降时，会在混凝土表面和内部之间形成温差。当表面温度低于内部温度时，表面混凝土的收缩程度大于内部混凝土，因此受到内部混凝土的约束（称为"内约束"），不能自由收缩。当这种温差过大时，就会在混凝土表面形成拉应力（自由应力）。当混凝土表面产生的拉应力大于混凝土抗拉强度时，混凝土表面就会产生裂缝。表面裂缝一般深度不大，无明显规则性，对大坝安全危害较小。

3. 温控措施不当引起的裂缝

在混凝土坝施工过程中，温控措施不严或不当也会导致坝体混凝土产生裂缝，例如，入仓温度过高、冷却措施不力、表面保温不够、浇筑块间歇时间过长、相邻浇筑块高差过大、并缝过早等。这类裂缝对大坝安全的危害视裂缝的具体情况而定。

4. 不均匀沉陷引起的裂缝

有些大坝坝基存在断层、软弱夹层、破碎带，如果前期勘测时未探明，或坝基处理时措施不当，则在大坝浇筑以后，有可能产生较大的不均匀沉降，导致坝体混凝土内产生过大的拉引力，从而引起裂缝。沉陷裂缝属于贯穿性裂缝，其走向一般与沉陷走向一致，对大坝安全危害较大。

(三) 混凝土坝裂缝的处理

混凝土坝裂缝处理的目的是恢复混凝土结构的整体性，保持混凝土的强度、耐久性和抗渗性，其方法主要有表面涂抹法、粘贴法、凿槽嵌补法、灌浆法等。

1. 表面涂抹法

表面涂抹法是指在裂缝所在的混凝土表面涂抹水泥浆、水泥砂浆、防水快凝砂浆、环氧基液以及环氧砂浆等防渗材料，以达到封闭裂缝、防渗堵漏的目的。

2. 粘贴法

粘贴法是用粘胶剂在裂缝部位的混凝土表面上粘贴钢板、碳纤维布、橡胶、聚氯乙烯等片材。当需要对裂缝同时具有补强加固和防渗堵漏作用时，应采用钢板或碳纤维布等片材；当只需要对裂缝进行防渗堵漏时，可采用橡胶、聚氯乙烯等片材。

3. 凿槽嵌补法

凿槽嵌补法是指沿混凝土裂缝开凿一条深槽，然后在槽内嵌充防水材料，以达到封闭裂缝、防渗堵漏的目的，适用于缝宽大于 0.3 mm 的表面裂缝的处理。对死缝，一般采用普通水泥砂浆、聚合物水泥砂浆、树脂砂浆等材料嵌充，凿槽的形状主要为 V 形槽；对活缝，应选用弹性树脂砂浆或其他弹性嵌缝材料嵌充，凿槽的形状主要为 U 形槽。

4. 灌浆法

对于深度较深或位于混凝土内部的裂缝，一般采用钻孔后对裂缝进行灌浆的处理方法。常用的灌浆材料主要有水泥和化学材料，可按裂缝的性质、宽度以及施工条件等情况选用。对于宽度大于 0.3 mm 的裂缝，一般采用水泥灌浆；对于宽度小于 0.3 mm 的裂缝，宜采用化学灌浆。

三、混凝土坝的渗漏

(一) 混凝土坝渗漏的成因

对于混凝土坝的渗漏，按其发生的部位，可分为坝身渗漏、基础渗漏、建基面接触渗漏、绕坝渗漏等；按其表观现象，可分为集中渗漏、裂缝渗漏和散渗等。

混凝土坝产生渗漏的根源如下：坝体混凝土不密实，抗渗性能低，形成渗透区域；坝体混凝土或坝基岩体防渗处理不当，存在渗流通道（如裂缝、裂等）等。最常见的原因主要如下：

(1) 筑坝材料问题。如水泥品种选用不当，骨料的品质低劣、级配不当等，导致坝体混凝土抗渗性能低，引起渗漏。

(2) 设计考虑不周。如勘探工作不深入，地基存在隐患；混凝土强度、抗渗设计等级偏低；防渗排水设施考虑不周全；伸缩缝止水结构不合理等。

(3)施工质量差。如配合比不合理、浇筑时质量控制不严格、未振捣密实，或因温差过大和干缩造成裂缝等，从而引起渗漏。

(4)管理运用不当。主要是指运行条件改变、养护维护不善、物理化学因素的作用等。如基岩裂隙发展、混凝土受侵蚀后抗渗强度降低、帷幕防渗措施破坏、伸缩缝止水结构破坏、沥青老化，或混凝土与坝基接触不良等，从而引起渗漏。

(二)混凝土坝渗漏处理

渗漏处理应遵循"上堵下排、以堵为主"的原则，要根据渗漏产生的部位、原因、危害程度及处理条件等因素，经技术经济比较后确定处理方案。

1.坝体渗漏处理

(1)集中渗漏处理。集中渗漏处理一般采用直接堵漏法、导管堵漏法、木堵漏法以及灌浆堵漏法等。前三种用于水压小于 0.1 MPa 的情况，最后一种用于水压大于 0.1 MPa 的情况。堵漏材料可选用快凝止水砂浆、化学浆材等。水封堵后，应采用水泥砂浆、聚合物水泥砂浆或树脂砂浆等进行表面保护。

① 直接堵漏法。首先把孔壁凿成口大内小的楔形，并冲洗干净；然后将快凝止水砂浆捻成与孔相近的形状并迅速塞进孔内，以堵住漏水。

② 导管堵漏法。清除漏水孔壁的混凝土，凿成适合下管的孔洞，将导管插入孔洞中，用快凝砂浆封堵导管四周，待其凝固后拔出导管，用快凝止水砂浆封堵导管孔。

③ 木楔堵漏法。先把漏水出口凿成圆孔，将铁管插入圆孔内，注意管长应小于孔深；用快凝砂浆封堵导管四周，将裹有棉纱的木棒打入铁管中，以达到堵水的目的。

④ 灌浆堵漏法。将孔口扩成喇叭状，并冲洗干净，用快凝砂浆埋设灌浆管，一边使漏水从管内导出，一边用高强砂浆回填管口四周至混凝土面；待砂浆强度达到设计要求后，进行顶水灌浆，灌浆压力宜为 0.2~0.4 MPa。

(2)裂缝渗漏处理。裂缝渗漏的处理应先止漏、后修补。其中，止漏可以采用直接堵漏法或导渗止漏法，修补可参见前述的裂缝表层处理方法。

① 直接堵漏法。该方法一般用于水压力小于 0.01 MPa 的裂缝漏水处理。

施工时，先沿缝面凿槽，并将其冲洗干净，然后将快凝砂浆捻成条形，逐段迅速堵入槽中，挤压密实，堵住漏水。

② 导渗止漏法。该方法一般用于水压力大于 0.01 MPa 的裂缝漏水处理。施工时，先采用风钻在裂缝的一侧钻斜孔，斜孔应保证穿过裂缝面，并且埋管进行导渗，待裂缝修补以后，再及时封堵导水管。

2. 伸缩缝渗漏处理

伸缩缝的渗漏是工程运用中较为常见的现象，其处理方法较多，如嵌填法、粘贴法、锚固法、灌浆法以及补灌沥青法等。由于伸缩缝是为满足混凝土热胀冷缩而设置的结构缝，因此，嵌填法的嵌填材料要求有一定弹性，一般可以选用橡胶类、沥青类或树脂类材料；粘贴法的粘贴材料可选厚 3~6 mm 的橡胶片材；锚固法主要用于迎水面的伸缩缝处理，防渗材料有橡胶、紫铜、不锈钢等片材，锚固件可采用锚固螺栓、钢压条等；灌浆法主要用于迎水面伸缩缝的局部处理，灌浆采用弹性聚氨酯、改性沥青浆材等；补灌沥青法主要用于沥青井止水结构的漏水处理。

3. 绕坝渗漏处理

对于绕坝渗漏，一般在上游堵截或灌浆以防渗，在下游则采用导渗排水措施进行综合处理。岩体破碎时，可采用水泥灌浆形成防渗帷幕；岩石节理裂隙发育时，可采用水泥或化学灌浆处理；岩溶渗漏时，可采用灌浆、堵塞、阻截、铺盖和下游导渗等综合措施处理。

四、混凝土坝的侵蚀

混凝土坝的侵蚀破坏主要包括物理侵蚀、化学侵蚀和有机质侵蚀。其中，物理侵蚀以溶出性侵蚀为主，化学侵蚀以碳酸性侵蚀、碳酸盐类侵蚀为主，有机质侵蚀主要以油类侵蚀和生物侵蚀为主。

（一）物理侵蚀

硅酸盐水泥中的水化产物均属于碱性物质，在一定程度上溶于水，各水化产物中，$Ca(OH)_2$ 的溶解度最大。只有在液相中石灰含量超过水化产物各自极限浓度的条件下，这些水化物才稳定，不向水中溶解；相反，当液相石灰含量低于水化物稳定的极限浓度时，这些水化物将依次发生分解，释放出石灰，使高钙水化产物向低钙水化产物转化。

当环境水为静止时，溶液中的石灰浓度将达到其极限石灰浓度，Ca(OH)$_2$的溶解将停止；当环境水为流动水时，溶液中的Ca(OH)$_2$不断被流水带走，溶液的石灰浓度总是低于其极限浓度，混凝土内的Ca(OH)$_2$将不断被溶解析出，导致混凝土孔隙率增加，渗透性增大，溶出性破坏逐步加剧，从而引起混凝土结构酥松，混凝土强度降低。

混凝土表面出现"流白浆"是混凝土存在溶出性侵蚀的标志。侵蚀的强弱程度与水的硬度和混凝土的密实性有关，当环境水的水质较硬、混凝土较密实时，溶出性侵蚀较弱；反之，则较强。

(二) 化学侵蚀

1. 碳酸性侵蚀

当水中的CO_2含量过高时，将对水泥石产生破坏。CO_2融入水中形成碳酸水，水泥石中的氢氧化钙将与其反应并生成碳酸钙，而碳酸钙又与碳酸水进一步反应并生成易溶于水的碳酸氢钙。碳酸氢钙的极限浓度是16.6 g/L，反应的结果是使本来难溶解的碳酸钙转变为易溶解的碳酸氢钙。但随着碳酸氢钙的增加，HCO_3^-的浓度恢复平衡，上述反应停止。如果混凝土是处在有渗透的压力水作用下生成碳酸氢钙，它就溶于水而被带走，反应将永远达不到平衡，Ca(OH)$_2$将不断起反应而流失，使水泥石的石灰浓度逐渐降低，孔隙逐渐加大，水泥石结构逐渐发生破坏。

环境水中游离CO_2越多，其侵蚀性就越强；若温度升高，则侵蚀速度加快。

2. 硫酸盐类侵蚀

在海边、某些地下水或工业废水、盐碱地区的沼泽水中，常含有大量硫酸盐，如$MgSO_4$、Na_2SO_4、$CaSO_4$等，它们对石灰石均具有破坏作用。

硫酸盐中的SO_4^{2-}能与Ca(OH)$_2$起反应并生成石膏，石膏在水泥石孔隙中结晶时体积膨胀，使水泥石破坏；更为严重的是石膏与水泥石中的水化铝酸钙起反应，生成高硫型水化硫铝酸钙，又名钙矾石，它含有大量结晶水，其体积增大为原来的2.5倍左右，对水泥石产生巨大的破坏作用。

硫酸盐侵蚀的破坏体现在两个方面：一方面，SO_4^{2-}与水泥石中的矿物生成石膏、钙矾石等膨胀性物质,造成混凝土开裂、剥落和解体;另一方面,侵蚀反应导致水泥石中的主要组成 Ca(OH)$_2$ 等溶出和分解,从而使混凝土的强度、硬度下降。

硫酸盐类的侵蚀以 SO_4^{2-} 的浓度为指标,但侵蚀的强弱还与 Cl^- 的含量有关,Cl^- 能提高钙矾石的溶解度,阻止其晶体的生成与长大,从而减轻其破坏作用。

(三) 有机质侵蚀

1. 油类侵蚀

油类侵蚀是指动植物油所含有的脂肪酸与混凝土中的 Ca(OH)$_2$ 反应生成脂肪酸钙,从而侵蚀混凝土。豆油、杏仁油、花生油、核桃油、亚麻仁油、牛油、猪油等对混凝土有较强的侵蚀性。

2. 生物侵蚀

生物侵蚀是指菌类、细菌、藻类、苔藓等在混凝土表面生长,对混凝土外观及性能的直接或间接影响。菌类和苔藓等在混凝土表面生长,会产生腐殖酸,对混凝土表面产生破坏,既影响混凝土的外观,又逐渐影响混凝土的结构和性能。

五、侵蚀混凝土坝的预防及处理措施

(一) 预防措施

混凝土侵蚀破坏一般采用的预防措施为选用与侵蚀类型及程度相适应的水泥,提高混凝土的密实性和抗渗性,掺加外加剂、控制水灰比,采用热沥青涂层或专门涂料处理混凝土表面,坚持正确的施工工艺,确保混凝土的质量等。

(二) 处理措施

对已发生侵蚀的混凝土结构,应有针对性地进行检验,以分析其病因及侵蚀破坏程度,这些检验包括力学性能检验(如表面回弹法、拨拉强度等)、物理性能检验(如声波传播速度、减水率等)、化学成分分析检验(如检验混凝土中存在的有害成分及数量),以及微观结构分析(如电子显微镜观察、分析水泥石的形貌和结构)等。

应根据分析结果,确定病害病因,有针对性地进行修复。

病变初期,若侵蚀破坏仅限于混凝土表层,结构未受严重破坏,维修的目的在于防止病害进一步扩大,可采用耐腐蚀的材料进行表面修复,如采用聚合物水泥砂浆修补。当病害发展至危及结构安全使用时,则必须进行加固。工程加固设计应综合考虑结构、材料及施工各方面的技术问题,以保证结构加固的安全性及合理性。

第二节 土石坝老化病害及其防治

一、土石坝的维护

土石坝的维护是指对土石坝主要建筑物及其设施进行的日常保养和防护。主要包括坝顶及坝端、坝坡、排水设施、坝基及坝区等的养护和维修。

(一)坝顶及坝端的养护

(1)坝顶应平整,无积水、杂草、弃物;防浪墙、坝肩、踏步完整,坝端无裂缝、坑凹、堆积物等。

(2)如果坝顶出现坑洼或雨淋沟缺,应及时用相同材料填平补齐,并应保持一定的排水坡度;对经主管部门批准通行车辆的坝顶,如有损坏,应按原路面要求及时修复,不能及时修复的,应用土或石料临时填平。

(3)防浪墙、坝肩和踏步出现局部破损时,应及时修补或更换。

(4)坝端出现局部裂缝、坑凹时,应及时填补,发现堆积物应及时清除。

(5)坝面上不得种植树木、农作物,不得放牧、铲草皮以及搬运护坡和导渗设施的砂石材料等。

(二)坝坡的养护

(1)干砌块石护坡或堆石护坡的养护。应及时填补、楔紧个别脱落或松动的护坡石,及时更换风化或冻毁的块石,并嵌砌紧密;块石塌陷、垫层被淘刷时，应先翻出块料；恢复坝体和垫层后，再将块石嵌砌紧密；如果堆石或碎石石料有滚动，造成厚薄不均匀时，应及时进行平整。

(2) 混凝土或浆砌块石护坡的养护。应及时填补伸缩缝内流失的填料，填补时，应将缝内杂物清洗干净。护坡局部发生侵蚀剥落、裂缝或破碎时，应及时采用水泥砂浆表面抹补、喷浆或填塞处理，处理时，表面应清洗干净；如破碎面较大，且垫层被淘刷、砌体有架空现象时，应用石料做临时性填塞，岁修时进行彻底整修。如果排水孔有不畅，应及时进行疏通或补设。

(3) 草皮护坡的养护。应经常修整、清除杂草，保持完整美观；草皮干枯时，应及时浇水养护。出现雨淋沟缺时，应及时还原坝坡，补植草皮。

(4) 严寒地区护坡的养护。在冰冻期间，应积极防止冰凌对护坡的破坏。可根据具体情况，采用打冰道或在护坡临水处铺放塑料薄膜等办法减少冰压力；有条件的可采用机械破冰法、动水破冰法或水位调节法来破碎坝前冰盖。

(三) 排水设施的养护

(1) 各种排水、导渗设施应达到无断裂、损坏、阻塞、失效现象，排水畅通。

(2) 必须及时清除排水沟(管)内的淤泥、杂物及冰塞，保持通畅。

(3) 对排水沟(管)局部的松动、裂缝和损坏，应及时用水泥砂浆修补。

(4) 如果排水沟(管)的基础被冲刷破坏，应先恢复基础，后修复排水沟(管)；修复时，应使用与基础同样的土料，恢复到原来断面，并且应严格夯实；排水沟(管)设有反滤层时，也应按设计标准恢复。

(5) 随时检查修补滤水坝趾或导渗设施周边山坡的截水沟，防止山坡浑水淤塞坝趾导渗排水设施。

(6) 减压井应经常进行清理疏通，保持排水畅通；如果周围有积水渗入井内，应将积水排干，填平坑洼，保持井周无积水。

(四) 坝基及坝区的养护

(1) 对坝基及坝区管理范围内一切违反大坝管理规定的行为和事件，应立即制止并纠正。

（2）设置在坝基及坝区范围内的排水、观测设施和绿化区应保持完整、美观，无损坏现象。

（3）发现坝区范围内有白蚁活动迹象时，应按土石坝防蚁的相关要求进行治理。

（4）发现坝基范围内有新的渗漏溢出点时，不要盲目处理，而是应设置观测设备进行观测，待弄清原因后，再进行处理。

（5）严禁在大坝管理和保护范围内进行爆破、打井、采石、采矿、挖砂、取土、修坟等危害大坝安全的活动。

（6）严禁在坝体修建码头、渠道，严禁在坝体堆放杂物、晾晒粮草。在大坝管理和保护范围内修建码头、鱼塘时，必须经大坝主管部门批准，并与坝脚和泄水、输水建筑物保持一定距离，不得影响大坝安全、工程管理和抢险工作。

二、土石坝的裂缝

（一）裂缝的类型和成因

土石坝裂缝是一种较常见的病害现象，平行于坝轴线的纵向裂缝可能导致坝体产生滑坡，垂直于坝轴线的横向裂缝可能发展成贯穿坝体的渗漏通道，从而导致大坝失事；有的裂缝虽未造成失事，但影响水库正常蓄水，导致水库长期不能发挥正常效益。对于土石坝的裂缝，按成因，可分为沉陷裂缝、滑坡裂缝、干缩裂缝、冻融裂缝、水力劈裂缝、塑流裂缝和震动裂缝等；按方向，可分为横向裂缝、纵向裂缝、水平向裂缝和龟纹裂缝等；按部位，可分为表面裂缝和内部裂缝等。在实际工程中，土石坝的裂缝常由多种因素造成，并以混合的形式出现。

1. 沉陷裂缝

沉陷裂缝主要是由于不均匀沉陷引起的裂缝，多发生在河谷形状变化较大、地基压缩性较大、土坝合拢段、土坝分区分期填土交界处、坝体与刚性建筑物连接段和坝下埋设涵管等部位。按方向，沉陷裂缝主要分为以下三种：

（1）纵向沉陷裂缝。纵向裂缝与坝轴线平行，一般规模较大，并深入坝体，多发生在坝的顶部或内外坝肩附近，有时也发生在坝坡和坝身内部，是破坏坝体完整性的主要裂缝之一。其长度在平面上可延伸几十米甚至几百米，深度一般为几米，也有几十米的。纵向裂缝产生的主要原因如下：坝体在垂直于坝轴线方向的不均匀沉陷；沿大坝横断面的坝基开挖处理不当，造成坝基在横断面上产生较大的不均匀沉陷；坝下结构引起的坝体裂缝，如坝体下部与混凝土截水墙、齿墙等刚性建筑物连接部位，因刚性建筑物压缩性小，连接部位容易产生应力集中形成裂缝；施工不当等原因，如坝体施工时对横向分区结合面处理不慎、施工填筑时土料性质不同、上下游填筑进度不平衡、填筑层高差过大、接合面坡度太陡不便碾压或有漏压现象等都可能在结合面产生纵向裂缝。

（2）横向沉陷裂缝。横向裂缝走向与坝轴线大致垂直，多出现在坝体与岸坡接头处或坝体与其他建筑物连接处，缝深几米到几十米，上宽下窄，缝口宽几毫米到十几厘米，横向裂缝产生的原因与纵向裂缝比较相似，主要是裂缝的方向不同，例如：坝体沿坝轴线方向的不均匀沉陷；坝基开挖处理不当而产生横向裂缝，如果坝基局部的高压缩性地基或湿陷黄土未经处理，筑坝后压缩变形必然较大，而相邻坝基压缩变形较小，则将产生不均匀沉陷；坝体与刚性建筑物结合处的不均匀沉陷；坝体分段施工的结合部位处理不当，各段坝体碾压密实度不同甚至漏压而引起不均匀沉陷。

（3）水平向沉陷裂缝。破裂面为水平面的裂缝称为水平裂缝。水平裂缝多为内部裂缝，常贯穿防渗体，而且在坝体内部较难发现，往往是失事后才被发现，是危害性很大的一种裂缝。

2. 滑坡裂缝

滑坡裂缝是因滑移土体开始发生位移而出现的裂缝。裂缝中段大致平行坝轴线，缝两端逐渐向坝脚延伸，在平面上略呈弧形，多出现在坝顶、坝肩、背水面及排水不畅的坝坡下部。在水位骤降或地震情况下，迎水面也可能出现滑坡裂缝。一般裂缝形成过程较短，缝口有明显错动，下部土体移动，有脱离坝体的倾向。滑坡裂缝的危害比其他裂缝更大，它预示着坝坡即将失稳，可能造成失事，需要特别重视，并迅速采取适当措施进行加固。

3. 干缩裂缝

干缩裂缝一般发生在黏性土体的表面，或黏土心墙的坝顶，或施工期黏土的填筑面上。通常由于坝体表面水分迅速蒸发干缩，同时受到坝体内部黏性土的约束而产生裂缝。这种裂缝分布较广，呈龟裂状，密集交错，分布均匀。干缩裂缝一般与坝体表面垂直，上宽下窄，呈楔形尖灭，缝宽通常小于1 cm，缝深一般不超过1 m。

干缩裂缝一般不影响坝体安全，但如果不及时维护处理，雨水沿裂缝渗入，将增加土体的含水量，降低裂缝区域土体的抗剪强度，促使其他病情的发展，尤其应注意重视斜墙和铺盖上的干缩裂缝，它可能引起严重的渗透破坏。

4. 冻融裂缝

在寒冷地区，坝体表层土料因冰冻收缩而产生裂缝。当气温再次骤然下降时，表层冻土将进一步收缩，此时受到内部未降温冻土的约束，因而进一步产生表层裂缝；当气温骤然升高时，应融化的土体不能恢复原有密度而产生裂缝。冬季气温变化，黏土表层反复冻融形成冻融裂缝和松土层。因此，在寒冷地区，应在坝坡和坝顶用块石、碎石、砂性土做保护层，其厚度应大于冻层厚度。

5. 水力劈裂缝

水力劈裂缝产生的机理是水库蓄水后，水进入细小而未张开的裂缝中，裂缝在水的压力下张开，好似水劈开了土体。产生水力劈裂缝的条件如下：首先，土体已有微细裂缝，库水能够进入；其次，水进入缝内所产生的劈缝压力要大于土体对缝面的压应力，才能使裂缝张开。由于劈缝压力只有在透水性很小的土体缝隙中才能产生，因此水力劈裂缝可能发生于黏土心墙、黏土斜墙、黏土铺盖和均质土坝中。水力劈裂缝可能导致集中渗漏甚至造成严重危害。

(二) 裂缝的预防

沉陷裂缝是土石坝裂缝中出现较多、危害较大的裂缝，下面结合沉陷裂缝，介绍裂缝预防的相关措施，主要从以下三个阶段着手：

1. 设计阶段

沉陷裂缝产生的主要原因是坝体或坝基的不均匀沉陷。因此，在设计阶段应主要考虑如何减少坝体的不均匀沉陷，以及做好地基的勘测和处理。

2. 施工阶段

施工必须按照设计要求严格进行，把好基础处理、上坝土质、填土含水量、填筑厚度和碾压标准等各施工质量关，妥善处理各填筑部位的接合处。

3. 运行管理阶段

运行管理阶段特别要注意土石坝竣工后首次蓄水时库水位的上升速度，防止因水位骤升，突然增加荷载和湿陷产生裂缝；同时在运行期间要控制库水位的下降速度，防止因水位骤降而导致迎水面坝坡滑移。日常的土石坝维护工作必须严格遵守设计和施工的相关规程及管理规定，防止新的裂缝产生。

(三) 裂缝的处理

当土石坝出现裂缝后，应加强观察，注意了解裂缝的特征，观测裂缝的发展和变化，分析裂缝产生的原因，判断裂缝的性质，采取有针对性的措施，防止裂缝的进一步发展，并适时进行处理。通常对于危害性较大的裂缝，如土石坝防渗体贯穿性的横向裂缝、黏土心墙的水平裂缝、黏土斜墙和铺盖的纵向裂缝等，必须进行慎重和严格的处理；对于危害性较小、暂时不会发生险情的裂缝，一般宜等到裂缝发展稳定后，再进行处理。非滑坡缝的处理方法一般有以下几种：

1. 缝口封闭法

对于深度小于 1 m 的裂缝和由于干缩或冰冻等原因引起的细小表面裂缝，可只进行缝口封闭处理。处理方法是用干而细的砂壤土从缝口灌入，用竹片或板条等填塞捣实，然后在缝口处用黏性土封堵压实。

2. 开挖回填法

开挖回填法是将发生裂缝部位的土料全部挖出，重新回填符合设计要求的土料。开挖回填法是处理裂缝比较彻底的方法，适用于深度不大于 3 m 的沉陷裂缝及防渗体表面的裂缝。

3. 充填灌浆法

充填灌浆法是利用一定的灌浆压力或利用浆液的自重将浆液灌入坝体，从而充填密实裂缝。灌浆浆液可采用纯黏土浆或水泥黏土浆，灌浆压力应在保证坝体安全的前提下通过试验确定。充填灌浆法适用于坝体内部裂缝或裂缝较多的情况。

4. 劈裂灌浆法

当裂缝处理范围较大，裂缝的性质和部位又不能完全确定时，可采用劈裂灌浆法进行处理。

5. 开挖回填和充填灌浆结合法

开挖回填和充填灌浆结合法主要适用于由表层延伸至坝体中等深度的裂缝，或水库水位较高而全部采用开挖回填有困难的部位，裂缝的上部采用开挖回填法，裂缝的下部采用充填灌浆法，一般先开挖2 m深度后立即回填，然后在回填面上进行灌浆。

三、土石坝的渗漏

(一)渗漏的类型及危害

土石坝坝体为散粒体结构，具有较大的透水性，因此，水库蓄水后，在水压力的作用下，土石坝出现渗漏是不可避免的。对于不引起土体渗透破坏的渗漏通常称为正常渗漏，引起土体渗透破坏的渗漏称为异常渗漏。其中异常渗漏通常表现为渗流量较大，比较集中，水质浑浊，透明度低。

1. 渗漏的类型

(1)坝体渗漏。水库蓄水后，库水通过坝体在下游坡面或坝脚附近溢出。

(2)坝基渗漏。渗漏水流通过坝基的透水层，从坝脚或坝脚以外的覆盖层中的薄弱部位溢出。

(3)绕坝渗漏。渗水绕过土坝两端渗向下游，在下游岸坡溢出。

2. 渗漏的危害

(1)损失水量。一般正常的稳定渗流所损失的水量较少，但是在强透水地基和岩溶地区修建土石坝，往往由于对坝基的工程地质条件处理不够彻底，没有妥善地进行防渗处理，以致蓄水后造成库水的大量渗漏损失，有时甚至无法蓄水。

(2)造成渗透破坏。在坝身、坝基渗漏溢出区，渗流坡降大于土的临界坡降，使土体发生管涌或流土等渗透变形，甚至产生集中渗漏，从而导致土石坝失事。

(3) 抬高坝体浸润线。坝身浸润线抬高后，使下游坝坡出现散浸现象，降低了坝体土体的抗剪强度，严重时会引起坝体滑坡。

因此，发现危及大坝安全的渗水时，必须立即查明渗漏原因，采取妥善的处理措施，防止事故扩大。

土石坝渗漏处理的基本原则是"上截下排"。其中，"上截"就是在坝体和坝基的上游侧设置防渗设施，防止库水入渗或延长渗流渗径，降低渗透坡降和减少渗透流量；"下排"就是在坝的下游侧设置排水和导渗设施，使渗入坝体或地基的渗水安全通畅地排走，以增强坝坡稳定。一般来说，"上截"为上策，"下排"的工程措施往往结合"上截"同时采用。

(二) 坝体渗漏原因及处理

1. 坝体渗漏原因

(1) 散浸及其成因。坝体浸润线抬高，渗漏的溢出点超过排水体的顶部，下游坝坡土呈现大片浸润的现象称为散浸。随着时间的推移，坝体土体逐渐饱和软化，甚至在坡面上形成分布较广的细小水流，严重时将导致产生表面流土，或引起坝坡滑塌等失稳现象。造成散浸的原因如下：

① 由于坝体尺寸单薄、土料透水性大、均质坝的坝坡过陡等原因，使渗水从排水体以上溢出下游坝坡。

② 坝后反滤排水体高度不够；或者下游水位过高，洪水淤泥倒灌，使反滤层被淤堵；或者由于排水体在施工时未按设计要求选用反滤料或铺设的反滤料层间混乱等原因，造成浸润线溢出点抬高，在下游坡面形成大面积散浸。

③ 坝体分层填筑时，已压实的土层表面未经刨毛处理，致使上下层结合不良；铺土层过厚造成碾压不实，使坝身水平向透水性较大，因而坝身浸润线高于设计浸润线，渗水从下游坡溢出。

(2) 集中渗漏及其成因。水库蓄水后，在土石坝下游坡面出现成股水流涌出的异常渗漏现象称为集中渗漏。其往往带走坝体的土粒而形成管涌，甚至淘成空穴而逐渐形成塌坑，严重时导致土石坝溃决，它是一种严重威胁土石坝安全的渗漏现象。形成集中渗漏的主要原因如下：

① 坝体防渗设施厚度单薄，致使渗透水力坡降大于其临界坡降，往往造成斜墙或心墙土料流失，最后使斜墙或心墙被击穿，形成集中渗漏通道。

②坝体分层分段和分期填筑时，如果层与层、段与段以及前期与后期之间的结合没有按施工规范要求施工，以致结合不好，或者施工时漏压形成松土层，在坝内形成了渗流，在薄弱夹层处渗水集中排出。

③施工时对贯穿坝体上下游的道路以及各种施工的接缝未进行处理，或者对坝体与其他刚性建筑物（如溢洪道边墙、管或岸坡）的接触面防渗处理不好，在渗流的作用下，发展成集中渗漏的通道。

④生物洞穴、坝体土料中含有树根或杂草腐烂后在坝身内形成空隙，常常造成坝体集中渗漏。

⑤坝体不均匀沉陷后引起的横向裂缝、心墙的水平裂缝等也是造成坝体集中渗漏的原因。

2. 坝体渗漏的主要处理措施

（1）抽槽回填法。对于渗漏部位明确且高程较高的均质坝和斜墙坝，可采用抽槽回填法进行处理。处理时，库水位必须降至渗漏通道高程以下 1 m。开挖时采用梯形断面，抽槽范围必须超过渗漏通道以下 1 m 和渗漏通道两侧各 2 m，槽底宽度不小于 0.5 m，深度应不小于 3 m。回填土料应与坝体土料一致，并分层夯实，回填土夯实后的干容重不得低于原坝体设计值。

（2）铺设土工膜。目前土工膜在土石坝及堤防工程防渗中得到广泛应用。土工膜防渗具有如下特点：稳定性好，产品规格化；铺设简便，施工速度快；抗拉强度高，适应堤坝变形；质地柔软，能与土壤密切结合；重量轻，运输方便；经过处理后，其抗老化及耐气候性能均较高。常用的土工膜有聚乙烯、聚氯乙烯、复合土工膜等。采用土工膜防渗时，应注意土工膜厚度选择、土工膜连接质量、土工膜上覆保护层等关键技术问题。

（3）冲抓套井回填。冲抓套井回填黏土防渗墙是利用冲抓机具在土石坝的渗漏范围内造井，用黏性土料分层回填夯实，形成一面连续的黏土截水墙截断渗流通道，达到防渗的目的。黏土防渗墙是处理土石坝坝体渗漏较好的措施之一，具有防渗效果好、设备简单、施工方便、质量易控制、功效高、投资少等优点，特别适合均质坝和宽心墙坝渗漏处理，缺点是造孔孔径和回填方量大。

（4）混凝土防渗墙。混凝土防渗墙是利用专用机具在坝体或覆盖层透水地基中建造槽孔，以泥浆固壁，然后向槽孔内浇筑混凝土，形成连续的混凝土墙,从而起到防渗的作用,适用于坝高 60 m 以内、坝身质量差、渗透范围普遍的均质坝和心墙坝。与其他措施相比,混凝土防渗墙具有施工速度快、建筑材料省,尤其防渗效果好的优点,但成本较高。

(5) 倒挂井混凝土墙。倒挂井混凝土墙,又称连锁井柱。此法是利用人工挖井,自上而下在井内浇筑混凝土井圈,然后在井圈内浇筑混凝土而形成井柱,各井柱彼此相连,构成连锁井柱混凝土防渗墙。其优点是方法简单,不需要大型机械设备与专业施工力量,且易保证施工质量,造价低,抗震能力强;缺点是用工多,工期较长。在缺乏大型机械设备的情况下,此技术不失为一种可行的施工方法,可适用于高 50 m 以内、坝体渗流量不大、水库能放空或水头不大的情况。

(三) 坝基渗漏原因及处理措施

1. 坝基渗漏原因

(1) 由于坝基工程地质条件不良或地基条件过于复杂,地质勘探工作不细致,未能发现地基中的渗漏隐患。

(2) 设计不当,未能采取有效的坝基防渗措施或坝基防渗设施尺寸不够,如截水槽设计深度不够,未与不透水层相连接;黏土铺盖与透水砾石地基之间未设计有效的反滤层,铺盖在渗水压力作用下而被破坏等。

(3) 施工时对地基处理质量差,如截水槽施工质量不好致使破坏、铺盖长度不够或铺盖厚度较薄被渗水击穿等。

(4) 运行管理不当,如库水位降落太低,以致河滩谷地上的部分黏土铺盖受暴晒发生裂缝而未加处理,使其失去防渗作用;导渗沟、减压井养护不良,淤塞失效等。

2. 坝基渗漏的主要处理措施

(1) 黏土截水墙。黏土截水墙是在土坝上游坡脚内运用开槽回填黏土的方法将地基透水层截断,达到防渗的目的。此法适用于地基不透水层埋置深度较浅且坝体质量较好的均质坝或斜墙坝的坝基渗漏处理;当不透水层埋置较深,且施工时不能放空库水时,采用黏土截水槽处理坝基渗漏既难以施工,也不经济。

(2) 混凝土防渗墙。对于均质土坝、黏土心墙和斜墙坝,如果坝基透水层较深，修建黏土截水墙开挖断面过大，排水困难时，可考虑采用混凝土防渗墙处理坝基渗漏，防渗墙的施工应在水库放空或低水位条件下进行，施工时注意将防渗墙与坝体防渗体连成整体。

（3）灌浆帷幕。灌浆帷幕是通过钻孔从透水地基到达基岩下 2~5 m，灌浆机把浆液压入坝基砾石层中，将砂砾石胶结成具有一定厚度的防渗帷幕。此法适用于非岩性的砂砾石地基和基岩破碎的坝基。

（4）高压喷射灌浆。高压喷射灌浆是利用置于钻孔中的喷射装置射出高压水束冲击破坏被灌地层结构，同时将浆液灌入，形成按照设计方向、深度、厚度等要求的新结构型式，该结构与地基紧密结合，构成连续的防渗帷幕体，以实现截渗防漏的目的。该法具有设备简单、适应性广、功效高、效果好等优点，适用于最大工作深度不超过 40 m 的软弱夹层、砂层、砂砾层地基渗漏处理，在卵石、漂石层过厚或含量过多的地层不宜采用。

（5）黏土防渗铺盖。黏土防渗铺盖是一种水平防渗措施，利用黏性土在坝上游地面分层碾压而成，在透水层深且无条件做垂直防渗墙的情况下采用，此法要求放空水库，当地有足够做防渗铺盖的土料资源。

（四）绕坝渗漏原因及处理措施

1.绕坝渗漏原因

（1）坝端两岸地质条件差。如土石坝两岸连接的岸坡属条形山或覆盖层单薄的山包，而且有砂砾透水层；透水性过大的风化岩层；山包的岩层破碎，节理裂隙发育，或有断层通过，而且施工未能妥善处理。

（2）施工取土或水库蓄水后，由于风浪的淘刷，破坏了上游岸坡的天然铺盖。

（3）坝头与岸坡接头防渗处理措施不当或施工质量不符合要求。如岸坡接头采用截水槽时，有时不但没有切入不透水层，反而挖穿了透水性较小的天然铺盖，暴露出内部的渗透水层，加剧了绕坝渗漏；有的工程没有根据设计要求施工，忽视岸坡接合坡度和截水槽回填质量，造成坝岸接合质量不好，形成渗漏通道。

（4）岩溶、生物洞穴以及植物根茎腐烂后形成的孔洞等。

2. 绕坝渗漏的主要处理措施

绕坝渗漏的主要处理措施有截水槽法、防渗斜墙法、灌浆帷幕法、堵塞回填法、导渗排水法。

四、土石坝的滑坡

土石坝坝坡的部分土体（也可能包含部分地基）由于各种内外因素的综合影响而失去平衡，脱离原来的位置向下滑移，这种现象称为滑坡。有的土坝滑坡是突然发生的，但是多数在滑坡初期会出现裂缝，并且土体有小的位移，如能及时发现，并积极采取适当的处理措施，危害往往可以避免或者减轻，否则有可能造成重大损失。

（一）滑坡的类型

根据成因，土石坝的滑坡可分为剪切性滑坡、塑流性滑坡和液化性滑坡三类。

1. 剪切性滑坡

剪切性滑坡主要是由于坝坡坡度较陡，填土压密程度较差，渗透水压力较大而造成的，当坝受到较大的外荷作用，使坝体某一个面上的剪应力超过土体的抗剪强度，因而滑动体沿该面产生滑动。产生剪切性滑坡时，通常在坝坡或坝顶出现一条平行于坝轴线的纵向张开裂缝，缝深和缝宽均较大，随后裂缝不断延长和加宽，两端逐渐弯曲成弧形向坝坡延伸，同时在这一主裂缝的周围出现一些不连续的细小短裂缝，随后主裂缝的两侧上下错开，随着错距的加大，坝坡脚或坝基出现带状或椭圆形的隆起，而且坝体向坝脚处移动，先慢后快，直至滑动力矩与抗滑力矩达到新的平衡后，滑坡才终止。

2. 塑流性滑坡

塑流性滑坡主要发生在坝体和坝基为高塑性黏土的情况下。在一定荷载作用下高塑性黏土，会产生蠕动或塑性流动，在土的剪应力低于土的抗剪强度的情况下，剪应变仍不断增加，使坝坡出现连续位移和变形，其过程为缓慢的塑性流动，这种现象称为塑流性滑坡。这种滑坡的发展一般比较缓慢，在产生塑流性滑坡时，开始坝上并无裂缝出现，而是坝面的位移量连续增加，滑动体下部也可能有隆起现象。

3. 液化性滑坡

液化性滑坡多发生在坝体或坝基土层为均匀的、密度较小的中细砂或粉砂的情况下，当水库蓄水后，坝体在饱和状态下突然受到震动（如地震、爆破及机械振动等）时，砂的体积急剧收缩，坝体水分无法析出，使砂粒处于悬浮状态，抗剪强度极小，甚至为零，因而像液体一样向坝坡处四处流散，造成滑坡，称为液化性滑坡，简称液化。液化性滑坡通常骤然发生，事前没有征兆，滑坡时间也很短，因此很难进行观测和抢救。

（二）滑坡的成因

1. 勘测设计方面的原因

（1）土石坝坝坡设计过陡。在设计中进行坝坡稳定分析时选择的土料抗剪强度指标偏高，而实际坝体（或坝基）土的抗剪强度太小，致使土体滑动力超过抗滑力，从而产生滑坡。

（2）坝基中有含水量较高的淤泥夹层、软黏土或湿陷性黄土，在勘测不明、设计不当，或施工清基不彻底等情况下，以致地基抗剪强度指标低，地基承载力不够，筑坝后易产生剪切破坏，从而引起滑坡。

2. 施工方面的原因

（1）基础淤泥软弱层未清除干净、河槽深部淤泥处理不当等。

（2）筑坝土料的质量控制不严。筑坝土料黏粒含量较多，含水量大，加之坝体填筑上升速度太快，上部填土荷重不断增加，而这种土料渗透系数又小，孔隙水压力不易消散，降低了土体的有效应力，从而造成滑坡。

（3）坝体土压实度差。对碾压式土坝，由于施工时铺土太厚，碾压次数不够，致使碾压不密实。坝体蓄水后，因土体抗剪强度大大降低，从而产生滑坡。

（4）施工时对结合面未妥善处理，接缝处理质量差，水库蓄水后，库水通过结合面渗漏，从而导致滑坡甚至溃坝。

3. 运行管理方面的原因

（1）水库放水时，库水位降落速度过快，且上游坝壳黏粒含量高、渗透系数小，致使水位下降速度与浸润线下降不同步，浸润线至库水位之间的土体密度由浮容重变为饱和容重，上游坝体中的孔隙水向迎水坡排出，造成较大的反向渗透压力，此时上游坡面极易发生滑坡。

（2）雨水沿裂缝入渗，增大坝体含水量，降低抗剪强度，从而导致滑坡。

（3）坝后减压井使用多年后，由于淤积和堵塞而失效，以致坝基渗透压力和浮托力增加，从而导致坝体滑坡。

4. 其他原因

（1）没有明确基础实际状况，盲目加高坝体，使坝坡的稳定性降低，从而导致滑坡。

（2）强烈地震或人为在坝岸附近爆破采石等，从而导致坝体滑坡。

（3）坝体土料中的水溶盐、氧化物等化学溶液以及渗水中可能夹带的细颗粒堵塞了排水滤体，或由于坝面排水不畅等原因，引起浸润线抬高，增加了下游坝体的饱和度，降低了土体的抗剪强度。

（三）滑坡的预防和抢护

1. 滑坡的预防

由于滑坡成因是多方面的，因此滑坡的预防也应该从多方面进行，具体如下：

（1）设计方面。需要选择合适的土石坝坝型，确定安全合理的坝剖面与结构，选择合适的筑坝材料。

（2）施工方面。需要达到设计提出的坝料组成、填筑密度、含水量、接缝和坝基处理等方面的要求。

（3）运行管理方面。严格控制库水位降落速度，密切关注防渗排水设施的运行状况，并在容易发生滑坡的时期（高水位时期、水位骤降时期、持续特大暴雨时、台风时、回春解冻时、强烈地震后）加强巡视检查，判断是否有滑坡征兆。

2. 滑坡的抢护

对刚出现滑坡征兆的边坡，应采取紧急措施，使其不再继续发展并使滑动逐步稳定下来。主要的抢护措施有如下：

（1）发生在迎水面的滑坡，可在滑动体坡脚部位抛砂石料或沙袋，压重固脚，在滑动体上部削坡减载，减少滑动力。

（2）发生在背水面的滑坡，可采用压重固脚、滤水土撑、以沟代撑等方法进行抢修。其中，压重固脚法是在滑坡体的下部堆积块石、砂砾石、土料等压重体，以增加滑坡体的抗滑力，适用于坝身与基础一起滑动的滑坡的抢险；滤水土撑法是在滑坡范围内，沿坝脚用透水性大的砂料等透水性材料填筑成多个滤水土撑，适用于坝区石料缺乏、坝体排水不畅、滑动裂缝达到坝脚的滑坡的抢修；以沟代撑法是以导渗沟作为支撑阻滑体，适用于坝身局部滑动的滑坡的抢修。

（四）滑坡的处理

如果滑坡已经形成，则应在滑坡终止后，根据滑坡的原因和状况、已采取的抢护措施及其他具体情况，采取永久性的处理措施。滑坡处理应该在水库低水位的时候进行，处理的原则是"上部减载"与"下部压重"。其中，"上部减载"是在滑坡体上部与裂缝上侧陡坝部分进行削坡，或者适当降低坝高，增设防浪墙等；"下部压重"是放缓坝坡，在坡脚处修建镇压台及滑坡段下部做压坡体等，具体处理时，主要采用开挖回填、加培缓坡、压重固脚、导渗排水等多种方法进行综合处理。必须指出的是，凡因坝体渗漏引起的坝体滑坡，修理时应同时进行渗漏处理。

（1）开挖回填。彻底挖除滑坡体上部已松动的土体，再按设计坝坡线分层回填夯实。若滑坡体方量很大，不能全部挖除，可将滑弧上部能利用的松动土体移做下部回填土方。开挖时，对未滑动的坡面要按边坡稳定要求放足开口线；回填时，由下至上分层回填夯实，做好新老土的结合。在开挖回填的同时，必须恢复或修好坝坡的护坡和排水设施。

（2）加培缓坡。该法主要适用于坝身单薄、坝坡过陡引起的滑坡。放缓坝坡的坡比应按坝坡稳定分析确定。处理时，将滑动土体上部进行削坡，按放缓的坝坡加大断面，分层回填夯实。回填前，应先将坝趾排水设施向外延伸或接通新的排水体。回填后，应恢复和接长坡面排水设施和护坡。

（3）压重固脚。该法主要适用于滑坡体底部脱离坝脚的深层滑动情况。压重固脚常用的有镇压台和压坡体两种形式，应根据当地的土料、石料资源情况以及滑坡的具体状况来采用相应的措施。

（4）导渗排水。该法适用于排水体失效、坝坡土体饱和而引起的滑坡。导渗沟的布置和要求可参照坝体渗漏处理措施中导渗沟的内容，导渗沟的下部必须伸到坝坡稳定的部位或坝脚,并与排水设施相通。导渗沟之间滑坡体的裂缝必须进行表层开挖、回填封闭处理。

第三节 水闸老化病害及其防治

一、水闸的维护

水闸的日常维护中,混凝土结构可参照混凝土坝维护进行,土石结构可参照土石坝维护进行。除此之外,水闸应重点做好机电设备、消能防冲等方面的维护。

(一)机电设备的维护

(1)启闭机防护罩、机体表面应保持清洁,除转动部位的工作面外,均应定期采用涂料保护。启闭机的连接件应保持紧固,不得有松动现象。

(2)传动件的传动部位应加强润滑,润滑油的品种应按启闭机的说明书要求,并参照有关规定而选用。

(3)闸门开度指示器应保持运转灵活,指示准确。

(4)制动装置应经常维护,适时调整,确保动作灵活、制动可靠。

(5)钢丝绳应经常涂抹防水油脂,定期清洗保养。

(6)电动机的维护应遵守下列规定:①电动机的外壳应保持无尘、无污、无锈;②接线盒应防潮,并保持接线牢固可靠,如果压线螺栓松动,应立即旋紧;③轴承内的润滑脂应保持填满空腔内 1/2~1/3,油质合格,如果轴承松动、磨损,应及时更换;④绕组的绝缘电阻值应定期检测,小于 0.5MΩ 时,应干燥处理,如绝缘老化,可刷净绝缘漆或更换绕组。

(7)操作设备的维护应遵守下列规定:①开关箱应经常打扫,保持箱内整洁;②定期检查漏电开关的灵敏度,各种开关、继电保护装置应保持干净,触点良好,接头牢固;③主令控制器及限位装置应保持定位准确可靠,触点无烧毛现象;④保险丝必须按规定规格使用,严禁用其他金属丝代替。

(8)输电线路的维护应遵守下列规定:①各种电力线路、电缆线路、照明线路均应防止发生漏电、短路、断路、虚连等现象;②线路接头应连接良好;③定期测量导线绝缘电阻值。

(9) 指示仪表及避雷器等均应按有关规定定期校验。

(二) 消能防冲设施维护

(1) 砌石护坡、护底出现松动、塌陷、隆起、底部淘空、垫层散失等现象时,应参照《水闸施工规范》(SL 27—2014) 中的有关规定按原状修复。

(2) 浆砌石墙身渗漏严重的,可采用灌浆处理;墙身发生倾斜或滑动迹象时,可采用墙后减载或墙前加撑等方法进行处理;墙基出现冒水翻砂现象时,应立即采用墙后降低地下水位和墙前增设反滤设施等方法进行处理。

(3) 水闸的防冲设施遭受冲刷破坏时,一般可加筑消能设施或抛石笼、抛堆石等方法进行处理。

(4) 水闸的反滤设施、减压井、导渗沟、排水设施等应保持畅通,如有堵塞、损坏,应予疏通、修复。

(5) 消力池范围内的砂石、杂物应定期清除。

(6) 建筑物上的进水孔、排水孔、通气孔等均应保持畅通。

二、混凝土碳化

(一) 混凝土碳化的成因

碳化是典型的混凝土中性化形式之一。所谓混凝土中性化,就是混凝土中的碱性物质与环境中的酸性物质相互作用的过程。常见的酸性物质有 CO_2、H_2S、SO_2 等。混凝土的碳化就是混凝土在硬化过程中,表面的 $Ca(OH)_2$ 与空气中的 CO_2 在有水的情况下发生化学作用,从而形成碳酸钙的过程。

对于素混凝土而言,碳化不会产生大的危害,但对于钢筋混凝土而言,当碳化深度到达钢筋位置时,将使钢筋失去钝化膜的保护而发生电化学锈蚀,引起混凝土顺筋裂缝,加速钢筋的锈蚀,造成严重危害。此外,碳化还能引起混凝土收缩,导致混凝土表面产生裂缝,降低建筑物的可靠度。

(二) 混凝土碳化的检测

在检测部位表面开凿直径约为 15 mm 的 V 形孔洞,其深度大于混凝土的碳化深度，然后除净孔洞中的粉末和碎屑，立即用1%的酚酞酒精溶液滴在孔洞内壁的边缘处，当混凝土已碳化与未碳化部分界线清楚时，用游标卡尺测量已碳化与未碳化混凝土界线到混凝土表面的垂直距离，连续测量三次，精度读至 0.5 mm，取其平均值作为该测区的混凝土碳化深度。

测试区域的选择应具有代表性，应避开较大的裂缝或空洞部位。同时，在测试区内应选择多个测试孔进行测试。

(三) 混凝土碳化的处理

混凝土碳化的程度、部位不同，处理方法也不同。但一般情况下，不主张对混凝土的碳化进行大面积处理，这是因为施工质量较好的水工建筑物，在其设计使用年限内，平均碳化层深度基本上不会超过平均保护层厚度。一旦建筑物的保护层厚度全部被碳化，说明该建筑物的剩余使用年限已不长，对其碳化进行全面处理投资较大，没有多大实际意义。如建筑物的已使用时间不长，绝大部分碳化不严重，只是少数构件或小部分碳化严重，对其碳化进行处理是必要的。具体的处理措施需视碳化情况及程度而定。

对于已碳化到钢筋表面而未引起钢筋锈蚀或钢筋锈蚀处于发展前期的比较坚硬的混凝土保护层，可不凿除，而是用优质涂料封闭，以隔绝空气和水进入混凝土内部，防止钢筋锈蚀或进一步锈蚀。

三、钢筋锈蚀

(一) 钢筋锈蚀的成因

在高碱性环境中（pH 值为 12.5~13.2），钢筋混凝土结构中的钢筋表面会生成一层致密的水化氧化物薄膜，又称钝化膜，以此来保护钢筋免受腐蚀。通常周围混凝土对钢筋的这种碱性保护作用在很长时间内是有效的，然而一旦钢筋周围的钝化膜遭到破坏，钢筋就处于活化状态，就有受到腐蚀的可能性。

使钢筋钝化膜破坏的主要因素如下：

(1) 碳化作用破坏钢筋的钝化膜。当无其他有害杂质时，由于混凝土的碳化效应，即混凝土中的碱性物质与空气中的 CO_2 作用而生成碳酸钙，使水泥石孔结构发生了变化，混凝土碱度下降并逐渐变为中性，pH值降低，从而使钝化膜遭到破坏。

（2）由于Cl^-、SO_4^{2-}和其他酸性介质侵蚀作用，破坏钢筋的钝化膜。混凝土中钢筋锈蚀的另一原因是氯化物的作用。氯化物是一种钢筋的活化剂，当其浓度不高时，亦能使处于碱性混凝土介质中钢筋的钝化膜破坏。事实上，氯化物引起的钢筋去钝化一般要比碳化作用引起的钢筋去钝化严重得多，因此，在海洋工程等氯化物影响明显的工程中，更要着重考虑氯化物对钢筋的锈蚀。

（3）当混凝土中掺加大量活性混合材料或采用低碱度水泥时，也可导致钢筋钝化膜的破坏或根本不生成钝化膜。

当钢筋表面的钝化膜遭到破坏后，只要钢筋能接触到水和氧，就会发生电化学腐蚀，即通常所说的锈蚀。钢筋生锈后，体积增大，导致混凝土保护层胀裂，严重损失钢筋与混凝土的黏结力，使得它沿钢筋产生裂缝，同时水和空气沿裂缝进入，又加速了锈蚀。

（二）钢筋锈蚀的检测

水工钢筋混凝土中钢筋锈蚀程度的检测方法可分为非电化学法和电化学法。其中，非电化学法主要有分析法、裂缝观察法、破样检查法等，电化学法主要有电位测定法等。

1. 分析法

分析法是根据现场实测的混凝土碳化速度、碳化深度、有害离子的含量及侵入深度混凝土强度、保护层厚度等资料，综合推算钢筋锈蚀速度和锈蚀量的一种方法。

2. 裂缝观察法

钢筋锈蚀后，锈蚀产物体积膨胀，造成混凝土保护层开裂。

3. 破样检查法

破样检查法是破开混凝土层直接观察钢筋锈蚀情况，直接量测剩余直径、剩余周长蚀坑深度和长度以及锈蚀产物的厚度；也可以直接将钢筋截取回实验室进行测试，将取回的样品整理平整后量取实际长度，在NaOH溶液中通电除锈后，用天平称重，称重质量与公称质量之比即为钢筋剩余截面率。

4.电位测定法

混凝土中钢筋界面与周围介质共同作用形成"双电层"并建立起自然电位。钢筋锈蚀后，其自然电位将负位变化，从而产生很多电位不相等的区域。通过量测电位差，可反映出钢筋所处的状态。

(三) 处理措施

钢筋锈蚀对钢筋混凝土结构危害性极大，其锈蚀发展到加速期和破坏期会明显降低结构的承载力，严重威胁结构的安全性，而且修复技术复杂，耗资大，修复效果也不能完全得到保证。因此，一旦发现钢筋混凝土中的钢筋有锈蚀现象，应及早采取防护或修补处理措施，对于部分锈蚀的钢筋混凝土结构，应视其锈蚀程度、锈蚀原因区别对待。当钢筋锈蚀已经达到明显降低结构承载能力时，应进行加固处理；当钢筋锈蚀未影响结构承载能力时，可采取局部修补技术。

四、水闸的渗漏

按发生部位，水闸的渗漏可分为闸体结构渗漏、闸基渗漏和闸侧绕渗等，其处理原则是"上截下排"，防渗与排水相结合。

水闸渗漏的原因主要有以下几个方面：

(1) 由于水闸材料强度不足、施工质量差以及闸基不均匀沉降等，闸体裂缝，引起渗漏。

(2) 由于运行条件改变、养护维护不善、物理化学因素的作用等引起渗漏。如闸体混凝土老化后，抗渗强度降低，帷幕防渗措施破坏，铺盖与闸底板、翼墙之间，岸墙与边墩之间等连接部位的止水损坏，上游边坡防渗设施和接缝止水损坏，或底板与地基接触不良等，从而引起渗漏。

(3) 遭受强烈地震或其他自然灾害的破坏，使水闸闸体或基础产生裂缝，从而引起渗漏。

第四节　水工隧洞老化病害及其防治

一、水工隧洞的维护

隧洞投入运行后承受内水、外水压力，隧洞在高速水流和含沙水流的作用下，或遭受地震等影响，可能会出现明流与满流交替的流态，导致衬砌表面局部破坏、产生裂缝、断裂、渗漏，甚至衬砌与围岩被渗透水流冲淘成空洞，永久止水缝失效，以及发生空蚀冲刷破坏等现象，从而降低结构的承载能力和使用年限。当洞顶上覆盖地面和山坡出现严重渗水时，将危及山体稳定和邻近建筑物的安全。所以平时应加强对隧洞的养护，当出现上述缺陷和破坏时，应及时查明原因，采取相应的修理措施。

隧洞的日常维护主要包括以下几个方面：

（1）为防止污物破坏洞口结构和堵塞取水设备，要经常清理隧洞进水口附近的漂浮物，在漂浮物较多的河流上，要在进水口设置拦污网。

（2）经常检查隧洞进出口处山体岩石的稳定性，对于易崩塌的危岩应及时清理，防止堵塞水流。

（3）输水期间，要经常观察和倾听洞内有无异常声响，如听到洞内有"咕咚咚"阵发性的响声或"轰隆隆"的爆炸声，说明洞内有明、满流交替的情况，或者有的部位产生了气蚀现象，隧洞应尽量避免在明、满交替流态下工作。

（4）明流设计的隧洞要严禁在有压水流作用下运用。发电输水洞每次充、泄水过程尽量缓慢，避免猛增突减，以免洞内出现超压、负压或水锤而引起破坏。

（5）当岩石厚度小于两倍洞径的隧洞顶部时，禁止堆放重物或修建其他建筑物。当洞顶需要承受设计时未考虑的活荷（如交通车辆等）时，要采取必要措施防止隧洞断裂。

（6）经常观察洞的出口流态是否正常，如在泄量不变的情况下水跃位置有无变化、主流流向有无偏移、两侧有无旋涡等，以判断消能设备有无损坏。

（7）隧洞的通气孔要保持通畅，若有堵塞或堵小通气孔面积的情况发生，要及时处理。在寒冷季节，要防止通气孔被冰堵塞。

（8）隧洞停水期间，应注意洞内是否有水流出，检查水是闸门漏水还是洞壁漏水。

（9）对启闭设备和闸门要经常进行检查和养护，保证其完整性和操作灵活性。

（10）寒冷地区应采取有效的防冰措施，避免洞口结构的冰冻破坏。

（11）隧洞放空后，冬季在出口应做好保温。

对隧洞的检查养护可在泄洪之后，或结合发电停机、农田停灌时进行。发现局部的衬砌裂缝、漏水等，应及时进行封堵，以免扩大。对钢衬应定期涂漆防腐蚀，对开裂的焊缝要补焊。对放空有困难的隧洞，要加强平时的观测与外部观察，观测隧洞沿线内水和外水压力是否有异常，如发现有漏水或塌坑的征兆，应研究是否放空隧洞进行检查和修理。对不衬砌的隧洞要检查周围岩石是否被水流冲刷而引起局部岩块松动，对一些龟石、松动石块以及阻水的岩石要清除并做出处理。对发电不衬砌隧洞的集石坑积渣要及时清理，以免影响机组安全运行。当发现异常水锤和发生六级以上地震后，要对隧洞做全面的检查养护。

二、水工隧洞的渗漏

（一）渗漏的原因

隧洞因设计、施工或运用管理方面的原因，会发生断裂漏水事故，常见的原因主要如下：

（1）隧洞周围岩石变形或不均匀沉陷。如隧洞经过地区岩石质量较差，开挖隧洞后由于岩石变形，衬砌将遭受过大的应力破坏。

（2）设计不合理。例如，有关参数选择不准，致使衬砌厚度不足；接头布置在断层等不良位置，并且未采取加固措施；在结构尺寸变化或山岩荷载变化处未设沉降缝，洞内未设伸缩缝；在接缝的缝口未插钢筋等。

（3）施工质量差。例如，施工中因配料不当或振捣不实，导致强度不足；分段浇筑间隔时间过长；施工中需填塞木料杂物，封拱时又未清理干净，日后腐烂而形成薄弱环节；回填灌浆和固结灌浆时，围岩没有充填密实，封拱时顶部衬砌与围岩之间存在孔隙等（使弹性抗力减小，造成衬砌开裂）。

（4）运用管理不当。对于没有调压井的有压隧洞，因运用不当而产生水锤现象，将引起衬砌开裂。

（5）其他原因。如遇地震或在附近开山放炮，也会引起衬砌破坏。

（二）渗漏的处理

隧洞渗漏的主要原因是隧洞衬砌的开裂漏水，衬砌开裂漏水的处理方法主要有水泥砂浆或环氧封堵、灌浆处理、喷锚支护等。

1. 水泥砂浆或环氧封堵

水泥砂浆或环氧封堵主要用于过水表面存在蜂窝麻面、细小漏洞或细小裂缝等问题较轻的情况，对于一般渗水裂缝或蜂窝麻面，可采用水泥砂浆加水玻璃浆液堵塞抹面处理。在漏水严重的位置，应用环氧砂浆进行封堵处理，处理前应凿毛，深 2~3 cm，然后清洗干净，干燥或擦干后，将砂浆填入封堵密实，表面抹平。对于漏水的裂缝或孔洞，先埋管导水，在已凿毛、清洗的埋管四周，用快硬水玻璃-水泥或环氧-聚酰胺砂浆封堵，然后用水灰比比较小的混凝土修补表面，再用环氧砂浆封闭，最后在导管内灌浆封堵。

2. 灌浆处理

对于开裂漏水较严重的情况，采用灌浆处理是表里兼治、堵补强的常用方法。灌浆材料通常采用水泥浆，对于大型隧洞，要求较高强度的补强灌浆可采用环氧水泥浆液。对于由于地质条件较差引起不均匀沉陷造成的开裂，一般要求等沉陷稳定后再灌浆。

3. 喷锚支护

喷锚支护多用于无衬砌隧洞损坏的加固和有衬砌隧洞衬砌损坏的补强。喷锚支护具有与洞室围岩黏结力强、能提高围岩整体稳定性和承载能力、节约投资、加快施工进度等优点，因而得到广泛应用。喷锚支护可分为喷混凝土、喷混凝土加锚杆联合支护、喷混凝土加锚杆加钢筋网联合支护等类型。

三、水工隧洞的空蚀破坏

(一) 空蚀的原因

隧洞中的水流速度往往较大,当洞内高速水流流经不平整的边界时,水把不平整处的空气带走,从而使局部位置的压力低于大气压力,形成负压区。当压力降低至相应水的汽化压力以下时,水分子发生汽化,体积膨胀,形成小气泡。这种现象称为空穴现象。小气泡随水流流向下游正压区,气泡内的水汽又重新凝结,气泡突然消失,于是局部位置不断遭受气泡破裂时的巨大吸引力而被剥蚀,这种现象称为空蚀现象。空蚀的产生原因是多方面的,主要如下:

(1) 隧洞轮廓体型曲线变化不当。这种情况多发生在进口段和出口反弧段,体型弯曲与流线不合,形成水流的旋流区域,压力下降,压力脉动加剧,从而形成空穴空蚀。

(2) 洞身平整度差,转折、过渡不合理。施工平整度达不到设计要求,表面存在突体、麻面、残留钢筋等,由于局部负压而产生空蚀破坏。隧洞中的各个部位都可能产生空蚀,特别是在转折、过渡段尤其容易发生。

(3) 闸槽形状不良,闸门底缘不顺。平面闸门的门槽形状不同,过流情况差别很大,当水头较高、流速较大时,矩形门槽极易产生负压和空蚀。如闸门底缘形式不当,在较小开度时,高速水流会引起门底强烈空蚀或闸门振动。根据实测资料分析认为,高压平面闸门的开度在 0.1~0.2 时,闸门振动剧烈,因此,在闸门操作时,应避免在这个开度区间停留。

(4) 管理运用不当。因闸门开启不当,致使洞内出现明满流交替的不利流态,当水流脱离洞壁时,将会形成负压,造成脉动压力强烈。一般情况下,水流脉动压力只有作用水头压力的 10% 左右,但在明满流交替时,有试验资料表明,洞内脉动压力振幅为一般情况下脉动压力的 4~6 倍,门后将产生旋滚水流猛烈冲击闸门,从而引起振动、空蚀破坏。

(二) 空蚀的处理

空蚀具有很大的破坏力,初期只是表层的轻度剥蚀,往往不易被人们重视，认为剥蚀程度较轻，不会影响安全。但如果处理不及时，则容易发展严重，甚至可能蚀穿洞壁，造成管涌、坍塌，影响工程正常运用，危及工程安全。空蚀处理主要有以下几种方法：

（1）改进隧洞的轮廓体型曲线，使之与流线更加吻合。隧洞衬砌结构表面应平直光滑连接，任何曲率变化处都应避免曲率突变，如渐变的进口段形状应避免直角，最好是椭圆曲线。在平面上拐弯或反弧段应采用大半径小曲率圆弧进行过渡连接，在由高到低的连接段应采用抛物线。

（2）收缩泄水隧洞出口断面面积或减小出口工作闸门的开度可以提高洞内水压力，减少空蚀。

（3）设置通气孔。对无压洞及部分开启的有压洞，应在可能产生负压区的位置设置通气孔，目的是增加近壁水流的掺气浓度，以达到对固壁表面的保护，减免空蚀破坏。因此通气孔必须保证通气顺畅，风速不宜过大（过大时噪声很大或对安全有影响），空腔内的负压不宜过大（过大表明补气不足，通气孔断面尺寸不够），在满足要求的情况下，尽可能减小对水流的扰动，以避免和减小负面影响。

（4）通过模型试验来改变水流情况。通过水工模型试验或观测资料研究分析，从改变水流情况来消除空蚀现象。

（5）合理控制和处理施工不平整度。建筑物表面施工残留的突起物及表面的不平整将导致局部压强降低，从而引起空蚀破坏，应将突起物凿除或研磨成具有一定坡度的平面。

（6）修复破坏部位。对已产生空蚀的破坏部分，可选用高强度混凝土、钢纤维混凝土、高强度硅粉混凝土和无毒环氧树脂涂层修补空蚀破坏。剥蚀严重的可考虑采用钢板衬砌等方法修理，但必须注意加筋锚固。

第七章　水利工程与河道治理研究

第一节　水利工程治理的内涵

一、现代水利工程治理的概念

不同历史时期、不同经济发展水平和不同发展阶段对水利的要求不断地发生变化，使水利工程治理的概念以及标准也在不断变化。由水利工程管理到水利工程治理，是理念的转变，也是社会向一定阶段转变的必然结果。

(一) 水利工程管理的概念

水利与人类文明的发展同步发展，在整个发展过程中，越来越多的人认识到水利管理的必要性，然而，至今还没有一个明确的概念。

近年来，随着水利管理研究的深入，许多学者试图对水利工程管理下一个明确的定义。牛运光认为，水利工程管理实质上就是保护和合理运用已建成的水利工程设施，调节水资源，为社会经济发展和人民生活服务的工作，进而使水利工程能够很好地服务于防洪、排水、灌溉、发电、水运、水产、工业用水、生活用水和改善环境等方面。赵明认为，水利工程管理，就是在水利工程项目发展周期过程中，对水利工程所涉及的各项工作进行的计划、组织、指挥，协调和控制，以达到确保水利工程质量和安全，节省时间和成本，充分发挥水利工程效益的目的。它分为两个层次，一是工程项目管理：通过一定的组织形式，用系统工程的观点、理论和方法，对工程项目管理生命周期内的所有工作，包括项目建议书、可行性研究、设计、设备采购、施工、验收等系统过程，进行计划、组织、指挥、协调和控制，以达到保证工程质量、缩短工期、提高投资的目的；二是水利工程运行管理：通过健全组织，建立制度，综合运用行政、经济、法律、技术等手段，对已投入运行的水利工程设施，进行保护、运用，以充分发挥工程的除害兴利效益。

高玉琴认为，水利工程管理是运用、保护和经营已开发的水源、水域和水利工程设施的工作。段世霞认为，水利工程管理是从水利工程的长期经济效益出发，以水利工程为管理对象，对其各项活动进行全面、全过程的管理。完整的内容应该涵盖工程的规划、勘测设计、项目论证、立项决策、工程设计、制订实施计划、管理体制、组织框架、建设施工、监理监督、资金筹措、验收决算、生产运行、经营管理等内容。一个水利工程的完整管理可以分为三个阶段，即第一阶段，工程前期的决策管理；第二阶段，工程的实施管理；第三阶段，工程的运营管理。

基于许多学者对水利工程管理概念的综合理解，水利工程管理是指在深入了解已建水利工程性质和作用的基础上，为尽可能地趋利避害，保护和合理利用水利工程设施，充分发挥水利工程的社会和经济效益，所做必要管理。

(二) 现代水利工程治理的概念

水利是国民经济的本质，水利工程是地方经济建设和社会发展的必要条件。因此，构建水利工程治理体系是构建国家治理体系的重要组成部分。水利工程治理现代化就是要适应时代特点，通过改革和完善体制机制、法律法规，推动各项制度日益科学完善，实现水利工程治理的制度化、规范化、程序化。它不仅是硬件的现代化，也是软件的现代化、人的思想观念及行为方式的现代化。主要包括与市场经济体制相适应的管理体制、科学合理的管理标准和管理制度、高标准的现代化管理设施和先进的调度监控手段、掌握先进管理理念和管理技术的管理队伍等。所实现的目标应为保障防洪安全、保护水资源、改善水生态、服务民生。

现代水利工程治理要有与市场经济体制相适应的畅通的管理机制和系统；应采用先进技术及手段对水利工程进行科学控制运用；应突出各种社会组织乃至个人在治理过程中的主体地位；应创造水利工程治理良好的法治环境，在维修经费投入、工程设施保护、涉水事件维权等方面均能得到充分的法治保障；应具有掌握先进治理理念和治理技术的治理队伍；应注重和追求水利工程治理的工程效益，社会效益、生态效益和经济效益的"复合化"。

二、现代治水理念的创新

水利工程治理中存在的问题,是人与自然如何和谐相处的问题,是人类对可持续发展的认识问题。在治理过程中,融入人水和谐、可持续发展,生态文明、系统治理的理念是解决这些问题的根本途径。

(一)人水和谐的理念

人水和谐思想是我国现代治水的主要指导思想。关于人水和谐思想的提出,始于21世纪初,真正成为我国治水思想是从2004年,其标志性事件是,2004年中国水周的活动主题为"人水和谐"。

"和谐"一词最早出现于《管子·兵法》中:"畜之以道,则民和。养之以德,则民合。和合故能谐,谐故能辑。谐辑以悉,莫之能伤。"意思是有了和睦、团结,行动才能协调,才能达到整体的步调一致。而中国古代的和谐理念来源于《周易》一书中的阴阳和合思想。《周易·乾卦》中说"乾道变化,各正性命,保合太和,乃利贞",意思是事物发展变化尽管错综复杂、千姿百态,但整体上始终保持着平衡与和谐。"和谐"一词,《辞源》解释为"协调",《现代汉语词典》(第7版)解释为"配合得适当;和睦协调"。在汉语中,和顺、协调、一致、统一等词语均表达了"和谐"的意思,人与天合一,人与人和谐,构成了几千年中华民族源远流长的思想观念,和谐思想成为中国哲学与文化的显著特色。

古人将"和谐"作为处理人天(人与自然)、人际(人与人或社会)、身心(人的身体与人的精神)等关系的理想模式。中国传统的管理哲学思想中,孔子所极力倡导的"仁"实际上探讨的是人与人之间的和谐问题,而以老子为代表的道家学说,则探讨了人与自然的和谐关系,探讨了人对自然的管理所应遵循的方式。在西方管理哲学中,和谐理念也由来已久。柏拉图认为,人对自身的管理,就是保持心灵中的三个部分各司其职,即理智居于支配和领导地位,激情服从理智并协助理智保卫心灵和身体不受外敌侵犯,欲望接受理智的统领和领导,三个部分互不干涉、互不僭越、彼此友好,就达到了对自身管理的和谐。亚里士多德认为,国家管理应实行轮流执政,全体公民都是平等的,都有参与政治、实施管理的权力,这样的管理才是和谐的管理。

萨缪尔森认为只有"看不见的手"——市场和"看得见的手"——政府相互结合都发挥作用的经济管理才是和谐的。

(二) 可持续发展理念

"可持续发展"一词最早出现在1980年国际自然与自然保护联盟、联合国环境规划署和世界野生生物基金会联合发表的《世界自然资源保护大纲》中。大纲基于全球性环境污染和生态危机对人类生存与发展的严重威胁，提出必须研究自然的、社会的、生态的、经济的以及利用自然资源过程中的基本关系，以确保全球的可持续发展。1987年，世界环境与发展委员会发表了《我们共同的未来》，该报告正式提出了可持续发展的概念，即可持续发展既是满足当代人的要求，而不威胁子孙后代的发展。

自然资源的可持续发展是可持续发展理论生态学方向的一个重要组成部分，关系到人类的永续发展。自然资源是人类创造一切社会财富的源泉，是指在一定技术经济条件下，能用于生产和生活，提高人类福利、产生价值的自然物质，如土地、淡水、森林、草原、矿藏、能源等。自然资源的稀缺是相对的，是由于高速增长的需求超过了自然资源的承载负荷。资源无序无度、不合理的开发利用是产生资源、生态和灾害问题的直接原因，甚至也是引发贫困、战争等一系列社会问题的重要原因。自然资源的可持续发展是解决人类可持续发展问题的关键环节，它强调人与自然的协调性、代内与代际间不同人、不同区域之间在自然资源分配上的公平性以及自然资源动态发展能力等。自然资源可持续发展是一个发展的概念，从时间维度上看，涉及代际间不同人所需自然资源的状态与结构；从空间维度上看，涉及不同区域从开发利用、到保护自然资源的发展水平和趋势，是强调代际与区际自然资源公平分配的概念。自然资源可持续发展是一个协调的概念，这种协调是时间过程和空间分布的耦合，是发展数量和发展质量的综合，是当代与后代对自然资源的共建共享。

水资源是基础自然资源，是生态环境的控制性因素之一。目前，我国水资源存在时空分布不均、人均占有量低、污染严重等问题。实现水资源的可持续发展是一系列工程，它需要在水资源开发、保护、管理、应用等方面采用法律、管理、科学、技术等综合手段。水利工程是用于控制和调配自然界的地表水和地下水资源,开发利用水资源而修建的工程。它与其他工程相比,在环境影响方面有突出的特点,如影响地域范围广,影响人口多,对当地的社会、经济、生态影响大等,同样外部环境也对水利工程施以相同的影响。在水利工程建设和管理的过程中,要坚持可持续发展的理念,加强水土保持、水生态保护、水资源合理配置等工作,树立依法治水、依法管水的理念,既要保证水利事业的稳步发展,也要顾及子孙后代的利益,使水利事业走上可持续稳步发展的道路。

(三) 系统治理理念

"系统"一词起源于古希腊,是一组相互联系和相互制约的要素按一定的方式形成的,具有特定功能的整体,即对自然界和社会的各种复杂事物要进行整体的综合研究和布置。战国末期著作《吕氏春秋》中对系统论思想做了小结和提高,认为:整个宇宙是一个由天、地、人三大要素有机结合而成的大系统。天、地、人又是三个各有其结构与功能,而又互相联系与配合的子系统。宇宙大系统的整体性,正是通过天、地、人各子系统之间的相互作用、相互连接而呈现出来的。《吕氏春秋》中还进一步认为,只有注意各子系统的稳定,才能保证整个大系统的稳定。但是,这种稳定性并非静止不动、凝固不变的,而是按照一定的节律运动变化,保持运动的一致与和谐。系统科学认为世界上万事万物是有着丰富层次的系统,系统要素之间存在着复杂的非线性关系。系统思维强调的是整体性、层次性、相关性、目的性、动态性和开放性,它着重从系统的整体、系统内部关系、系统与外部关系以及系统动态发展的角度去认识、研究系统。与其他系统一样,水利工程也是一个有机的整体,是由多个子系统相互影响、彼此联系结合而成,但又不是工程内单个要素的简单叠加。因此,在水利工程管理过程中,我们应该将系统论的理念融合进去,达到整体统一。

节水优先是根据中国国情和水情,总结世界各国发展经验教训,着眼中华民族可持续发展的根本选择。空间均衡是从生态文明建设高度,审视人口经济与资源环境关系,在新型工业化、城镇化和农业现代化进程中做到人与自然和谐的科学路径,是新时期治水工作必须始终坚守的重大原则。系统治理是立足山水林田湖生命共同体,统筹自然生态各要素,解决我国复杂水问题的根本出路，是新时期治水工作必须始终坚持的思想方法。两手发力是从水的公共产品属性出发，充分发挥政府作用和市场机制，既使市场在水资源配置中发挥好作用，也更好地发挥政府在保障水安全方面的统筹规划、政策引导、制度保障作用。这是提高水治理能力的重要保障，是新时期治水工作必须始终把握的基本要求。

三、现代水利工程治理的基本特征

（一）治理手段智能化

智能化是指由现代通信与信息技术、计算机网络技术、行业技术、智能控制技术汇集而成的针对某一方面的应用。先进的智能控制手段是现代水利工程管理不同于传统水利工程管理的一个明显标志，以及水利工程管理现代化的重要标志。只有不断探索新的管理技术，引进先进的管理设施，增加管理工作的科技含量，可以推进水利工程管理现代化，信息化建设，提高水利工程管理现代化水平。水库大坝自动化安全监测系统、水雨情自动化采集系统、水文预测预报信息化传输系统、运行调度和应急管理的集成化系统等智能化管理手段的应用，将使治理手段更强。保障水平更高。

（二）治理制度规范化

治理制度的规范化是现代水利工程管理的重要基础，只有将各项制度制定详细且规范，单位职工都照章办事才能在此基础上将水利工程治理的现代化提上日程。管理单位分类定性准确，机构设置合理，维修经费落实到位，实施管养分离是规范化的基础。单位职工竞争上岗，职责明确到位，建立激励机制，实行绩效考核，落实培训机制，人事劳动制度、学习培训制度、岗位责任制度、请示报告制度、检查报告制度、事故处理报告制度、工作总结制度、工作大事记制度、档案管理制度等各项制度健全是规范化的保障。控制运用、检查观测、维修养护等制度以及启闭机械、电气系统和计算机控制等设备操作制度健全，单位各项工作开展有章可循，按章办事，有条不紊，井然有序是规范化的重要表现。

(三) 治理目标多元化

水利管理的主要目标是确保水利设施长期可靠安全的运行，保障水利工程效益持续充分发挥。随着社会的进步，新时代赋予了水利工程治理的新目标，除了要保障水利工程安全运行外，还要追求水利工程的经济效益、社会效益和生态环境效益。水利工程的经济效益是指在有工程和无工程的情况下，相比较所增加的财富或减少的损失，它不仅仅指在运行过程中征收回来的水费、电费等，还指从国家或国民经济总体的角度分析，社会各方面能够获得的收入。水利工程的社会效益是指比无工程情况下，在保障社会安定、促进社会发展和提高人民福利方面的作用。水利工程的生态环境效益是指比无工程情况下，对改善水环境、气候及生态环境所获得的利益。

第二节 水利工程治理的技术手段

一、水利工程治理技术

(一) 现代理念为引领

现代理念，概括为用现代化设备装备工程，用现代化的设备、用现代化的技术来监督、用现代化的管理手段来管理工程。加快水利事业的现代化，是适应传统水利向现代化、可持续发展的需要。经济和社会的迅速发展，一方面极大地推动了水利建设的技术水平；另一方面，也要求水利管理技术的现代化。在现代化思想的指导下，水利建设的管理技术将会有一个新的、更大的跨越。在未来的一段时间里，水利信息化将会得到有力的支持，对工程的监控手段也会不断地改进，使项目的管理技术达到自动化、信息化、高效化。

(二) 现代知识为支撑

现代水利建设的技术方法，是现代水利建设的基础。现代科学技术的飞速发展，使水利水电的现代化管理技术方法突飞猛进。重点体现在：加强和改进工程安全监测、评估和维护技术手段，建设与之相适应的监测与评价软件系统；通过对监测数据的分析、灰色系统的预测，对工程的安全状况进行监测与预警，为工程维护与维护管理提供科学依据，为工程维护决策、提高工程维护决策水平、实现资源的最优化配置。在水利工程中，安全维护实用技术得到了越来越多的运用，例如：安全隐患检测、维护保养机械设备的引进、新的材料、新技术的运用，将会逐渐提高工程管理的技术水平。

（三）经验提升为依托

我国水利事业已有数千年的历史，在继承和发展古代水利事业的同时，也要汲取前人的丰富经验和智慧。20世纪50年代，我国水利建设的管理模式仍是沿用了传统的人工管理方式，以多年的工程管理经验为基础，以人工操作为主，以人工操作为主。近几年，由于现代科技的迅猛发展，水利事业的现代化建设速度大大提高，为了适应现代水利管理的要求，必须从传统的工程管理中吸取教训，把先进的技术与先进的技术相结合，建立起一个技术先进、性能稳定、实用的现代化管理平台，是现代水利管理的基础。

二、水工建筑物安全监测技术

（一）概述

1. 监测及监测工作的意义

监测即检查观测，是指由工程建设至首次蓄水全过程和运行中，由专门的设备或设备对地基和上面的水工建筑进行的监测和测量。

工程安全监控在中国水利建设中占有举足轻重的地位，已经成为工程设计、施工和运行管理中不可或缺的一环。总之，工程监理的功能是：掌握各种因素和荷载作用下的建筑物的工作状况和变化，从而对其进行准确的评估和评估，从而为施工控制和安全生产提供参考，及时发现不正常的现象，分析原因，以便进行有效的处理，确保工程安全；检查设计和施工水平，发展工程技术的重要手段。

2. 工作内容

工程安全监测一般有两种方式，包括现场检查和仪器监（观）测。

现场检查是指对水工建筑及其周围的表面现象进行巡查、检查，主要包括巡查和实地检验。通常情况下，通过人的感官和简单的测量工具对工地进行常规和不定时的检查，而现场的检验则是利用临时设置的工具对建筑物和周围进行的定期或不定期的检查。实地检验有定性和定量两种方法，以确定是否存在缺陷、隐患或异常。野外调查的内容，通常是由人的直觉或辅助的辅助手段，如水文要素侵蚀、淤积；变形要素的开裂、塌坑、滑坡、隆起；渗流方面的渗漏、排水、管涌；应力方面的风化、剥落、松动；水流方面的冲刷、振动等。

仪器监（观）测是指利用各种固定于建筑物有关部位的各种仪表，对水工建筑物的运行状况和变动情况进行观测和测量，包括仪器观测和资料分析两项工作。

仪器观测的项目主要有变形观测、渗流观测、应力应变观测等，是对作用于建筑物的某些物理量进行系统、长期、连续的测量，并按照相关技术规范进行观测。

现场检查和仪器监测属于同一个目的两种不同技术表现，两者密切联系，相辅相成，不可分割。目前，世界上许多国家都在致力于改进观测技术，但对检验工作却非常重视。

(二) 巡视检查

1. 一般规定

巡视检查分为三类，即日常巡视检查、年度巡视检查和特别巡视检查。从施工期开始至运行期，我们均应进行巡视检查。

(1) 日常巡视检查

管理单位应根据水库工程的具体情况和特点，具体规定检查的时间、部位、内容和要求，确定巡回检查路线和检查顺序。检查次数应符合下列要求：施工期，宜每周2次，但每月不少于4次；初蓄水期或水位上升期，宜每天或每两天1次，具体次数视水位上升或下降速度而定；运行期，宜每周1次，或每月不少于2次。汛期、高水位及出现影响工程安全运行情况时，应增加次数，每天至少1次。

(2)年度巡视检查

每年汛前、汛后、用水期前后和冰冻严重时，应对水库工程进行全面或专门的检查，一般每年2~3次。

(3)特别巡视检查

当水库遭遇强降雨、大洪水、有感地震、水位骤升骤降或持续高水位等情况，或出现了较为严重的灾害和危险征兆时，要进行特殊的监测。当蓄水池被清空时，应该进行一次彻底的检查。

2.检查项目和内容

(1)坝体

对于坝体，我们检查的内容如下：

第一，坝顶有无裂缝、异常变形、积水或植物滋生等；防浪墙有无开裂、挤碎、架空、错断、倾斜等。

第二，迎水坡护坡有无裂缝剥（脱）落、滑动、隆起、塌坑或植物滋生等；近坝水面有无变浑或漩涡等异常现象。

第三，背水坡及坝趾有无裂缝、剥（脱）落、滑动、隆起、塌坑、雨淋沟、散浸、积雪不均匀融化、渗水、流土、管涌等；排水系统是否通畅；草皮护坡植被是否完好；有无兽洞、蚁穴等；反滤排水设施是否正常。

(2)坝基和坝区

对于坝基和坝区，我们检查的内容如下：

第一，坝基基础排水设施的渗水水量、颜色、气味及浑浊度、酸碱度、温度有无变化。

第二，坝端与岸坡连接处有无裂缝、错动、渗水等；坝端岸坡有无裂缝、滑动、崩塌、溶蚀、塌坑，异常渗水及兽洞、蚁迹等；护坡有无隆起、塌陷等；绕坝渗水是否正常。

第三，坝趾近区有无阴湿、渗水、管涌、流土或隆起等；排水设施是否完好。

第四，有条件时应检查上游铺盖有无裂缝、塌坑。

(3)输、泄水洞（管）

对于输、泄水洞（管），我们检查的内容如下：

第一，引水段有无堵塞、淤积、崩塌。

第二，进水塔（或竖井）有无裂缝，渗水、空蚀、混凝土碳化等。

第三，洞（管）身有无裂缝、空蚀、渗水、混凝土碳化等；伸缩缝、沉陷缝、排水孔是否正常。

第四，出口段放水期水流形态是否正常；停水期是否渗漏。

第五，消能工有无冲刷损坏或沙石、杂物堆积等。

第六，工作桥、交通桥是否有不均匀沉陷、裂缝、断裂等。

(4) 溢洪闸（道）

对于溢洪闸（道），我们检查的内容如下：

第一，进水段（引渠）有无坍塌、崩岸、淤堵或其他阻水障碍；流态是否正常。

第二，堰顶或闸室、闸墩、胸墙、边墙、溢流面、底板有无裂缝、渗水、剥落、碳化、露筋、磨损、空蚀等；伸缩缝、沉陷缝、排水孔是否完好。

第三，消能工有无冲刷损坏或砂石、杂物堆积等，工作桥、交通桥是否有不均匀沉陷、裂缝、断裂等。

第四，溢洪河道河床有无冲刷、淤积、采砂、行洪障碍等；河道护坡是否完好。

(5) 闸门及启闭机

对于闸门及启闭机，我们检查的内容如下：

第一，闸门有无表面涂层剥落，门体有无变形、锈蚀，焊缝开裂或螺栓、铆钉松动；支承行走机构是否运转灵活；止水装置是否完好等。

第二，启闭机是否运转灵活、制动准确可靠，有无腐蚀和异常声响；钢丝绳有无断丝、磨损、锈蚀、接头松动、变形；零部件有无缺损、裂纹、磨损及螺杆有无弯曲变形；油路是否通畅，油量、油质是否符合规定要求等。

第三，机电设备、线路是否正常，接头是否牢固，安全保护装置是否可靠，指示仪表是否指示正确，接地是否可靠，绝缘电阻值是否符合规定，备用电源是否完好；自动监控系统是否正常、可靠，精度是否满足要求；启闭机房是否完好等。

(6) 库区

对于库区，我们检查的内容如下：

第一，有无爆破、打井、采石（矿）、采砂、取土、修坟、埋设管道（线）

等活动；有无兴建房屋、码头或其他建（构）筑物等违章行为；有无排放有毒物质或污染物等行为；有无非法取水的行为。

第二，观测、照明、通信、安全防护、防雷设施及警示标志、防汛道路等是否完好。

3. 检查方法

常规方法：用眼看、耳听、手摸、鼻嗅、脚踩等直观方法，或辅以锤钎、钢卷尺、放大镜、石蕊试纸等简单工具对工程表面和异常部位进行检查。

特殊方法：采用开挖探坑（槽）、探井、钻孔取样、孔内电视、向孔内注水试验、投放化学试剂、潜水员探摸、水下电视、水下摄影、录像等方法，对工程内部、水下部位或坝基进行检查。

4. 检查记录和报告

（1）记录和整理

每次巡视检查均应按巡视检查记录表做出记录。对已发现的异常情况，除详细记述时间、部位、险情和绘出草图外，必要时应测图、摄影或录像。

现场记录应及时整理，并将每次巡视检查结果与以往巡视检查结果进行比较分析，如有问题或异常现象，应及时复查。

（2）报告和存档

日常巡视检查中发现异常现象时，应立即采取应急措施，并上报主管部门；年度巡视检查和特别巡视检查结束后，应提出检查报告，对发现的问题应立即采取应急措施，并根据设计、施工、运行资料进行综合分析，提出处理方案，上报主管部门；各种巡视检查的记录、图件和报告等均应整理归档。

（三）水工建筑物变形观测

变形观测项目主要有表面变形、裂缝及伸缩缝观测。

1. 表面变形观测

表面变形观测包括竖向位移和水平位移。水平位移包括垂直于坝轴线的横向水平位移和平行于坝轴线的纵向水平位移。

(1) 基本要求

表面竖向位移和水平位移观测一般共用一个观测点，竖向和水平位移观测应配合进行。

观测基点应设置在稳定区域内，每隔3~5年校测一次；测点应与坝体或岸坡牢固结合；基点和测点应有可靠的保护装置。

(2) 观测断面选择和测点布置

观测横断面一般不少于3个，通常选在最大坝高或原河床处、合龙段、地形突变处、地质条件复杂处、坝内埋管及运行有异常反应处。

观测纵断面一般不少于4个，通常在坝顶的上、下游两侧布设1~2个；在上游坝坡正常蓄水位以上可视需要设临时测点；下游坝坡半坝高以上1~3个，半坝高以下1~2个（含坡脚一个）。对建在软基上的坝，应在下游坝址外侧增设1~2个。

测点的间距：坝长小于300米时，宜取20~50米；坝长大于300米时，宜取50~100米。

视准线应旁离障碍物1.0米以上。

(3) 基点布设

各种基点均应布设在两岸岩石或坚实土基上，便于起（引）测，避免自然和人为影响。

起测基点可在每一纵排测点两端的岸坡上各布设一个，其高程宜与测点高程相近。

采用视准线法进行横向水平位移观测的工作基点，应在两岸每一纵排测点的延长线上各布设一个；当坝轴线为折线或坝长超过500米时，可在坝身每一纵排测点中增设工作基点（可用测点代替），工作基点的距离保持在250米左右；当坝长超过1000米时，一般可用三角网法观测增设工作基点的水平位移，有条件的，宜用倒垂线法。

水准基点一般在坝体下游0.5~3.0千米处布设2~3个。

采用视准线法观测的校核基点，应在两岸同排工作基点延长线上各设1~2个。

(4) 观测设施及安装

测点和基点的结构应坚固可靠，且不易变形。

测点可采用柱式或墩式。兼作竖向位移和横向水平位移观测的测点,其立柱应高出地面 0.6~1.0 米,立柱顶部应设有强制对中底盘,其对中误差均应小于 0.2 毫米。

在土基上的起测基点,可采用墩式混凝土结构。在岩基上的起测基点,可凿坑就地浇筑混凝土。在坚硬基岩埋深 5~20 米情况下,可采用深埋双金属管作为起测基点。

工作基点和校核基点一般采用整体钢筋混凝土结构,立柱高度以司镜者操作方便为准,但应大于 1.2 米。立柱顶部强制对中底盘的对中误差应小于 0.1 毫米。

水平位移观测的觇标,可采用觇标杆、觇牌或电光灯标。

测点和土基上基点的底座埋入土层的深度不小于 0.5 米,并采取防护措施。埋设时,应保持立柱铅直,仪器基座水平。各测点强制对中底盘中心位于视准线上,其偏差不得大于 10 毫米,底盘倾斜度不得大于 4°。

(5) 观测方法及要求

表面竖向位移观测,一般用水准法。采用水准仪观测时,可参照国家三等水准测量方法进行,但闭合误差不得大于 ±1.4√N 毫米(N 为测站数)。

横向水平位移观测,一般用视准线法。采用视准线观测时,可用经纬仪或视准线仪。视准线的观测方法,可选用活动觇标法,宜在视准线两端各设固定测站,观测其靠近的位移测点的偏离值。

纵向水平位移观测,一般用钢卷尺,也可用普通钢尺加修正系数,其误差不得大于 0.2 毫米。有条件时可用光电测距仪测量。

2. 裂缝及伸缩缝监测

坝体表面裂缝的缝宽大于 5 毫米的,缝长大于 5 米的,缝深大于 2 米的纵、横向缝以及输(泄)水建筑物的裂缝、伸缩缝都应进行监测。观测方法和要求如下:

坝体表面裂缝,可采用皮尺、钢尺等简单工具及设置简易测点。对 2 米以内的浅缝,可用坑槽探法检查裂缝深度、宽度及产状等。

坝体表面裂缝的长度和可见深度的测量,应精确到 1 厘米;裂缝宽度宜采用在缝两边设置简易测点来确定,应精确到 0.2 毫米;对深层裂缝,宜采用探坑或竖井检查,并测定裂缝走向,应精确到 0.5°。

对输(泄)水建筑物重要位置的裂缝及伸缩缝,可在裂缝两侧的浆砌块石、混凝土表面各埋设1~2个金属标志。采用游标卡尺测量金属标志两点间的宽度变化值,精度可量至0.1毫米;采用金属丝或超声波探伤仪测定裂缝深度,精度可量至1厘米。

裂缝发生初期,宜每天观测一次;当裂缝发展缓慢后,可适当减少测次。在气温和上、下游水位变化较大或裂缝有显著发展时,均应增加测次。

(四)水工建筑物渗流观测

渗流监测项目主要有坝体渗流压力、坝基渗流压力,绕坝渗流及渗流量等观测。凡不宜在工程竣工后补设的仪器,设施均应在工程施工期适时安排。当运用期补设测压管或开挖集渗沟时,应确保渗流安全。

1. 坝体渗流压力观测

坝体渗流压力观测,包括观测断面上的压力分布和浸润线位置的确定。

(1)观测横断面的选择与测点布置

观测横断面宜选在最大坝高处、原河床段、合龙段、地形或地质条件复杂的地段,一般不少于3个,并尽量与变形观测断面相结合。

根据坝型结构、断面大小和渗流场特征,应设3~5条观测铅直线。一般位置是:上游坝肩、下游排水体前缘各1条,其间部位至少1条。

测点布设:横断面中部每条铅直线上可只设1个观测点,高程应在预计最低浸润线以下;渗流进、出口段及浸润线变幅较大处,应根据预计浸润线的最大变幅,沿不同高程布设测点,每条直线上的测点数不少于2个。

(2)观测仪器的选用

作用水头小于20米、渗透系数大于或等于10^3厘米/秒的土中、渗压力变幅小的部位,监视防渗体裂缝等,宜采用测压管。

作用水头大于20米、渗透系数小于10^3厘米/秒的土中、观测不稳定渗流过程以及不适宜埋设测压管的部位,宜采用振弦式孔隙水压力计,其量程应与测点实有压力相适应。

(3)观测方法和要求

测压管水位的观测,宜采用电测水位计。有条件的可采用示数水位计、遥测水位计或自记水位计等。测压管水位两次测读误差应不大于2厘米;电测水位计的测绳长度标记，应每隔1~3个月用钢尺校正一次；测压管的管口高程，在施工期和初蓄期应每隔1~3个月校测一次，在运行期至少每年校测一次。

振弦式孔隙水压力计的压力观测，应采用频率接收仪。两次测读误差应不大于1赫兹，测值物理量用测压管水位来表示。

2. 坝基渗流压力观测

坝基渗流压力观测，包括坝基天然岩石层、人工防渗和排水设施等关键部位渗流压力分布情况的观测。

（1）观测横断面的选择与测点布置

观测横断面数一般不少于3个，并宜顺流线方向布置或与坝体渗流压力观测断面相重合。

测点布设：每个断面上的测点不少于3个。均质透水坝基，渗流出口内侧必设一个测点；有铺盖的，应在铺盖末端底部设一测点，其余部位适当插补。层状透水坝基，一般在强透水层的中下游段和渗流出口附近布置。岩石坝基有贯穿上下游的断层、破碎带或软弱带时，应沿其走向在与坝体的接触面、截渗墙的上下游侧或深层所需监视的部位布置。

（2）观测仪器的选用

与坝体渗流压力观测相同。但当接触面处的测点选用测压管时，其透水段和回填反滤料的长度宜小于0.5米。

（3）观测方法和要求

与坝体渗流压力观测相同。

3. 绕坝渗流观测

对于绕坝渗流观测，我们应符合下列要求：

（1）绕坝渗流观测包括两岸坝端及部分山体、坝体与岸坡或与混凝土建筑物接触面，以及防渗齿墙或灌浆帷幕与坝体或两岸接合部等关键部位；

（2）坝体两端的绕坝观测宜沿流线方向或渗流较集中的透水层（带）设2~3个观测断面，每个断面上设3~4条观测铅直线（含渗流出口）；

（3）坝体与建筑物接合部的绕坝渗流观测，应在接触轮廓线的控制处设置观测铅直线，沿接触面不同高程布设观测点；

（4）岸坡防渗齿槽和灌浆帷幕的上、下游侧各设一个观测点；

(5) 观测仪器的选用及观测方法和要求同坝体渗流压力观测。

4. 渗流量观测

渗流量观测包括渗漏水的流量及其水质观测。水质观测中包括渗漏水的温度，透明度观测和化学成分分析。

(1) 观测系统的布置

对于渗流量观测系统的布置，我们应该遵守以下原则：

第一，渗流量观测系统应根据坝型和坝基地质条件，渗漏水的出流和汇集条件以及所采用的测量方法等分段布置。所有集水和量水设施均应避免客水干扰；

第二，当下游有渗漏水出逸时，应在下游坝趾附近设导渗沟，在导渗沟出口设置量水设施测其出逸流量；

第三，当透水层深厚、地下水位低于地面时，可在坝下游河床中顺水流方向设两根测压管，间距20~30米，通过观测地下水坡降计算渗流量；

第四，渗漏水的温度观测以及用于透明度观测和化学分析水样的采集均应在相对固定的渗流出口处进行。

(2) 渗流量的测量方法

对于渗流量，我们需要根据具体情况选择适当的测量方法：

第一，当渗流量小于1升/秒时，宜采用容积法；

第二，当渗流量在1~300升/秒时，宜采用量水堰法；

第三，当渗流量大于300升/秒时或受落差限制不能设置量水堰时，应将渗漏水引入排水沟中采用测流速法。

(3) 观测方法及要求

对于渗流量的测量，我们应符合下列要求：

第一，渗流量及渗水温度、透明度的观测次数与渗流压力观测相同。化学成分分析次数可根据实际需要确定；

第二，量水堰堰口高程及水尺、测针零点应定期校测，每年至少一次；

第三，用容积法时，充水时间不少于10秒。二次测量的流量误差不应大于均值的5%；

第四，用量水堰观测渗流量时，水尺的水位读数应精确到1毫米，测针的水位读数应精确到0.1毫米，堰上水头两次观测值之差不大于1毫米；

第五，测流速法的流速测量，可采用流速仪法。两次流量测值之差不大于均值的 10%；

第六，观测渗流量时，应测记相应渗漏水的温度、透明度和气温。温度应精确到 0.1℃，透明度观测的两次测值之差不大于 1 厘米。出现浑水时，应测出相应的含沙量；

第七，渗水化学成分分析可按水质分析要求进行，并同时取水库水样做相同项目的对比分析。

三、水利工程养护技术

（一）水利工程养护要求

工程养护应做到及时消除表面的缺陷和局部工程问题，防护可能发生的损坏，保持工程设施的安全、完整、正常运用；施工单位应当根据水利部、财政部《水利工程维修养护定额标准（试点）》，制订次年度养护计划，上报上级主管部门；养护计划批准下达后，应尽快组织实施。

（二）大坝养护

大坝养护应符合下列要求：

（1）坝顶养护应达到坝顶平整，无积水，无杂草，无弃物；防浪墙、坝肩、踏步完整，轮廓鲜明；坝端无裂缝，无坑凹，无堆积物。

（2）坝顶出现坑洼或雨淋造成的沟壑，应立即采用相同材质的材料进行填补整平，同时确保维持一定的坡度以便排水；坝顶路面如有损坏，应及时修复；坝顶的杂草、弃物应及时清除。

（3）防浪墙、坝肩和踏步出现局部破损，应及时修补。

（4）坝端出现小的裂缝或坑洼，需要立即进行填补处理；一旦发现堆积物，应及时予以清除。

（5）坝坡养护应达到坡面平整，无雨淋沟缺，无荆棘杂草滋生；护坡砌块应完好，砌缝紧密，填料密实，无松动、塌陷、脱落、风化、冻毁或架空现象。

（6）干砌块石护坡的养护应符合下列要求：及时填补、楔紧脱落或松动的护坡石料；及时更换风化或冻损的块石，并嵌砌紧密；块石塌陷、垫层被淘刷时，应先翻出块石，恢复坝体和垫层后，再将块石嵌砌紧密。

(7) 混凝土或浆砌块石护坡的养护应符合下列要求：清除伸缩缝内杂物、杂草，及时填补流失的填料；护坡局部发生侵蚀剥落、裂缝或破碎时，应及时采用水泥砂浆表面抹补、喷浆或填塞处理；排水孔如有不畅，应及时进行疏通或补设。

(8) 堆石或碎石护坡石料如有滚动，造成厚薄不均时，应及时进行平整。

(三) 排水设施养护

排水设施养护应符合下列要求：

(1) 排水、导渗设施应达到无断裂、损坏、阻塞、失效现象，排水畅通。

(2) 排水沟（管）内的淤泥、杂物及冰塞，应及时清除。

(3) 排水沟（管）局部的松动、裂缝和损坏，应及时用水泥砂浆修补。

(4) 排水沟（管）的基础如被冲刷破坏，应先恢复基础，后修复排水沟（管）；修复时，应使用与基础同样的土料，恢复至原断面，并夯实；排水沟（管）如设有反滤层时，应按设计标准恢复。

(5) 随时检查并维护滤水坝趾或导渗设施周围山坡上的截水沟，以确保其不会因山坡上的浑浊水流而堵塞坝趾的导渗和排水系统。

(6) 减压井应经常进行清理疏通，保持排水畅通；周围如有积水渗入井内，应将积水排干，填平坑洼。

(四) 输、泄水建筑物养护

输、泄水建筑物养护应符合下列要求：

(1) 输、泄水建筑物表面应保持清洁完好，及时排除积水、积雪、苔藓、蚧、贝、污垢及淤积的沙石、杂物等。

(2) 建筑物各部位的排水孔、进水孔、通气孔等均应保持畅通；墙后填土区发生塌坑、沉陷时应及时填补夯实；空箱岸（翼）墙内淤积物应适时清除。

(3) 钢筋混凝土构件的表面出现涂料老化、局部损坏、脱落、起皮等，应及时修补或重新封闭。

(4)上下游的护坡、护底、陡坡、侧墙、消能设施出现局部松动、塌陷、隆起、淘空、垫层散失等，应及时按原状修复。

(5)闸门外观应保持整洁，梁格、臂杆内无积水，及时清除闸门吊耳、门槽、弧形门支铰及结构夹缝处等部位的杂物。钢闸门出现局部锈蚀、涂层脱落时应及时修补；闸门滚轮、弧形门支铰等运转部位的加油设施应保持完好、畅通，并定期加油。

(五) 观测设施养护

观测设施养护应符合下列要求：
(1)观测设施应保持完整，无变形、损坏、堵塞；
(2)观测设施的保护装置应保持完好，标志明显，随时清除观测障碍物；观测设施如有损坏，应及时修复，并重新校正；
(3)测压管口应随时加盖上锁；
(4)水位尺损坏时，应及时修复，并重新校正；
(5)量水堰板上的附着物和堰槽内的淤泥或堵塞物，应及时清除。

第三节　水利工程河道治理及生态水利的应用

一、水利工程河道治理

随着社会和经济的持续发展，水利建设得到了快速发展，水利建设工程也随之增多。然而，由于各种因素的制约，使得水利建设工程不能充分发挥其作用。而对河流进行综合整治，可以有效地提高防洪、排涝效果。建设生态保育水利项目，不仅可以改善农业生产状况，而且可以带动当地的经济发展。为了充分发挥水利事业的重要作用，必须充分重视水利建设中的科学发展。目前，许多地区在治理河道方面还存在着问题，严重影响了工程建设的可持续发展。为此，有关部门必须对水利建设中的河道治理问题进行深入的探讨，并不断改进治理技术。

（一）水利工程河道治理的重要意义以及原则

1. 水利工程河道治理的重要意义

在水利工程中，河道的处理既可以储存，又可以排水，既可以发洪水，也可以用来灌溉。这有助于河床的变化，保持江河的生态平衡。通过对河流的有效治理，可以实现从传统的工程水利向绿色水利的过渡，同时也能充分发挥水利工程对防止水土流失和防洪排涝的重大作用。另一方面，通过实施节水型项目，改善河床现状，加强对江河环境的保护，实现人与自然的和谐共处，创造良好的自然环境，促进当地经济的发展，吸引更多的企业前来投资，提高经济效益。

2. 水利工程河道治理的原则

（1）系统规划与治理原则

在实际的河流治理中，要结合流域的特征，对水资源进行科学地划分与利用。由于各种先进技术的推广，使水利建设中的河流治理效率大大提高。相关工作人员要结合流域的特征，进行全面的综合规划，协调河道的治理与环保，以达到维护与保护自然生态的目的。

（2）坚持生态水利原则

新时期，河道治理对水利建设的需求和标准也大大提高，相关部门要把"生态水利"思想贯彻到河道治理的实践之中，统筹河道及其周围环境的发展，维护自然生态环境。相关部门要根据当地的具体情况，坚持"因地制宜"的原则，合理栽植天然植被，使其在保护和维护水、环境方面起到重要作用，从而改善当地的生态环境。在该地区，植被覆盖的生态系统能够较好地解决该地区的生态问题。同时，要使河道漫滩的宽度和面积得到最大限度的利用，必须对河道进行科学的设计。

（3）注重生态系统的自我修复原则

目前，在治理江河的过程中，一些公司采取了大量的措施来进行护岸和疏浚。尽管增加了河道的防洪能力，但也会对植被的生长产生一定的影响，使浅水区的面积逐步减少，进而导致了生态环境的恶化。在此基础上，政府部门应在生态系统原理的指引下，逐步恢复其生态环境，促进河流生态系统功能的进一步改善，以监控其生态周期。

（二）水利工程河道治理问题的解决对策

1. 重视生态护岸建设再建设

在实施生态海岸保护工程前，我们要做好对河床的实际状况的调查，以免造成更大的污染。在水利建设中，我们也应综合考虑流域的现状，合理安排已有的河流，增加其连贯性，增强其总体观赏性。同时，在堤坝和基础上，添加高渗透的石子等材料，将河水中的物质和能源转换成水。根据当地的生态状况，为了使两岸的生态环境得到最好的改善，我们必须在岸边种植植物和树木，其目标是通过发挥植物的生态作用，促进人工湿地的建设，逐步改善整个流域的环境状况。另外，我们还可以在河流中种植荷花、水葫芦等水生植物，可以有效地吸收河流中的污染物，从而使河流水质得到进一步的净化和改善。同时，通过与水草、水草的配合，使河流的生态系统得到有效的改善。

2. 排除河道淤泥

河道连续运作后，河床泥沙含量较高，进一步开展清淤工作，可以极大地改善河段的地貌，使河段的功能得到充分发挥。但是，因为泥浆的重量，它常常会下沉。另外，由于淤渣的渗透性能较差，容易与其他固体相结合，难以进行有效的治理。在实际应用中，常用的方法是堆载预压和真空预压。由于最大的液体淤渣具有很高的水分，因此，高压抽水可以快速地将废水中的固体物质溶解，防止其黏稠。在对原料堆场淤泥进行处理时，由于物料堆场的淤泥容易堵塞排泄系统，因此可以在输水管道顶部的出水口安装一台水泵。在阻塞的初期，增加水压，加速水流，使污水通过管道迅速排出。

3. 开展河道疏浚

通过对河道进行疏浚，可以有效地改善其防洪功能。实际操作中，应综合考虑水流速度等各种影响因素，对疏浚方式进行科学的判定，以促进排涝问题的解决。通常，在水利工程完工后，要进行清理。大型挖泥机一般用来清理河床底的淤泥，但在清理前要先将污水从河底排出。对于大型的混凝土砌块，必须提前进行彻底的清除，避免对疏浚产生不良的影响。为了改善清淤效率，采用分段法进行清淤，沟槽坡度必须按规范进行。开挖完毕后，在规定的地点进行水深测量，然后用挖掘机进行开挖。此外，为了避免由于水流造成的船身漂移，船身应预先进行紧固。

4. 加强监督管理

(1) 健全责任制度

部分地方河道整治责任追究制度还没有建立，造成了无法确定责任人，严重妨碍河道整治工作的深入持久进行。为此，相关单位必须把流量管理工作的具体目标与任务联系在一起，并科学建立责任制度，以明晰河道管理委员会中各个成员的职责，防止互相推诿等问题。同时，责任追究制度的设立也显著增强有关人员的工作积极性和社会责任意识。

(2) 加政府资金支持

相关部门要全面关注河道整治工作的进展，并针对实际状况，投放相应的资源，保障工程的资金需要得以全面解决。同时，积极探索融资途径，解决了融资途径单一的局限。

(3) 加强监督管理

水污染相关问题的出现，很大程度上是由于相关社会机构缺乏明确的环境和法律意识。针对这种情况，在水利工程应用实践中，需要密切监测河流和周边企业的情况，解决潜在的污染问题。此外，还需要按照政策法规的要求，严惩破坏河流生态环境的责任人，加大执法力度，减少不良行为的出现。

综上所述，河流整治成效将直接影响水利工程的整体价值。部分相关企业在进行河流整治计划时未能全面坚持生态理念和因地制宜的原则，从而造成了河流整治计划的科学性缺失，从而降低了河流整治的成效。面对这些状况，政府工作人员必须彻底更新思想观念，积极研发更有效、更合适的水处理技术，以进一步提升河流的净化效果。

二、生态水利的实际应用

(一) 积极转变河道管理模式

要实现生态管理，我们必须改变传统的管理观念，采用生态资源开发、生态保护、环境规划相结合的生态管理方法，利用河长制工作平台，实现对生态资源全面、高效的管理。在这一进程中，由地方政府的领导负责，由流域内的各级党政领导负责，由当地的河道行政主管部门承担组织实施的职责，并整合了河道管理机制来进行管理。河道管理有赖于乡镇政府与各相关单位的共同责任，在编制城乡规划时，要与河道主管部门合作，切不可不经审批就在河道管理范围内开展建设。另外，国土资源部门在审批河道周围建设用地时，需要征得河道主管部门的同意，在得到许可之后方可依照程序来进行审批。

(二) 改善河流流线水体体征

通过改变河床的流速，改变河床的受力状况，我们可以避免河底出现大范围的冲刷带。深入分析河流水体特性，确保其多样性，促使流水、深潭和浅滩共存，为植物提供多样化的生存条件，提升生物多样性。通过保持生物多样性，选择植物+石头、植物+浮石带治理措施。前者指的是人工将石头按照趋势，填进河岸内，填平沟壑及鱼塘地势，为依赖此地的植物提供生存环境。浮石带治理指通过人为构建钢筋混凝土构架来抵御洪水，同时可以作为鱼巢。

(三) 清淤清障

保护水域的安全，既要注重护岸和堤防，又要在确保水源安全的前提下进行清淤、清障。清淤清障工程的主要目标是改善洪水动力条件，其根本途径是扩大过水面积。该工程存在水下作业强度大、工程量大的特点，所以要采取有效措施保证工程项目的顺利完成。此外，水生生物在一定程度上受到水下疏浚作业的影响，所以还要注重监测工作，以尽量减少对水系统的干扰，在方案设计时防止出现大断面开挖，并充分论证施工强度、频率和时机等内容。另外，施工过程中还可能带来淤积处理问题，从生态水利的角度可以建设人工湿地等，通过科学规划合理利用清障淤泥。

想有效改善水利工程的河道治理，我们就要重视淤泥排泄、岸堤植被保护及废水排放等相关工作，通过相关部门和人民群众的共同努力，提升河道治理的工作质量，为维护当地生态系统可持续发展贡献自己的一份力量。

第八章　泵站运行与管理

第一节　水泵的运行与维护

一、水泵的类型、构造及基本性能

(一) 水泵的定义与分类

1. 水泵的定义

泵是一种转换能量的机械。它通过工作体的运动（旋转运动或往复运动等），把动力机的机械能传递给被抽送的介质（固体、液体或气体），使介质的能量（位能、动能、压能）得以增加，从而达到提升、增压或输送的目的。

2. 水泵的分类

泵的分类方法很多，从不同角度可以有不同分法。农用水泵绝大多数为叶片泵，它通过泵工作体（叶轮的叶片）和液体相互作用来传递能量，使液体能量增加。按叶轮旋转时对液体产生的力的不同，叶片泵可分为离心泵、轴流泵和混流泵等。其中，离心泵属于高扬程泵，其扬程范围从十几米至数千米，但流量相对较小；轴流泵属于低扬程泵，其扬程从一米至十几米，流量较大；混流泵介于离心泵和轴流泵之间。卧式叶片泵的泵轴水平布置，这种设计使得其占地面积相对较大，但安装、维修和操作都较为方便，适用于空间较为宽裕且需要便于维护的场合。卧式叶片泵通常通过法兰或联轴器与驱动电机连接，传动平稳，运行可靠。

立式叶片泵则是泵轴垂直布置的叶片泵。这种泵型由于泵轴与地面垂直，大大节省了占地面积，适用于空间受限或需要紧凑安装的场合。立式叶片泵通常直接安装在储液罐或液体容器的上方，通过液体重力作用自然吸入液体，提高了泵的吸入性能。此外，立式结构还有利于减少泵的振动和噪声。

斜式叶片泵是介于卧式和立式之间的一种特殊泵型。其泵轴与水平面呈一定角度倾斜布置，这种设计既兼顾了卧式和立式叶片泵的优点，又能在一定程度上克服它们的局限。斜式叶片泵通常用于对安装角度有特殊要求或需要适应特定工况的场合，如某些特殊的工业流程或液体输送系统。

无论是卧式、立式还是斜式叶片泵，其工作原理都是通过叶片在泵体内的旋转运动来吸取和输送液体。虽然不同类型的叶片泵在结构设计和应用场合上有所差异，但它们的共同特点是具有高效、节能、运行平稳等优点。在选择叶片泵时，应根据具体工况和实际需求来确定泵轴的安装位置以及泵型的具体规格和参数。

(二) 水泵的工作原理

1. 离心泵的工作原理

离心泵是利用叶轮旋转，使水产生离心力，从而实现输送和提升。它的叶轮中心正对进水口，进出水管分别与水泵进出口连接。在启动前离心泵泵体和进水管路应充满水。当动力机带动叶轮不断旋转时，泵体内的水在惯性离心力的作用下，由叶轮中心甩向叶轮外缘，以一定的速度和压力冲向壳体，并导向水泵的出水口，沿着水管输送出去。与此同时，叶轮的进口处形成低压区，在大气压强的作用下，进水池的水不断通过进水管吸入泵体内。只要叶轮不停转，水就源源不断地被甩出和吸入，从低处被抽送到高处。

2. 轴流泵的工作原理

轴流泵叶轮上安装 2~6 片叶片，叶片剖面形状呈流线型，因与飞机机翼剖面相似，故称为翼型。如果用同轴圆柱面切割轴流泵叶轮，将切得的截面展开成平面，就得到等距离排列的一系列翼型，又称叶栅。翼型的前端圆钝、后端尖锐、上表面（叶片工作面）较平、下表面（叶片背面）较弯。当叶轮在水中旋转时，水流对于叶栅产生了沿翼型表面的绕流，水流以速度 ω 平行于翼弦（即翼型的前端和后端连接的直线）的方向，成 α 角流过。水流沿着翼型下表面的流动速度要比沿着翼型上表面的流动速度快，与此相应，翼型下表面的压力要比上表面小。为了消除水流的旋转运动，并使一部分水流的动能转变为压能，在叶轮后设有导叶，把水的流向导成轴向，使水流平顺地通过出水弯管，经出水管流入出水池。

3. 混流泵的工作原理

从外形来看，蜗壳式混流泵的外形很像单级单吸离心泵，而导叶式混流泵的外形很像轴流泵。从叶轮的形状来看，它又介于离心泵叶轮与轴流泵叶轮之间。混流泵的工作原理是介于离心泵和轴流泵之间的一种叶片式水泵。当混流泵的叶轮在水中旋转时，它的叶片对水既作用以离心力，又作用以升力，利用这两种力的混合作用，把动力机的机械能传给水，使水的能量增加，从而完成吸水和压水的过程。

水在离心泵叶轮中流动是轴向进来，径向出去。而水在混流泵叶轮中流动是轴向进来，斜向出去，所以混流泵也叫做斜流泵。水在轴流泵叶轮中流动是轴向进来，轴向出去。

(三) 水泵的构造

1. 离心泵

用于给水排水的离心泵一般有单级单吸离心泵、单级双吸离心泵和多级离心泵等。

（1）单级单吸离心泵。单级单吸离心泵常为卧式，由转动和固定两部分组成。其中，转动部分是指叶轮、泵轴、轴承、联轴器（或皮带轮）等；固定部分是指泵壳、轴承支架和进出水口等。

（2）单级双吸离心泵。单级双吸离心泵的主要零件与单级单吸离心泵基本相似。所不同的是叶轮双侧吸水，好像两个相同的单吸叶轮背靠背地连接在一起。叶轮用键、轴套和两侧的轴套螺母固定，叶轮的轴向位置可通过轴套螺母来调整。泵体与泵盖共同构成半螺旋形吸水室和蜗形压水室。泵体和泵盖均由铸铁制成。泵的吸入口和出水口均在泵体上，并呈水平方向，与泵轴垂直。水从吸入口流入后，从两侧沿半螺旋形吸水室进入叶轮。泵壳内壁与叶轮进口外缘配合处装有两只减漏环。轴穿出泵壳的两端各设有轴封装置，压力水通过泵盖上的水封管或泵盖中开面上的水封槽流入填料周围，起到水封、冷却和润滑作用。泵轴两端由装在轴承体内的轴承支承。从进水口方向来看，双吸泵在轴的右端安装联轴器。根据需要，也可在左端安装联轴器。

单级双吸离心泵的特点是扬程较高，流量较大，泵壳是水平中开的，检修时不需要拆卸电动机及管路，只需要揭开泵盖即可进行检查和维修。由于叶轮结构对称，叶轮的轴向力基本达到平衡，故运行比较平稳，被广泛用于丘陵、山区的农田灌溉、排水和城镇供水。

（3）多级离心泵。多级离心泵的结构分成吸入段、中段和压出段，由穿杠紧固在一起。为了提高水泵的扬程，将若干个叶轮串联起来工作，每一个叶轮为一级。叶轮的级数越多，水流得到的能量越大，水泵的扬程就越高。它的特点是扬程高、流量小，适用于山区人畜用水、农田灌溉。

2. 轴流泵

轴流泵的结构形式有立式、卧式和斜式三种，低扬程泵站中使用较多的是立式轴流泵。现以立式轴流泵为例，说明其构成及作用。

（1）喇叭管。喇叭管的作用是使水流平顺、均匀且水头损失最小地流入叶轮。喇叭管多用铸铁制成，常用于中小型轴流泵上。大型轴流泵一般不用喇叭管，而用肘形或钟形进水流道。

（2）叶轮。叶轮是轴流泵的主要工作部件，由叶片、轮毂体和导水锥组成，全调节轴流泵还有叶片调节传动机构。轴流泵的叶片为扭曲形状，装在轮毂体上。叶片一般用优质铸铁制成，大型泵多用铸钢制成。根据安装在轮毂体上的方式，叶片分为固定式、半调节式和全调节式三种。其中，固定式叶片和轮毂体铸成一体。半调节式叶片借调节螺母紧固于轮毂体上，在叶片根部和轮体装叶片的孔的边缘均刻有叶片安装角度位置线。需要调节时，只要在停机后，将叶轮拆下来，松开螺母，将叶片调整到所需角度，再拧紧螺母即可(有定位销的还应取下定位销调整后再装好)。全调节式轴流泵的叶片调节是通过一套油压式或机械式调节机构，在停机或不停机的情况下改变叶片安装角度。全调节式叶轮结构比较复杂，一般在大中型轴流泵上使用。导水锥安装于轮毂体的下方，用六角螺栓、螺母、横闩等固定在轮毂体上，起到导流作用。

（3）泵体。泵体为轴流泵的固定部分，包括叶轮外壳、导叶体和出水弯管，为保证调节叶片时叶片外缘与叶轮外壳之间有一固定间隙，叶轮外壳呈圆球状。为便于安装、拆卸，叶轮外壳是分两半铸造的，中间用法兰和螺栓连接。

导叶体为轴流泵的压出管，由导叶、导叶毂、扩散管组成，用铸铁制造。导叶体的作用是把叶轮出口的水收集起来输送到出水弯管,把从叶轮流出水流的旋转运动变为轴向运动,不仅可以减少水头损失,还可以把水流的部分动能转变为压能。导叶进口边和叶轮叶片出口边平行。导叶的数目一般为5~10片。

(4)轴和轴承。泵轴采用优质碳素钢制成,下端与轮毂连接,上端用刚性联轴器与传动轴连接。在全调节型轴流泵中,为了布置叶片调节机构,泵轴应做成空心的,轴孔内安置操作油管或操作杆,为增强泵轴的耐磨性、抗腐蚀性和便于磨损后的更换,在泵轴轴颈处镀铬,或喷镀一层不锈钢,或镶不锈钢套。

(5)密封装置。在泵轴穿出出水弯管处有一个装填料的密封装置,其构造与离心泵的轴封装置相似。

(四)混流泵

按结构型式,混流泵可分为蜗壳式和导叶式两种。蜗壳式混流泵有卧式和立式两种,中小型泵多为卧式,立式多用于大型泵。卧式蜗壳式混流泵与单级单吸离心泵结构相似,导叶式混流泵的结构与轴流泵相似。

二、水泵机组的运行

(一)水泵机组运行前的检查

为了保证水泵机组的安全运行,水泵启动前,应对机组做全面仔细的检查,以便发现问题并及时处理。长期停用或大修后的机组在投入正式作业前,还应进行试运行。主要检查内容如下:

1.前池和管道部分的检查

(1)在静水压力下,检查检修闸门的启闭情况;检查其密封性和可靠性。

(2)检查前池是否淤积,并清除池水面的漂浮物,以防开机后漂浮物被吸进水泵堵塞流道或破坏叶轮。

(3)检查管道支承情况、管体完整性以及安全保护设施等。

(4)检查流道内是否有残存物、表面是否光滑无损,并着重检查流道的密封性。

(5)检查管道上的阀门启闭是否灵活,并按要求打开或关闭各有关阀门。

2. 水泵部分的检查

(1)检查水泵和动力机的地脚螺栓以及其他连接螺栓是否松动和脱落。

(2)盘动联轴器(或皮带轮),检查机组转动是否灵活轻便、泵内是否有不正常的响声和异物。

(3)检查填料压盖的松紧程度是否合适。

(4)检查转轮间隙,并做好记录。转轮间隙力求相等,否则易造成机组径向振动和气蚀。

(5)全调节泵要做叶片角度调节试验,检查其灵敏度及回复杆最大行程是否符合设计要求和调节装置渗漏油情况。

(6)做技术供水充水试验,检查水封渗漏是否符合规定,以及油轴承或橡胶轴承通水冷却或润滑情况。

(7)检查油轴承转动油盆的油位以及轴承密封的严密性。

3. 电动机部分的检查

(1)检查电动机空气间隙。用白布条或薄竹(木、塑料)片拉扫,防止杂物特别是金属导电物掉入气隙内,造成卡阻或电动机短路。

(2)检查转动部分螺栓、螺母类零件是否完全紧固,以防运行时受振松动,造成事故。

(3)检查制动系统手动、自动的灵活性和可靠性,复归是否符合要求;顶起转子3~5 mm(视不同机组而定),使机组转动部分与固定部分不相接触。

(4)检查转子、下风扇的角度是否一致,以保证电动机本身能提供最大冷却风量。

(5)检查推力轴承及导轴承润滑油位是否符合规定。

(6)送冷却水,检查冷却器的密封性和示流信号器动作的可靠性。

(7)检查碳刷与刷环接触的密合性、刷环的清洁程度及碳刷在刷盒内动作的灵活性。

(8)检查电动机的相序,其转向和水泵的转向是否一致。

(9)检查电动机一次设备的绝缘电阻,做好记录并记下测量时的环境温度、湿度。

(10)检查核对电气接线,对一次和二次回路做模拟操作,并整定好各项电气参数。

4. 辅助设备的检查与试运行

(1) 检查油压槽、回油箱及贮油槽油位，同时试验液位计动作反应的正确性。

(2) 检查和调整油、气、水系统的信号元件及执行元件动作的可靠性。

(3) 检查所有压力表计(包括真空压力表计)、液位计、温度计等反应的正确性。

(4) 逐一对辅助设备进行单机运行操作，再进行联合运行操作，检查全系统的协联关系和各自的运行特点。

(二) 水泵机组启动前的操作

1. 机组空载试运行

上述检查合格后，即可进行启动。第一次启动应用手动方式进行，一开始就进行负载运行是危险的。现地控制一般是空载启动，这样既符合试运行程序，又符合安全要求。空载启动是检查转动部件与固定部件是否有碰磨，轴承温度是否稳定、摆度、振动是否合格，各种表计是否正常，油、气、水管路及接头、阀门等处是否渗漏，测定电动机启动特性等有关参数。对试运行中发现的问题要及时进行处理。

待上述各项测试工作均已完成后，即可停机。停机可用自动操作方式进行。

2. 水泵机组的启动

离心泵在抽真空充水前，应将出水管路上的闸阀关闭。在充水后，应把抽气孔或灌水装置的阀门关闭，同时启动动力机。待达到额定转速后，旋开真空表的阀门，观察指针位置是否正常。如无异常现象，可将出水管路上的闸阀打开，并尽快开到最大位置，完成整个启动过程。开启闸阀的时间要尽量短，一般不超过 3~5 min，否则将引起泵内发热，从而使泵的零部件损坏。当水泵出口装有压力表时，启动前应将其关闭，出水正常后，再将其打开，以免当闸阀关死时，泵内的压力超过表的量程，从而将压力表损坏。

(三)水泵机组运行与维护

1. 机组运行操作方式

在给水排水系统中,水泵机组的运行方式是决定水系统管理方式的重要因素。而水系统的总体管理方式又对水泵机组的运行方式给予一定制约。一般是根据水泵机组的规模、使用目的、使用条件及使用的频繁程度等确定运行操作方式,使水泵机组安全可靠而又经济地运行。

运行操作方式一般分为现地操作(手动操作)和自动操作两大类。

(1)现地操作。

①单独操作。单独操作是指在运行操作时,主机与辅助设备的操作无关,由操作人员一边单独分别进行操作,一边检查和确认各设备的动作情况。这种方式一般用于规模小、装机台数不多的泵站。但在自动化程度不高或自动化难以保证的情况下,不少大中型泵站也采用手动单台主辅机分别操作的方式,主机也在机房操作盘上操作。

②连动操作。连动操作是指主机、阀、辅助设备等只进行一次操作,各设备可按照程序进行连续动作的操作。各设备的动作之间应配备必要的相互连锁的保护电路。

(2)自动操作。自动操作是指由自动监控装置根据运行状态的要求发出指令,自动进行开机或停机等。

2. 机组运行中的监视与维护

在水泵运行过程中,值班人员应注意以下事项:

(1)注意机组有无不正常的响声和振动。水泵在正常运行时,机组平稳、声音正常连续而不间断。不正常的响声和振动往往是故障发生的前兆。遇到此情况时,应立即停机检查,排除隐患。

(2)注意轴承温度和油量的检查。水泵运行中,应经常用温度表或半导体点温计测量轴承的温度,并查看润滑油是否足够。一般滑动轴承的最大容许温度为70℃,滚动轴承的最大允许温度为95℃。在实际工作中,如果没有温度表或半导体点温计,也可以用手触摸轴承座,如果感到烫手,说明温度过高,必须停机检查。

(3)检查动力机的温度。如果温度过高,必须立即停机检查。

(4) 注意仪表指针的变化。一般泵站都装有电流表、电压表和功率表，有的泵站还装有真空表和压力表。在运行正常的情况下，仪表指针应基本稳定在一个位置上。如果仪表指针有剧烈变化和跳动，应立即查明原因。对电动机，应注意电流表的读数是否超出额定值。一般不允许电动机长期超载运行。

(5) 填料函外的压盖要松紧适度，所用填料要符合要求。填料装配时，要一圈一圈地放入，一般用 5~6 圈，不能太少或太多。对于离心泵，还要求水封环对准水封管的开口。压盖不可过紧或过松，过紧时会增加磨损，消耗功率，严重时还会发热烧损填料和泵轴；过松时会使漏水量增大，或使空气进入泵内，影响水泵正常运行。卧式水泵压盖法兰上面的小孔，安装时要注意向下，以便使漏出的水从孔中流走。

3. 机组日常性检查和保养要点

水泵的日常性检查和保养工作是预防故障的发生，保证机组长时间安全运行的重要措施。日常性保养就是一方面要求运行人员严格按照运行操作规程进行工作；另一方面要经常对设备进行预防性检查，做到防患于未然。日常性检查和保养的工作内容如下：

(1) 检查并处理易于松动的螺栓或螺母。如电动机定子、不锈钢片穿芯螺栓、螺母，拍门铰座螺栓、轴销、销钉，水泵轴封装置填料的松紧程度，空气压缩机阀片等。

(2) 油、水、气管路接头和阀门渗漏处理。

(3) 电动机碳刷、滑环、绝缘等的处理。

(4) 保持电动机干燥，并摇测电动机的绝缘电阻。

(5) 检修闸门时，要检查吊点是否牢固，门侧有无卡阻物，以及闸门是否有锈蚀和磨损情况。

(6) 闸门启闭设备维护。

(7) 吊车运行维护。

(8) 机组及设备本身和周围环境保洁。

三、水泵故障的成因与检查方法

水泵的常见故障大体上可分为水力故障和机械故障两类。抽不出水或出水量不足发生气蚀现象等均为前一类故障；泵轴和叶片断裂、轴承损坏等则属于后一类故障。发生故障的原因很多，但不外乎由于制造质量不高，选用与安装不正确，操作保养不当，长期使用，易损零部件未予修理、更换和维护不好等引起。因此，在发生故障时，必须注意以下几点：

（1）详细了解故障发生时的情况，以便分析发生故障的原因。

（2）水泵故障停机后，不要急于拆卸机器，而是应先根据故障发生时的情况，分析判断故障点在哪里，然后决定是否需要拆卸机件进行检查或修理。

（3）由于水泵故障情况较为复杂，一种故障可能有不同表象，而同一表象也可能由不同故障引起。关键是要对故障有一个正确的判断方法。在弄清故障发生的经过以及具体表现后，通过"看、听、触、闻、思"，从简单的故障原因查起，找出真正的原因，然后提出解决方法。

四、水泵机组的检修

（一）机组检修的分类

1. 定期检修

水泵机组检修一般分为日常维护和定期检修两大类。其中，日常维护是经常性的工作，一般在机组运行中，随时发现，及时处理。而定期检修是计划管理的一个重要组成部分，是解决运行中出现的且需要一定时间和资金方可修复的，或者尚未出现问题，但按规定必须检查检修的项目。定期检修是为了避免让小缺陷变成大缺陷、小问题变成大问题，从而造成事故。为了延长机组的使用寿命、提高设备完好率和节约能源，必须认真地、有计划地进行定期检修。定期检修又分局部性检修、机组解体大修和扩大性大修三种。

（1）局部性检修。局部性检修是指运行人员可以对直接接触的部件如传动部分、自动化元件及保护设备等进行的检修。局部性检修一般安排在检修周期内、运行间隙中有计划地进行，目的是为安全运行创造条件，为进行不同性质的检修提供依据。因此，检查要仔细，检修要认真，记录要完备。至于检修的间隔时间，可根据不同内容和运行中发生的问题来确定。

（2）机组解体大修。机组解体大修也就是通常说的机组大修。通过机组大修能够消除设备的重大缺陷，以恢复机组各项指标。大修是一项需要消耗一定人力、物力、财力的繁重复杂的工作，包括解体（即拆卸）、处理（即测量、记录、分析、修理）和再安装三个环节，因此，大修时要拆卸机组哪些部件和机构、拆除量的大小要视机组设备的损坏程度而确定。机组大修是一项有计划地对水泵机组各部件进行分解、检查、处理，更换易损件、修复磨损件的工作，必要时还要对机组的水平、摆度、同心度等进行调整。

（3）扩大性大修。扩大性大修是指泵房不均匀沉陷或地震引起机组轴线偏移、垂直同心度发生变化，甚至固定部分也因此受到影响，埋藏着严重的事故隐患，或者零部件严重损、损坏，导致整个机组性能及技术经济指标严重下降，必须进行的整机（包括固定部分）全部解体，重新修复、更换、调整并进行部分改造。必要时还要对水工部分进行修补。

2. 主机组检修周期

在确定大修周期和工作量时，应掌握以下原则：

（1）如果没有特殊情况，应尽量避免拆卸技术性能良好的部件和机构。因为在拆卸和装配过程中可能造成损坏或不能满足安装精度的要求。

（2）应尽量延长检修周期。要根据零部件的磨损情况、类似设备的运行经验、设备运行中的性能指标等确定检修周期。当有充分把握保证机组正常运行时，就不安排大修；也不能片面地追求延长大修周期，而不顾零部件的超常磨损。因此，大修要有针对性地进行，以保证机组正常效益的发挥。

（3）尽量避免全面分解、拆卸机组的零件或机构，特别是那些精度、光洁度、配合要求高的部件和机构。

（二）水泵主要部件的修理

1. 泵壳的修理

泵壳用生铁铸造，受到机械应力或热应力的作用会出现裂缝，亦可能受气蚀作用而出现蜂窝孔洞。如损坏程度较轻，可以进行修补。

铸铁件的焊补分为热焊和冷焊两种。对不受很大压力或不起密封作用的地方，采用冷焊，用冷焊补泵壳时，要用生铁焊条，分段一层一层地堆焊，每焊一层，都要把表面的浮渣和杂质清除干净。在焊接厚大铸件时，为防止冷却后收缩而将附近材料拉开，可以在坡口上加装螺栓焊补。堆焊时，每焊完一段，最好用手锤对焊缝进行锤击，以消除焊接内应力，增加焊缝密度，防止变形和裂缝。对于受力较大或需要密封的地方，可采用热焊，即在施焊前必须对焊体进行预热。施焊方法同冷焊。但预热铸件在施焊时只能将焊补部位露出，其他部位用石棉板（布）盖起来。焊好之后，在焊接部位撒上木炭粉，盖好热灰或砂，使其慢慢冷却。

2. 泵轴的修理

泵轴大部分为碳钢制成。在检查时，如发现裂缝或轴表面有较严重磨损，足以影响轴的机械强度，应更换新轴；如发现泵轴有轻微弯曲或轻微磨损、拉沟等，可采用下列方法修理：

（1）泵轴弯曲的修理。泵轴因径向冲击负荷、皮带拉得过紧、安装不正确、运输及堆放不当等都会弯曲变形，泵轴弯曲在中小型泵上出现得较多。如弯曲不严重，可以采用手动螺杆矫正器校直；当泵轴较粗、弯曲度较小时，可以采用捻棒敲打法校直。

（2）泵轴螺纹的修理。泵轴端部外螺纹有损伤时，可用什锦锉把损伤螺纹锉修一下继续使用。如果损坏严重，可以用车床把它车光，再车一个较小的标准螺纹；或者先把泵轴端车小，再压上一个衬套，在衬套上车削与原来相同的螺纹；也可用电气焊在泵轴端螺纹处堆焊一层金属，再车削与原来相同的螺纹。

（3）泵轴颈拉沟及磨损的修理。若轴颈磨损过大，可以喷金属或焊补。对轴流泵的轴颈损，一般先采用镀铬、镀铜、镀不锈钢等方法修补，然后采用车或磨的方法加工到标准尺寸。

（4）键槽的修理。如键槽表面粗糙，但损坏不大，可以用锉刀把它修光或将键槽开大一些（注意不能开得太大，以免影响泵轴的机械强度），换大一点的键；如损坏较重，可把旧槽焊补填平，在别处另开新槽。但对传动功率较大的泵轴不能这样做，必须更换新轴。

3. 轴承的修理

在水泵运行中，轴承承受较大的荷载，是比较容易损坏的零件。轴承的形式、种类不同，修理方法也不同。

（1）滑动轴承的修理。滑动轴承的轴瓦是用铜锡合金铸造的，是最易损或烧毁的零件。一般轴瓦合金表面的磨损、擦伤、剥落和熔化等大于轴瓦接触面积的25%时，应重新浇铸轴承合金（巴氏合金）。当低于25%时，可以补焊，补焊时所用的巴氏合金必须与轴瓦上的巴氏合金牌号完全相同。另外，如果轴瓦出现裂纹或破裂等，必须重新浇铸轴承合金。

（2）滚动轴承的修理。滚动轴承的使用寿命在5000小时左右。如果使用过久或维护安装不良，便会造成磨损过多、沙架损坏以及座圈裂损等毛病。除沙架可以配制新的以外，滚珠破碎及滚珠和内外圈之间的间隙超过规定值等，均需更换新轴承。

（3）橡胶轴承的修理。轴流泵和立式混流泵上的橡胶轴承多数由于磨损太大而需要更新。硬化变质无法修理时，也需要更换新件。有些产品更换轴承时需连轴承外套一齐更换；有些产品更换时只需把轴承的橡胶部分更换，外套仍可使用。一般橡胶轴承运行5~10年更换一次。

4. 叶轮的修理

水泵的叶轮由于受泥沙、水流的冲刷、磨损，常形成沟槽或条痕；受气蚀破坏，叶片常出现蜂窝状的孔洞。如果叶轮腐蚀不严重或砂眼不多，可以用补焊的方法修理。铁制叶轮一般可用黄铜焊补。焊补后要用手提砂轮或砂布打平，并做静平衡试验。在厚度允许的情况下，亦可上车床车光。

第二节 电动机的运行与维护

电动机是一种最常见的电力机械。它是根据电磁感应原理将电能转换为机械能的一种原动机。作为拖动机床、水泵、风机、矿山机械、运输机械、农业机械及其他机械的动力，电动机被广泛用于工农业生产和国民经济各部门。

一、电动机的启动与运行

（一）电动机的启动

1. 异步电动机的启动

从接通电源开始，电动机转速从零增加到额定负载下的稳定转速（或额定转速）的过程称为启动过程，简称启动。在运行过程中，异步电动机要经常启动、停车（即制动），因此，它的启动性能对运行有着直接影响。这里叙述的启动性能主要是指启动电流和启动转矩这两方面问题。

(1) 三相异步电动机的启动性能。

① 启动电流。电动机启动时的瞬时电流叫做启动电流。刚启动时，旋转磁场与转子相对转速最大，因而转子感应电动势也最大，它加在闭合回路的转子绕组上，将产生一个很大的电流。由于磁势平衡关系，这样大的转子电流反映到定子绕组，定子电流随转子电流的改变而相应地变化，所以启动时定子电流也很大，一般达到额定电流的 4~7 倍。大的启动电流是不利的。主要危害如下：使线路产生很大的电压降，影响同一线路上其他负载的正常工作，也可使正在启动的电动机启动转矩太小而不能启动；使电动机绕组铜损耗过大，发热严重，加速电动机绝缘物的老化；使绕组端部受电磁力的冲击，有发生变形的趋势。

② 启动转矩。异步电动机启动时，启动电流很大，但启动转矩并不太大。由此可见，异步电动机启动时的主要问题是启动电流过大，启动转矩却不太大。为了限制启动电流并得到适当的启动转矩，对不同容量、不同类型的电动机应采用不同的启动方法。

(2) 鼠笼式异步电动机的启动方法。

鼠笼式异步电动机的启动方法有两种，即直接启动（全压启动）和降压启动。

① 直接启动。鼠笼式异步电动机最简单的启动方法就是直接启动，又叫全压启动。直接启动通常采用的启动装置有三相闸刀开关、铁壳开关和电磁开关。启动时，将额定电压通过开关直接加在定子绕组上，使电动机启动。这种启动方法的优点是启动设备简单，启动迅速；缺点是启动电流大。当电源容量（即变压器容量）足够大，而电动机容量较小时，虽然可以直接启动采用，但会使电源电压有较大波动。一般情况下，要考虑电源的容量是否允许电动机在额定电压下直接启动。

② 降压启动。常用的降压启动方法有串联电阻（或电抗）启动，星—三角降压启动、自耦减压启动和延边三角形启动等。从 20 世纪 80 年代开始，我国逐步推广具有智能功能的软启动器，它是电力电子技术与自动控制技

术的综合，是将强电和弱电结合起来的技术。目前，各地新建和更新改造的泵站已广泛应用。它能使电动机启动电流以恒定的斜率平稳上升，转矩在5%~90%的锁定值之间调节。同时，为消除机组突然停机时的"水锤"效应，可应用软停车技术，以避免泵站拍门的损坏，减少维修费用和维修工作量。

(3) 绕线式异步电动机的启动方法。

绕线式异步电动机的转子绕组是三相对称绕组。启动时，可以在转子电路中串入可调电阻或者频敏变阻器来限制启动电流。

① 转子串入变阻器启动。这种方法是在转子回路中串入一组可以调节的变阻器，称为启动变阻器。启动时，通过电刷和滑环将启动变阻器全部电阻串入转子电路，然后合上开关，电动机通电启动。由于串入电阻使电流减小，功率因数增大，因而启动转矩相应增大；随着转速逐渐升高，将串入的电阻逐渐切除，直到将转子绕组短接，启动过程即告结束。

② 转子回路串频敏变阻器启动。由于电动机转子电流的频率在启动过程中逐渐变低，可串联电阻值随频率变化的频敏变阻器。电动机刚接通电源时，转子的电流频率最高，频敏变阻器的铁芯中涡流损耗最大，相当于阻抗增加，既限制了启动电流，又增大了启动转矩。启动后，转子转速上升，转子电流频率下降，于是频敏变阻器中的涡流损耗减小，相当于阻抗减小，使启动电流相应增加。启动结束后，转子绕组短接，把频敏变阻器从电路中切除。

2. 同步电动机的启动

由于同步电动机本身没有启动转矩，所以通电以后，转子不能自行启动。目前，同步电动机最常用的启动方法是异步启动法。采用此方法的电动机必须在转子磁极的极靴上设置启动绕组，即通常所称的阻尼绕组。启动绕组与感应电动机的笼型绕组相似，但在两极之间没有导条，实为一个不完整的笼型绕组。当电动机正常工作时，阻尼绕组中没有感应电动势，它不起任何作用；当电动机不正常工作时，如启动、失步及瞬变过程中，阻尼绕组中将产生感应电动势，产生异步转矩，帮助启动或对转子振荡起阻尼作用。

3. 电动机启动时的注意事项

(1) 工作人员操作时应穿工作服和绝缘鞋，对容量较大的开关应戴手套操作,以免被电弧灼伤。

(2)合闸后,如果电动机不转动,应立即拉开,不能合着闸等待它转动。因为这时通过电动机的电流很大,会将电动机烧毁。更不能合着开关检查电动机故障,这样会发生更大的事故和危险。

(3)启动后,应注意观察电动机、传动装置、被带动的水泵以及线路中的电流表和电压表的情况,如有异常,应立即拉闸,待查明故障后重新合闸。

(4)电动机连续启动的次数有一定限制。一般电动机空载启动不得连续超过3~5次;电动机长期工作后,停机不久再启动,不得连续超过2~3次。

(5)泵站内几台电动机共用一台配电变压器时,应当有次序地逐台启动,不能同时启动。因为多台电动机同时启动时,将产生很大的电流,不仅会使变压器绕组温度急剧上升而产生故障,还会引起线路故障或开关设备跳闸。

(二)电动机运行中的监视与维护

1. 电动机的温度监视

电动机负载过大、通风不良或环境温度过高时,绕组温度会超出允许数值,以致损坏绝缘,甚至烧毁电动机。因此,必须注意电动机运转中的发热情况。对于中小容量的电动机的温度,可用手摸机壳来判断,如果手感很烫且不能忍受,即认为绕组的温度已超过允许值。但这种方法不准确。正确的方法是用温度计或电阻测温法测量。如果绕组的温度过高,就要查明原因,采取相应措施。

2. 电动机的电流监视

在电动机电源引入线上安装电流表,并在电流表的玻璃上对应于电动机的额定电流处画一红线,以便经常检查电动机的负载情况,发现故障及时消除。电动机铭牌上所注明的电流值为额定电流,此值一般是在周围环境温度为40℃的情况下确定的。如果气温高于40℃,电动机的散热条件恶化,其温度可能超过规定值,这是不允许的。

3. 注意电源电压的变化

电动机运行电压应在额定电压的95%~110%范围内。电压变化太大会使电动机过热。例如,电动机在90%的额定电压下运行时,它的满载电流要增加11%，绕组温度也要上升6~7℃。因此，电动机的电压降低很多时（10%以上），就必须适当降低电动机的负载，把电动机温升限制在允许范围内；否则，电动机便会因过热而损坏。由于线路的原因，对电压质量达不到要求的排灌泵站，运行人员尤其要特别注意这一点。

4. 注意电动机的通风和周围环境的情况

对于由外部送风冷却的电动机，应注意空气管路的清洁畅通，各连接处要紧密，空气管路插板的位置要正确。

对于自然冷却的电动机，要注意室内空气的流通，降低室温，以利于电动机散热。在室外工作的电动机，不仅要注意通风，还应避免日晒和雨淋。经常注意电动机周围环境的清洁，不要在电动机旁堆放杂乱的东西，如抹布、碎纸、电线头等，防止它们掉入电动机内。定期用抹布（忌用棉纱头）擦拭电动机，对于灰尘较多的场所，至少每天擦一次。

5. 注意电动机的振动

如果电动机振动加大，必须详细检查地基是否坚固、电动机的地脚螺栓是否松动、皮带轮或联轴器是否松动等。有些振动是由于转子不正常（例如损失了一部分重量）引起的，也有由于绕组短路引起的，应仔细查明原因并设法消除。

（三）电动机日常性的维修保养要点

1. 清擦和吹扫工作

电动机及其附属设备都要经常清除灰尘、污垢和泥土。因为这些东西会使电动机温升增加，灰尘又易吸收水分，使绝缘性能减弱，甚至损坏电动机。污垢、泥土可用布干擦，而灰尘则需要用干燥的压缩空气来吹除，没有压缩空气设备的中小型泵站可以用手风箱（俗称皮老虎）清除灰尘。在吹扫前，应先将送风管或手风箱朝着其他地方试吹几下，以防水分和杂质吹入电动机内部。如果灰尘中含有导电性的细末（如煤粉等），就应当轻一点吹，以免把这些细末吹入电动机深处。吹风时，方向也要适当，不可直吹。

2. 绝缘电阻的测量

电动机久停未用或在正常状态下运行时，每隔一定时间应检查一下电动机绕组间和绕组对地绝缘电阻。对于同步电动机和绕线式电动机，除检查定子绝缘外，还应检查转子绕组及滑环对地和滑环间的绝缘电阻。绝缘电阻与绕组工作电压有关，每 1 kV 工作电压应不小于 1 MΩ。通常 500 V 以下电动机的绝缘电阻用 500 V 兆欧表测量；500~3000 V 的电动机用 1000 V 兆欧表测量；3000 V 以上的电动机则用 2500 V 兆欧表测量。一般 380 V 电动机常温下的绝缘电阻应大于 0.5 MΩ 方可使用，否则要进行烘干处理。测量时，摇动兆欧表把手的速度以 120 r/min 左右为宜。

3. 滑环和电刷的检查、保养

绕线式电动机的滑环和电刷的检查和维护主要是保证它们光滑清洁、紧密接合。在检查滑环时，应注意滑环表面有无烧毛、黑斑、粗糙或擦伤的痕迹。如有这些现象，必须进行打磨。如果滑环表面凹凸不平很严重，或偏心过大，就应当送到修配厂进行车光。在检查电刷时，应仔细察看电刷表面的光滑和磨损情况。如果已经损很多或受热裂开，应调换同样型号的新电刷。在检查电刷的同时，还应对刷握进行检查。刷握内壁应清洁无烧灼痕迹，否则应用砂纸擦拭干净。刷握上的弹簧压力需定期检查，使其保持在 0.2~0.34 kg/cm² 之间，并且三相的压力应大小一致。压力过小，电刷下面会产生火花，过大则会磨损滑环和电刷。同时应检查电刷上的软铜线是否完整、它与电刷的连接是否良好，如果连接不良，接触电阻增大，会引起局部过热。

(四) 轴承的检查、保养

检查轴承的目的主要是了解工作面的磨损情况、是否有损坏、是否清洁和润滑等。检查轴承的磨损情况，并测量其间隙的具体大小，因为中小型感应电动机的定子和转子间的间隙很小 (0.3~0.5 mm)，当轴承磨损后，转子便下降，可能碰触定子，损坏电动机。

三、电动机常见故障的检查

虽然电动机的故障繁多，但总是与一定的内在因素相联系。如电动机绕组绝缘损坏与绕组过热有关，而绕组过热又与电动机绕组中电流过大有关。只要根据电动机的基本原理、结构和性能，就可对故障做出正确判断。因此，根据对电动机"看、闻、听、摸"所掌握的情况，就能有针对性地对电动机做必要检查。其步骤如下：

(一) 故障调查

故障发生后，有关人员应深入现场向运行管理人员了解电动机发生故障时的情况。如有无异常响声和剧烈振动，开关及电动机绕组内有无窜火、冒烟及焦臭味等。在调查研究的基础上，对故障进行具体分析、归纳。

(二) 电动机的外部检查

(1) 检查机座、端盖有无裂纹；转轴有无裂痕或弯曲变形、转动是否灵活，有无不正常的声响；风道是否被堵塞，风扇、散热片是否完好。

(2) 检查绝缘是否完好、接线是否符合铭牌规定、绕组的首末端是否正确。

(3) 测量绝缘电阻和直流电阻，以检查绝缘是否损坏，绕组中是否有断路、短路及接地现象。

如果通过上述检查未发现问题，应直接通电做试验。一般用三相调压变压器施加不超过30%的额定电压，并逐渐上升至额定电压。若声音不正常，或有焦臭味，或不转动，应立即断开电源进行检查，以免故障进一步扩大。当启动后未发现问题，要测量三相电流是否平衡。

(三) 电动机内部检查

经过检查，确认电动机内部有问题时，就应拆开电动机做进一步检查。

(1) 检查绕组部分。查看绕组端部有无积尘和油垢、绝缘有无损伤、接线及引出线有无损伤；查看绕组有无烧伤，若有烧伤，烧伤处的颜色会变成黑褐色或烧焦，且有焦臭味。若烧坏一只线圈中的几匝线圈，说明是匝间短路造成的；若烧坏几只线圈，多半是相间或连接线（过桥线）的绝缘损坏引起的；若烧坏一相，多为三角形接法中有一相电源断电所引起的；若烧坏两相，则是有一相绕组断路所致；若三相全部烧坏，大都是由于长期过载，或启动时电动机被卡住引起的，也可能是绕组接线错误引起的。同时还应查看导线是否烧断，绕组的焊接处有无脱焊、假焊现象。

(2) 检查铁心部分。查看转子、定子铁心表面有无擦伤痕迹。若转子表面只有一处擦伤，而定子表面有一周擦伤，大部分是转轴弯曲或转子不平衡所造成的；若转子表面一周全有擦伤痕迹，定子表面只有一处伤痕，则是定子与转子不同心所造成的。

(3) 查看风扇叶是否损坏或变形、转子端环有无裂纹或断裂，然后用短路测试器检验导电条有无断裂。

(4) 检查轴承的内外套与轴颈的轴承室配合是否合适，同时要检查轴承的磨损情况。

第三节　电气及辅助设备的运行与维护

一、变压器的运行与检修

(一) 概述

1. 变压器的主要类别

变压器类别较多。变压器按其用途可分为升压变压器和降压变压器，前者用来升高电压，后者用来降低电压；按相数，可分为单相和三相变压器或由3台单相变压器联成的变压器组；按绕组形式，可分双绕组、三绕组以及分裂绕组变压器；按结构形式，可分为铁芯式和铁壳式变压器；按冷却方式，可分为油浸式和干式变压器。此外还有原、副边共用一个绕组的自耦变压器，以及专门用途的特殊变压器等等。

2. 变压器的工作原理

变压器是一种变换交流电能的静止电气设备，它是利用电磁感应作用，把一种等级的电压或电流变换成同频率的另一种等级的电压或电流。变压器的主要构成元件为铁心，原绕组(或原边、初级)，以及副绕组(或副边、次级)。原绕组接交流电源，副绕组接负载。当原边外加交流电压，原绕组中便有交流电流流过，并在铁心中产生交变磁通，其频率与外加电压的频率相同。这个交变磁通中同时交链原、副绕组，根据电磁感应定律，在原、副绕组中感应出电动势。其大小分别正比于原、副绕组的匝数。副边有了电动势，便向负载供电实现了能量的传递。

(二) 变压器的运行方式

1. 允许温度与温升

(1) 允许温度。运行中的变压器，铜损耗和铁损耗必然使温度升高。长期在高温的作用下，变压器绝缘材料的原有绝缘性能将会不断降低，导致变压器绝缘老化，绝缘材料变脆易碎裂，使绕组绝缘层失去保护作用。通常油浸式变压器用的是 A 级绝缘材料，耐热温度为 105℃，在自然循环冷却或风冷条件下长期运行时，变压器上层油温的正常值为 85℃，最高允许值为 95℃。

(2) 允许温升。变压器上层油温与环境温度的差值称为温升，温升的极限值称为允许温升。A 级绝缘的油浸式变压器，可采用自冷或风冷方式，在额定负荷下运行。环境温度为 40℃时，上层油的允许温升值不超过 55℃，运行中的变压器不仅要监视上层油温，而且要监视上层油的温升。这是因为当变压器在环境温度很低的情况下带大负荷或超负荷运行时，因外壳散热能力强，尽管上层油温未超过允许值，但温升可能已超过允许值，这样也是不允许的。因此，我们要特别注意，变压器运行时，其温度、温升均不得超过允许值。

2. 允许过负荷

在正常冷却条件下，变压器负荷的变化也是电流的变化，是导致变压器温度变化的根本原因。当绕组中流过过负荷电流或短路电流时，会导致变压器温度突变，直接影响变压器的运行寿命。在正常过负荷情况下变压器可以继续运行。变压器正常过负荷能力是根据全天的负荷曲线、冷却介质温度以及过负荷前变压器所带的负荷等来确定的。当变压器过负荷运行时，绝缘寿命损失将增加，而轻负荷运行时，绝缘寿命损失将减小，因此可以相互补偿，这是正常过负荷。如变压器在冬季与夏季负荷时，虽然环境温度不同，有时处于过负荷运行，有时处于轻负荷运行，均属于正常过负荷，一般不降低变压器正常使用寿命。

3. 允许电压

正常情况下，变压器是在额定电压下运行。但当系统中出现过电压时，会使变压器的电压和磁通波形畸变，对用电设备有很大的破坏性。

引起变压器过电压有大气过电压(雷电)和操作过电压两类。为了防止过电压损坏设备，一般加装避雷器防止雷电过压，加装谐振装置消除操作过压。

(三) 变压器的检查

1. 运行前的检查

变压器在投入运行前，运行人员必须对其做细致检查。检查内容大致有以下几点：

(1) 对保护系统的检查。

(2) 对监视装置的检查。监视装置包括电流表、电压表、功率表和温度测量仪表等。变压器在投入运行前，应检查它们是否已装好，并便于巡视观察。

(3) 对冷却系统装置的检查。变压器在投入运行前，应对冷却系统仔细检查，试验风扇运转是否正常、系统是否完好。

(4) 对器身外表的检查。

(5) 投运前试验检查。

2. 变压器运行中的检查

变压器投入运行以后，应定期对电压、电流进行监测；同时，应定期对变压器进行现场巡查，检查其声音、外形、颜色、气味、油温、油位及油色等，以便采取相应措施。

(1) 声音异常。变压器正常运行的声音应是均匀的"嗡嗡"电磁声。如果内部有短时的"哇哇"声、尖细的"哼哼"声或有较大的噪声，可能是由变压器超负荷或电流过大等因素引起的。但内部有"吱吱"或"劈啪"声以及"叮哨"或"嘤嘤"声，可能是内部有放电故障或个别零件松动，应及时采取相应措施。

(2) 外形异常。变压器正常运行中，出现防爆管异常、防爆膜破裂、套管闪络放电、渗漏油等，应及时分析处理。

(3) 颜色、气味异常。变压器故障常伴有过热现象，从而引起一些有关部件的颜色变化或产生特殊臭味。如引线头、线卡处过热引起异常；套管、绝缘子有污渍或裂、破损，发生放电、闪络，产生臭氧；呼吸器中干燥剂吸潮变色；风机接线盒中电线老化短路等。

(4) 油温、油位、油色异常。与正常运行条件相比，油温升高 10℃ 以上；油位高于或低于储油柜的油位表正常范围；变压器油色骤然变化，油内出现炭粒、变黑并有异味等异常现象，应立即停用，查找原因分析处理。

(四) 变压器的主要故障分析与处理

1. 绕组匝间短路和对壳短路

变压器内部绕组故障主要是匝间短路和对壳短路。保护动作首先是差动保护动作；然后才是后备保护动作，如过流动作、重瓦斯动作。匝间短路时，短路绕组内的电流超过额定值，但整组绕组电流不超过额定值。这种情况下，瓦斯保护动作。对外壳短路时，一般是瓦斯保护装置和接地保护装置动作。因短路时电动应力的作用导致变压器绕组回路断线，或连接不良而断线。通常情况下，回路断线产生电弧，这种电弧能使绝缘油劣化，引起相间短路和对外壳短路。因断线产生电弧时，瓦斯保护会动作，严重时，差动也会动作。

"铁芯起火"是变压器铁芯损坏最严重的情况。这是由于个别硅钢片间的绝缘破损或夹紧螺栓的绝缘破损，因涡流产生局部过热而引起。"铁芯起火"使油温上升，瓦斯保护装置动作。另外，铁芯未接地或接地不良，在绕组电磁感应作用下产生一定过电压，可能在铁芯与接地的油箱之间产生断续的放电，使绝缘油分解老化变质，瓦斯保护装置动作。

2. 变压器故障处理

(1) 轻瓦斯保护动作。瓦斯保护是变压器的主保护，它能反映变压器内部发生的各种故障。变压器内部发生故障，一般是由较轻微故障逐步发展为严重故障，大部分是先发出轻瓦斯动作信号，然后发展到重瓦斯动作跳闸。

① 轻瓦斯保护动作的原因如下：

a. 变压器内部有较轻微故障而产生气体。

b. 新安装的变压器加油时，油内气体未排出。

c. 外部发生穿越性故障。

d. 油位降到瓦斯继电器以下。

e. 二次回路短路，导致误动作。

f. 受强烈振动，或继电器本身有问题。

② 处理方法如下：

首先对变压器进行外部检查。检查变压器运行时的电流表、电压表指示，油位、油色是否正常，变压器运行声音是否正常，检查油温变化，油枕防爆管有无喷冒油现象。从瓦斯继电器观察窗看内部有无气体。若变压器没有明显故障现象，应立即取气分析。主要是鉴别气体的颜色、气味，是否可燃。

根据外部检查和取气分析结果确定处理方案。

a. 若外部检查发现有明显故障现象和异常情况，瓦斯继电器内有气体，变压器未经处理并试验合格，不能投运。

b. 若外部检查无明显故障和异常现象，取气检查气体可燃，有色有味，说明是内部故障，需对变压器绕组绝缘、铁芯绝缘及绕组电阻等做进一步检查。

c. 若外部检查未发现任何异常及故障现象，取气检查为无色、无味、不可燃，可能是进入空气，需排尽气体，并在运行中密切监视与记录。

d. 若外部检查未发现任何异常和故障现象，取气检查不可燃、无味、颜色很淡，但又不能确定为空气，需取油样分析。

e. 外部检查发现油位计无油，继电器内未充满油，多为油位过低引起。继电器误动作时，应检查继电器接点位置和直流系统绝缘情况，以及是否由外界误动引起的。

（2）重瓦斯保护动作。重瓦斯保护反映变压器本体内部故障。重瓦斯保护跳闸后，应查明原因，检查处理故障，经试验合格后方能投运。引起重瓦斯保护动作的原因如下：① 内部严重故障；② 二次回路误动作；③ 外部发生穿越性短路故障；④ 呼吸器堵塞、油温变化后，呼吸器突然冲开，使继电器误动作；⑤ 附近有严重的震动。

（3）差动保护动作。变压器差动保护的保护范围是变压器两侧电流互感器之间的电气部分，它能迅速而有选择地切除保护范围内的故障。

二、高压电器设备的运行与检修

在泵站主设备中，除水泵机组、变压器、线路等设备外，开关电器也是其重要设备之一。包括高压断路器、高压负荷开关、高压熔断器、隔离开关以及互感器等。开关电器在系统中的作用如下：在正常情况下，能可靠地连接和断开电路；在电路发生故障时，能迅速切断故障电流，把事故限制在局部范围内；在检修设备时，隔离带电部分，保证工作人员安全等。

(一) 断路器

1. 断路器的分类

根据断路器的灭弧介质及作用原理，断路器又分为油断路器、空气断路器、六氟化硫断路器、真空断路器和磁吹式断路器等。其中，油断路器与空气断路器已逐渐被淘汰；六氟化硫断路器运行时，挥发和分解的气体有毒，不宜在室内使用。

2. 断路器的运行与巡视

(1) 断路器运行的一般规则。在正常运行时，断路器的操作机构应灵活可靠，操作电源完好，油位正常，各参数不超过额定值。禁止将有拒绝分闸或严重缺油、漏油、漏气等缺陷的断路器投入运行。

对远距离操作的断路器的分（合）闸操作应采用远距离操作方式。只有在远距离分闸失灵，或发生人身伤害及设备事故，来不及远距离分闸时，方准许使用手动机构就地分闸。值班人员必须按规定对运行中的断路器进行巡查。重点巡查操作机构、出线套管、油位、油色、气压等容易造成事故的部位，这些部位的缺陷容易被发现。在负荷高峰时段，要检查易发热部位是否出现发热变色现象；天气骤变，尤其雷雨风暴，以及其他恶劣天气时，应加强巡视检查。发现问题尽快设法解除，以保证断路器安全运行。检查运行中的少油断路器状态，外壳带有工作电压，巡查人员不得随意打开柜体检查。当系统中发生事故、断路器跳闸时，应检查油断路器有无喷油现象、油色油位是否正常、油箱有无变形、各连接部位有无松动、瓷件是否损坏或断裂、接点处有无过热现象。

(2) 六氟化硫断路器和真空断路器的巡查。随着新技术的应用，电力系统中应用成熟的六氟化硫断路器和真空断路器已成为泵站技术改造的首选设备。

① 六氟化硫断路器运行中的巡查内容。套管清洁，无破损、裂纹、放

电闪络现象；连接头无过热变色现象；听声音、闻气味。内部无异声（如漏电声、振动声），无异臭味；分合闸位置指示应正确；气压是否保持在 0.4～0.6 MPa 范围内；含水量监视。

② 真空断路器运行中的巡查内容。瓷件应无裂纹、破损，表面应光洁；听声音、看颜色。内部无异常声音，屏蔽罩颜色无明显变化；连接头无松动、发热变色，转动机构轴销无脱落变形；分合闸位置指示正常；接地是否良好。

3. 操作机构运行中的巡查

操作机构是断路器中的重要部件。由于它经常动作，因此是易出问题的部位。目前广泛使用的是电磁操作机构。运行中巡查的项目如下：

(1) 机构箱门平整，开启灵活，关闭紧密。

(2) 分合闸线圈及接触器线圈无冒烟、无异味。

(3) 直流电源回路接线端无松动、无铜绿或锈蚀。

(4) 直流电源电压符合要求。

(5) 分合闸保险丝完好，指示灯显示正常。

4. 断路器的紧急停运

当巡查发现下列情况之一、保护没有动作时，应立即用上一级断路器跳开连接该回路的电源，将该断路器从电路中切开并进行处理。

(1) 断路器套管爆炸断裂。

(2) 断路器着火。

(3) 内部有严重的放电声。

(4) 油断路器严重缺油，六氟化硫断路器气体严重外泄或气体小于标准值。

(5) 连接处有发热变色现象。

(二) 断路器常见故障及处理

1. 六氟化硫断路器常见故障及处理

(1) 断路器漏气故障。原因如下：密封面紧固螺栓松动，焊缝不严密，压力表及其他接头连接不牢，套管损坏等，查明原因后应一一补牢。

(2) 绝缘不良、放电闪络。原因如下：瓷套管严重污染、爆裂破损，绝缘不好，形成放电闪络。处理方法是更换合格瓷套管。

(3) 气体外逸或爆炸。应更换断路器。由于 SF_6 气体有毒，气体严重外逸时，人应选择从上风处接近设备，有条件时应投入通风设备，或戴防毒面具。

2. 真空断路器常见故障及处理

(1) 灭弧室真空度降低。原因如下：焊缝不密或密封部位不严密，导致进气；灭弧室金属材料内含有气体，释放后降低其真空度。这些均会影响其开断能力和耐压水平，需经常查看。

(2) 接触电阻增大。接触面经过多次断开电流后，会逐渐被电磨损，导致接触电阻增大。处理方法是触头处理或更换。

(3) 拒动。分析方法同上，找出原因逐一处理。

(4) 其他故障。灭弧室内有"丝丝"的放电声、真空管发热变色等均应立即处理。

三、低压电器设备运行故障处理

泵站低压电器设备种类较多。按其作用，可分为以下两类：一是配电电器，如熔断器、刀开关和转换开关等；二是控制电器，如接触器、启动器、主令电器、控制继电器、接触器、漏电保护器以及目前使用的软启动装置等。

(一) 低压断路器（自动空气开关）

低压断路器是利用空气作为灭弧介质的自动空气开关。其用途是接通和断开电路中的空载电流和负荷电流；当系统发生故障时，自动切开故障电流，对设备起到保护作用。低压断路器自身带有短路和过载保护装置以及欠电压保护装置，既可以独立工作，又可以与熔断器、热电偶等保护装置配合工作。常用的低压断路器有 DW 系列和 DE 系列。目前也引进了部分国外系列产品。

低压断路器应用中需注意的事项如下：

1. 正确选择低压断路器

选择低压断路器时，应使断路器的额定工作电压、额定电流、额定短路通断电流等均不小于线路上的相应值；应合理整定保护用的脱扣器的电流值，欠电压脱扣器的额定电压应与线路相对应。

2. 正确安装低压断路器

低压断路器安装正确与否直接影响其使用性能和安全。安装时应检查规格是否符合使用要求、操作机构是否灵活、电气绝缘是否符合要求、安装位置是否符合说明书要求，接线应正确，灭弧罩等部件不得遗失，若有接地螺栓，应可靠接地。

3. 低压断路器常见故障及处理

（1）低压断路器与导体连接处发热、连接不良、接触电阻增大。运行时，可以通过发热处变色这一现象进行判断。处理方法如下：一是调整负荷，减小电流；二是停电拧紧螺栓，或停电后清除连接处的氧化层，涂上导电膏，重新连接好。

（2）触头有严重烧灼现象。既可能是由于触头容量小、负荷大引起，也可能是总触头没有调整好，压力不足、接触不良引起。处理方法如下：一是调整负荷；二是对触头处理或更换。

（3）绝缘部分闪络或爬电。原因是断路器绝缘部分表面脏污、受潮，使绝缘表面等效爬电距离下降，或绝缘本身存在缺陷。应对脏污、受潮进行处理，断路器本身绝缘有缺陷的必须更换。

（4）拒绝分、合闸。可能原因如下，一是电气控制回路问题；二是操作机构传动部分原因，应分别查处。

（二）低压隔离开关

低压隔离开关，又叫刀开关，一般采用手动操作，主要用来隔离各种设备和供电线路的电源，也可以非频繁地接通和分断容量不大的负荷电流。此外，它还具有转换电路的功能，往往与熔断器串联，配合使用。有的泵站还使用铁壳开关作为半封闭式负荷开关，直接分断一些负荷。

（1）刀开关的选用与安装。要根据刀开关在线路中的作用，选择开关结构型式、等级等，确定其安装地点、位置，且安装要牢固，便于操作。

（2）铁壳开关选用。铁壳开关是作为非频繁地通断负载电流，启动或分断电机使用。通常分断负荷电流不大于60A。因此，应根据其控制对象和额定电流来选择。

低压隔离开关的操作顺序与高压隔离开关一样。断电时，先断开低压断路器，再断开低压隔离开关；送电时，应先合上低压隔离开关，再合上低压断路器。

(三) 接触器

接触器是一种利用电磁吸力来接通或断开带负载的交、直流电路或大容量控制电路的低压开关。它操作简单，动作迅速，灭弧性能好。主要控制对象为电动机，也可以用来控制其他负载。它具有低压释放保护作用，也可以与热继电器或其他继电保护配合，切断故障电流和短路电流，实现远距离自动控制。

1. 接触器运行中巡查的项目

(1) 通过接触器的负荷电流是否在额定值范围内。

(2) 分、合闸信号指示是否正常。

(3) 接触器灭弧室内有无放电声，灭弧里是否松动、脱落。

(4) 检查线圈是否过热、吸合是否良好、有无大的噪声等。

(5) 连接处有无过热现象、绝缘杆是否裂损。

(6) 周围环境是否符合接触器正常运行条件。

2. 接触器运行中常见故障及处理

(1) 交流接触器通电后吸合又断开的处理方法。

① 查找控制回路，检查电磁线圈两端电压是否正常。

② 如果运动部分的动作机构和动触头有卡阻，则应修整。

③ 检查传动轴是否生锈或歪斜。

④ 如果吸合后又断开，还应检查接触器自保持回路中的辅助触头是否未接触或接触不良，使电路中自锁环节失去作用。此时需修整辅助触头。

(2) 接触器吸合不正常

吸合不正常是指接触器吸合过于缓慢、触头不能完全闭合、铁芯吸合不紧并发出异常噪声等不正常现象。产生的原因及处理方法如下：

① 控制电路的电源电压（低于额定电压的85%），使线圈通电后产生的磁力较小。此时，应该将控制电路的电源电压调整到额定工作电压。

②弹簧压力不足，造成吸合不正常。处理方法是调整弹簧的压力，必要时更换弹簧。

③动、静铁芯间隙过大，可动部分卡住或转轴生锈、歪斜，造成吸合不正常。处理方法是拆下动、静铁芯，调小间隙，清洗轴端和支承杆，必要时更换部件。

④铁芯板面不平整，并沿叠片方向向外扩张。产生的原因是长期频繁碰撞造成的。处理方法如下，一是修整；二是更换铁芯。

⑤短路环断裂，造成铁芯发出异常声响。需更换同样尺寸的短路环。

(3) 交流接触器线圈断电后铁芯不能释放

交流接触器线圈断电后，铁芯不能释放，主电路仍然接通，造成设备失控，威胁人身和设备安全。产生原因及处理方法如下：

①安装不符合要求，或新接触器铁芯表面防锈油未清除干净。将安装倾斜度调整到不超过5°，擦净表面油污。

②在长期运行中，由于频繁撞击，铁芯极面变形。此时应更换铁芯。

③磁极面上的油污和灰尘过多，或动触头弹簧压力过小。清除油污和灰尘，调整弹簧压力或更换弹簧。

四、辅助设备的运行与维护

泵站工程中的机电设备中，除主机组以外，还有一些为满足主机组正常安全运行需要的其他设备，称为辅助设备。它可以分为油路、水路和气路三大系统（即常说的"油、气、水"系统），起重系统，通风系统，以及断流装置等。

(一) 抽真空系统的运行与维护

我们知道，口径在250 mm以下的小型离心泵、混流泵一般配有底阀，目的是便于启动前灌水；对于250 mm以上的离心泵、混流泵一般不带底阀，而是采用真空充水。简单地说，真空充水的原理就是利用大气的压力差，即用真空泵抽出泵体内的空气，使泵体内空气压力小于泵体外大气压力，使进水池水进入泵体内。如果泵的出口没有被水淹没，需在泵的出口处安装闸阀，以保证在水泵体内能形成真空。在主水泵出水时，及时打开出口处闸阀，以保证出水。

(二) 油、气系统的运行与维护

1. 油系统运行与维护

(1) 系统组成与作用。中小型泵站没有独立的油系统。大型泵站油系统的主要作用如下：叶片角度的调节，快速闸门的启闭和电动机启动前的顶车；机组运行时，向机组内输送润滑和冷却用油。

(2) 维护内容。油系统正常检查内容如下：油质良好无脏污，管路无渗漏，焊接头及安装接头牢固无裂纹、无渗漏，闸阀操作灵活，贮油箱无渗漏、油位正常，工作环境干净无油污，仪表指示正常。油系统检查时，应注意所有密封部件，如发现有渗漏油处，首先检查耐压管件有无裂纹或爆裂；其次重点检查密封件、耐油密封件是否老化、破损等。对各类闸阀，也应按上述要求认真检查。

2. 气系统运行与维护

(1) 系统的组成与作用。在大型泵站中，气系统主要由产储气设备、输气管道、控制元件及监控仪表组成。气系统的作用如下：一是作为机组停机时制动用气；二是作为真空破坏阀用气；三是用作泵站风动工具和吹扫用气。

(2) 气系统维护与检查内容。

① 检查产气设备（空压机）运行是否正常。正常情况下，风孔滤网应完好，电气连接应完好，绝缘良好，接地可靠。

② 检查储气罐。在正常压力范围内无泄气、漏气，压力表指示正确，与空压机联动的电接点压力表设定正确，安全阀正常可靠，其他闸阀操作可靠不漏气。

③ 检查空压机各转动部位润滑油油质、油位。

④ 管网系统不得有漏气现象，管网标志要清晰。

第四节 自动监控系统

一、微机监控系统的工作原理

(一) 传统监控系统的工作原理

泵站设备运行传统的监控方式是使用继电器——接触器控制系统对设备运行进行监控,简称继电器控制系统。由于控制是通过继电器、接触器、电子控制线路来实现的,因此这种控制系统也称为接线程序控制系统。继电器控制系统的优点是造价低廉、维护技术要求不高。但是,由于这种系统不具备日常管理功能,对其运行监视、数据处理等工作需要依靠运行管理人员来实现,因此,运行可靠性较差、故障率较大,查找和排除往往十分困难(设备多、接点多、触点多)。

(二) 微机监控系统的工作原理

微机监控系统以 PLC 为核心部件,将控制逻辑以程序语言的形式编写并存放在 PLC 的存储器内,将与 PLC 输入端子相连的设备(输入设备)采集到的控制对象的状态信号输入 PLC 中(信号采集);PLC 中的 CPU 根据输入的信号,依次读取存储器编好的程序语言,对它的内容进行解释并加以执行(程序读解阶段);根据 CPU 运行结果输出信号给输出设备,由输出设备驱动控制对象,实现控制要求(驱动执行阶段)。

微机监控系统的运行可以划分为三个阶段:信号采集、程序读解、驱动执行。运行程序编写在系统开发时期进行,整个系统的正常逻辑运行通过软件实现控制,可靠性高。微机监控系统不仅能够满足传统控制系统的一切要求,而且能够集管理、测量、信号传输、显示等性能于一体,具有接线简单、运行可靠、故障率低、维护方便等优点。系统软件开发是该系统成功运行的技术关键,输入、输出设备的选用是确保各项功能实现的基础。

(三) 泵站微机监控系统

1. 一般要求

微机监控系统是集计算机、自动控制和通信技术于一体的高技术应用系统。一般要求系统操作灵活、维护方便、简单可靠、高度冗余、实时性好、抗干扰能力强、人机接口功能强、操作方便。在保证整个系统可靠性、实用性和实时性的前提下，性价比要高，要体现先进性的要求。监控系统投入运行后，力争实现"无人值守、少人值班"的功能要求。

2. 输入部分

输入部分的设备是实现泵站自动监控系统功能的前提。

(1) 输入设备。常用的设备有控制开关、传感器等。其中，控制开关有按钮开关、限位开关、行程开关、光电开关、继电器、接触器等；传感器有数字式、模拟式、磁尺、热电阻、热电偶等。

(2) 输入信号。通过输入设备采集到的控制信号有开关量信号、模拟量信号、温度采集与泵站温度量四种

① 开关量信号。表示控制各种设备回路开关开断位置状态的信号，只有通、断两种状态。泵站开关量主要如下：调度发出的各类操作指令；控制变压器运行的隔离开关、负荷开关；控制主机运行的隔离开关、负荷开关；励磁电源开关；站变开关，高、低压母线开关，母线分段联络开关；供排水泵开关；空压机开关等。

② 模拟量信号。模拟量信号是指各种电量和非电量参数在时间和数值上都是连续变化的物理量。它具有初始性、连续性、转换性和过程性四种特性。

③ 温度采集。温度是模拟量，将热电阻值的变化转换成电信号输入。常用测温元件有铜热电阻以及铂热电阻。

④ 泵站温度量。主变油箱的油温及环境温度；主机的定子线圈温度；上、下油盆温度，导轴瓦温度，推力轴瓦温度；水泵油导轴承温度；站变温度；泵房室内温度、湿度等。

3. 输出部分

微机监控的输出部分是系统的执行部分，它与PLC的输出端相连，用

来驱动被控对象工作,常用设备包括电磁开关、电磁阀、电磁继电器和电磁离合器。状态指示部件有仪表、信号灯、指示灯以及其他设备等。

4. PLC 内部控制部分

PLC 内部控制电路是由编程实现的逻辑控制电路,是按照被控对象的实际要求编制程序并存入存储器中,根据采集到的输入信号运行并完成控制任务。

二、硬件系统

(一) 计算机(主机兼操作员工作站)

1. 一般要求

系统中,主计算机具有系统数字处理、通信联络、网络控制等功能,它与 PLC 模块中的主机联网,构成系统的主要资源。因此,在选择工控机时,要求它能满足系统的功能等性能指标,存储容量有一定的发展裕度,配有相应的软驱、光驱等外部存贮器。同时,界面应该清晰,有方便人机联系的功能,并配置与调试设备联系的接口供调试设备专用。另外,从发展的角度考虑,系统应该具有能够远程调校和远程参数整定的功能,以及进行硬件故障自诊断和自恢复的硬件电路。

2. 设置要求

对于安装在中央控制室内的主机兼操作员工作站,视泵站规模及系统性能而定,规模小的泵站安装 1 套,规模大的泵站安装 2 套。一般每套配备 2 台高分辨的彩显,1 台用于保护系统管理,1 台用于控制系统管理。2 台主机可以同时运行,互为备份。系统还应配备打印机、操作键盘、语音报警设备、系统通信设备。另外,为确保系统安全、可靠运行,中控室内应配置 1 组不间断电源(UPS),以防系统突然停电且时间过长,导致数据丢失。

3. 配置要求

计算机配置一般要求标明的技术性能指标如下:CPU 代号,内存容量,硬盘容量,声卡显卡、网卡、光驱、软驱、键盘、鼠标、显示器的大小,以及打印机的型号等。

(二) 现地控制单元设备

现地控制单元一般是由 PIC 标准模块构成的基本控制单元，具有操作、控制、调节、输入/输出、数据处理、人机接口和外部通信功能。为保证系统运行与通信的可靠性，有的泵站还在现场另加小型微机 1 套，增加一级过程控制与网络结点。

1. 一般要求

现地控制单元工作环境较差，选型时要慎重。现地控制单元不仅应具备自检功能，对软件和硬件进行经常监视，还应具备自锁功能。

2. 性能指标

PLC 的选型应依据系统规模的大小，来选择合适的输入/输出点数、机器字长、运行速度、指令系统、存储器容量、扩展性以及通信功能等。

(三) 通信系统

1. 系统构成

通信系统由传送控制设备、通信介质、通信软件构成。

2. 设备功能

传送控制设备用于控制发送和接收信号之间的同步协调，以保证信息发送与接收的一致性。通信介质是信息传递的基本通道，常用介质有带屏蔽的同轴电缆、双绞线、光纤等通信软件，对通信软、硬件进行统一调度、控制与管理。随着通信技术的发展，传递设备既可以是 PLC，也可以是计算机或外围设备。目前，PLC 与计算机之间的通信是 PLC 通信中最简单、最直接的，几乎所有种类的 PIC 都具有与计算机通信的功能。

3. 系统功能

通信系统是监控系统正常运行的保障，一旦信息不通，系统就会瘫痪。通信系统中各种设备之间通信应遵从统一的通信协议（即各种数据的传送规则，是通信得以进行的法则，TCP/IP 协议是通用的遵从协议），以特定的通信方式高效率地完成数据的传递、交换与处理。

计算机与 PIC 通信的作用越来越被人们所重视，从而开发出人机交互界面非常友好的组态软件，产生了可视化编程语言，实现了可视化编程。

（四）自动化元件

自动化元件属于现场设备。采集信号类型不同，所选用的设备也就不同。由于是现场采样，通常情况下，环境较恶劣，对设备的性能要求也较高，同时要便于安装维护与管理，价格适度等。如交流采样，有的单位需要单独设立交流采样装置，实际运行中可以直接从电压互感器和电流互感器中取样，既没有增加设备，又能达到精度。同样，水位信号采集选用的水位传感器、压力信号采集选用的压力变送器、温度信号采集选用的热电阻、闸门开度测量选用采集设备等均要慎重选择，最好选用性能能满足要求、维护管理方便、利用现有设备功能就能实现的元器件。自动化元件选择的参数如下：测量精确度、环境温度、湿度；输入、输出参数量性质及范围；通信方式及速率；防护等级及设备尺寸等。

（五）输入、输出过程接口设备

输入、输出过程接口设备应根据现场统计的 I/O 总点数，以及模拟量通道来确定，要留有一定的备用裕度。对同类的 I/O 插件应具有互换性。所有 I/O 接口端都应接到端子排上，同时，接口绝缘耐压和冲击耐压能力应满足相关规范要求。

三、软件系统

在实时监控系统中，高质量的硬件固然十分重要，但系统功能的完成最终还是要依靠程序管理、程序运行、程序处理来实现。软件系统是指计算机使用的各种程序的集合。

（一）功能要求

泵站监控系统软件应适合在开放的系统环境中运行，并且要有成熟的运行经验。所选用的软件配置必须保证实现系统功能要求、操作要求和性能要求，并具有以下几种特性：

(1) 系统资源管理。

(2) 具有直接控制输入、输出设备的能力。

(3) 能执行诊断检查、故障自动切除和自动重新启动。

(4) 对系统的启动、终止、监视、组态和其他联机活动有交互式语言命令支持。

(5) 通过任务名称、数据名称和操作符号实现软件相互连接。

(6) 有效地执行高级语言程序。

(7) 为系统生成服务。

选择到一组合适的上位监控和编程软件，我们就能够方便地完成系统数据处理、参数设定、系统管理、辅助编程、文字报表处理、图形图像显示、工作状态监视、系统故障自我诊断自我恢复等工作。利用可视化编程能够使控制过程、工艺操作、历史趋势、实时曲线、在线编程以及各种显示仪表、控制表盘、回路调节的工作状态用直观生动的图形画面来实现。在画面上可以直接看到模拟的机组运转、闸门启闭、闸阀调整、开关闭合、水的流动、电流的大小、温度变化趋势等。目前，开发商常选用的软件是"组态王"系列。这种软件开发功能比较成熟，它利用 Windows 桌面操作系统提供的编程工具，通过简单、形象的组态工作得以实现，具有良好的人机界面、综合应用与开发功能。同时，它又是集数据库、历史库、图形库、控制操作和运行监视于一体的多任务信息处理系统，是分布式控制系统中操作员与工程师常用的系统开发平台。泵站运行人员必须熟悉在该软件平台下开发的监控系统的结构和功能，熟练地进行操作。

(二) 组态软件的功能

(1) 实时数据和设备状态的采集与处理。在机组运行时，各种电量和非电量参数的采集，机组运行设备状况形象显示，事故、故障记录打印等。

(2) 提供一个直观的、基于对象的图形化用户接口。如开、停机操作票窗口。

(3) 提供在线监视和数据趋势显示。包括机组运行各种参数、越限报警参数、跳闸参数设定，温度函数变化曲线描绘，表格打印。

(4) 以多媒体手段处理整个运行控制过程。

(5) 进行系统仿真。

(6) 提供较全面的操作指导。

开发管理工程师应在熟悉其功能的基础上,根据现场设备及控制要求,编制泵站监控系统程序或对已编制好的程序进行修改、调整、完善,直到满足要求为止。只有这样,才能真正达到自动监控的目的。

四、微机保护系统

(一)泵站微机保护的主要内容

主变压器：差动保护,轻、重瓦斯保护,过流延时保护,过负荷保护,低电压保护,零序电流保护等。站用变压器：速断保护、过负荷保护、零序电流保护等。主机组：纵差保护、失磁保护、失步保护、过流延时保护、过负荷保护、低电压保护、过电压保护、零序电流保护等。

(二)各种保护装置的功能

微机保护装置一般分为主保护装置和后备保护装置,根据被保护对象的保护类型,一套保护装置可以同时具备多种类型的保护功能,并且还具有报警、事故记录、事故追忆等功能。

各类装置可根据泵站具体要求,设置屏柜组装、集中安装或分散安装。装置的面板均选配荧光屏或液晶显示及各种光字信号指示灯,并设有功能键按键调试。面板上装有"自动""手动"及"远动"切换开关,以供选择不同的运行方式；装置的背面有便于系统通信的接口,并预留外部端子。装置本身设有完备的自检功能,可具体到各输入回路和模块内的重要工作芯片的工作参数及状态等。同时,装置可以把这些自检信息及时上报给主控模块,并利用显示器就地或远程维护。通过串口,随时了解系统运行状态,并且能将检测到的信息打印输出。

微机保护装置参数设定、整定值的修改、模拟试验既可在面板设定与选用,也可以远方召唤形式修改。装置外围接线仅取自电压互感器与电流互感器二次端及跳、合闸线圈。接线简单方便,不需要另外增加设备。微机保护装置具有检测灵敏、运行可靠性高、调试简单、参数设定修改方便、故障率低、维护方便、接线便捷的特点,在电力系统得到广泛应用。此外,水利部门新建的泵站以及老泵站改造也将其作为首选设备。

五、电视监视系统

(一) 系统构成

电视监视系统，又称为视频监视系统。它由现场摄像机和中心监控设备组成。现场摄像机采集视频信息，通过传输电缆（视频电缆）传至监控中心视频工作站，在监控中心的显示端（电视屏幕或电视墙上）对现场情况进行监视。根据控制需要，摄像机既可以安装在云台上做360°旋转变焦，也可以固定安装变焦。工作人员可以在控制室内，通过控制现场的云台和变焦获得所需要的图像。

(二) 系统功能

电视监视系统功能一般要求的如下：

(1) 能准确清晰地提供监视范围内的设备运行状况和现场环境等图像信息，实现监视系统范围内全方位、全天候的连续监视任务。

(2) 在控制室内能够对监视范围内的摄像位置进行选点、固定或循环显示。

(3) 在终端可远程控制摄像云台和可变焦镜头。

(4) 可以实现自动翻屏。

(5) 系统终端可将所有远程监控点的画面进行信息编辑。

(6) 具备循环录像、拍照功能。

(7) 具备硬盘录像功能，对现场图像进行压缩保存和再现，以满足监控和管理的需求。

(8) 把多路图像信号传送至局域网和广域网上，使领导和相关部门在办公室里用电脑即可观察到运行现场和管理范围内的情况。

(三) 一般要求

视频系统应采用先进的多媒体技术、自动控制技术、数据库管理技术和网络通信技术，将音视频处理、信息系统管理、系统控制及网络通信融为一体，充分展现智能化和高性价比的特点。选用的视频系统设备性能要可靠，技术要成熟，功能要完善，体系布局分布要合理、先进，使构成的监视系统操作方便，能满足长时间稳定工作的要求。

(四)主要设备配置

(1)系统控制中心。由控制计算机、视频矩阵、视频分配器、远程通信卡、视频处理卡、音频处理卡、硬盘录像卡、网络通信卡、解码器、键盘、鼠标、电视屏幕等组成。

(2)摄像部分。由摄像机、镜头、云台、解码器和安装支架组成。

(3)传输部分。整个电视网络信号传输采用同轴电缆并配有控制电缆、电源电缆、信号电缆。

(4)防雷接地装置。由于设备安装在室外，为预防雷电，在每个室外安装点均需安装防雷设施。

选择电视监视系统主设备时，应根据监视系统具体性能指标要求，依据相关规范规定确定设备性能参数。

六、PLC 的安装与维护

(一)PLC 的安装条件

1. 安装的环境条件

(1)对室内温度与湿度的要求。PLC 要求四周的环境温度不低于 0℃、不高于 60℃，否则应采取保温或通风措施。周围相对湿度保持在 35%~85% 之间。

(2)不应在有频繁振动、连续振动或超过一定质量的冲击加速度的环境下工作。

(3)要远离高压电源、热源以及能产生电弧的设备。

(4)PLC 的基本单元应与扩展单元以及其他电器之间保持一定距离，便于通风散热。

(5)输入、输出模块应安装在易于更换的位置。

(6)应有良好的接地措施。

2. 安装的基本原则

（1）机体固定牢固，接线正确可靠，导线完好，有接地或接零等安全保护措施。

（2）安装、布线符合规范要求。

（3）柜内其他电器尽量少，以满足 PLC 的安装要求。

（二）PLC 的日常维护

1. 日常巡查

经常对 PLC 进行巡查，在巡查过程中，对设施上的灰尘要及时清除，以保证 PLC 工作环境的整洁和卫生。注意观察 PLC 运行是否有异常情况并做好记录。

2. 定期检查与维修

在日常巡查的基础上，每半年（或必要时）对 PLC 做一次全面停机检查与维护。

（1）工作环境。温度、湿度、振动、干扰等。

（2）安装条件。接线是否安全可靠，接头插件是否松动，电气、机械部件是否有锈蚀和损坏等。

（3）电源电压。是否符合质量要求。

（4）使用寿命。导线及元件是否老化、锂电池寿命是否到期、继电器输出型触点开合次数是否已经超过规定。

（5）控制性能。PLC 系统是否正确工作，是否能完成控制要求。有不符合要求的应及时调整、更换或修复，具体标准由生产厂家提供。

3. 编程器的使用

编程器一方面可以用来清除、输入、读出、修改、插入、删除、检查 RAM 中的程序；另一方面可以用来监控 PLC 的器件与程序，改变定时器或计数器的设定值，强迫它的通断与复位。

4. 锂电池的更换

PLC 除了锂电池及继电器输入型触点外，几乎没有易损耗的元器件。锂电池的有效寿命约为 5 年，当电压下降到规定值时，基本单元上的电池电压指示灯就会亮，但它所支持的程序内容最多可以保留 7 天，在 7 天内必须更换锂电池，否则用户程序就会丢失。

（三）PLC 的故障诊断与排除

尽管 PLC 是一种具有高可靠性的计算机控制系统，但在使用过程中由于各种意想不到的原因，有时也会发生故障。引起 PLC 控制系统故障的原因一方面可能来自外部设备；另一方面可能来自系统内部。大量的统计分析与实践经验证明，外部故障占系统故障的 95%，PIC 控制器自身故障占 0.5%；I/O 模块占系统故障的 4.5%。

由此可见，PLC 本身一般很少发生故障，系统故障主要发生在外部设备，如各种开关、传感器、执行机构和负载等。由于 PLC 本身具有一定自诊能力，无论是自身故障还是外部设备故障，大部分可根据 PLC 面板的故障指示灯来判断。

（1）电源指示灯。电源正常则灯亮，灯不亮则说明电源有故障。

（2）运行指示灯。分为非编程状态与运行状态两种，根据开关的不同位置检查判断。当编程器面板上的开关置于非编程状态时，该指示灯亮起，表示 PLC 处于运行状态；否则，说明 PLC 接线不正确或者 PLC 芯片、RAM 芯片有问题。

（3）锂电池电压指示灯。电压正常，该灯一直不亮；灯亮，则提醒维护人员更换锂电池。

（4）程序出错指示灯。硬件、软件都正常时，灯不亮；发生故障时，灯或闪烁，或一直亮，维护人员据此检查。

（5）输入指示。有多少个输入端子，就有多少个输入指示灯。正常输入，灯亮；正常输入时灯不亮，或无输入时灯亮，则说明输入回路有故障。

（6）输出指示。有多少个输出端子就有多少个输出指示灯。同样，有输出，灯就亮；否则，输出回路有故障。

PLC 的自诊断功能给维护人员提供了发生故障的可靠信息，大大提高了故障诊断的速度和准确性。

第五节　建筑物的管理与维修

一、建筑物管理的一般要求

(一) 建筑物管理的主要任务

建筑物的管理就是通过经常和定期的检查、观测，了解建筑物技术状况的变化，发现存在的问题和缺陷，为控制运用和养护维修提供科学依据；通过日常养护和定期维修，解决存在的问题和安全隐患，保持建筑物完整，并延长其使用寿命；根据建筑物的技术状况合理控制运用，确保工程安全，充分发挥效益；建立健全各项管理制度和责任制，保证管理工作科学、规范、顺利进行。因此，做好建筑物的管理工作，检查观测是手段，养护维修是基础，控制运用是根本，规章制度是保证。

(二) 建筑物管理的主要内容

(1) 依法确定建筑物的管理范围，并报请当地有关部门确权发证。

(2) 制定建筑物管理的各项规章制度，建立管理责任制。

(3) 按设计标准制定建筑物的控制运用办法，并建立防汛、防震及超标准运用时的安全应急预案。

(4) 做好建筑物的日常维护工作，建立岁修、大修和更新改造制度。

(5) 合理确定各类建筑物的观测项目，做好检查观测及资料整理分析工作。

(6) 在法定管理范围内实施有效管理，做好防火、防盗及其他安全防范工作。

(7) 严寒地区应根据当地的具体情况，对建筑物采取有效的防冻、防冰措施。

二、建筑物的检查观测

(一) 建筑物的检查

1. 检查的范围和周期

按照检查的周期和目的，泵站建筑物的检查一般分为经常检查、定期检查、特别检查和专门检查。

(1) 经常检查。经常检查是指泵站工程管理人员用眼看、耳听、手摸等方法对泵房、进(出)水建筑物和管理范围内的渠道、堤防等各类建筑物的各个部位进行的经常性观察和巡视。由于方法简单易行，既全面，又及时，一些事故苗头或工程隐患常常通过经常检查首先发现，并得到及时处理。因此，必须对经常检查予以足够重视。

(2) 定期检查。定期检查是指每年的汛前、汛后或运用期前后，对泵站各类建筑物的各个部位进行的全面检查。汛前着重检查岁修工程完成情况，度汛存在的问题及应对措施；汛后着重检查工程变化和损坏情况，据以制订岁修工程计划。北方地区，冰冻期间还应检查防冻措施的落实及其效果等。

(3) 特别检查。当泵站遭受特大洪水、风暴潮、冰凌、强烈地震和发生重大工程事故等特殊情况时，很容易使建筑物受损甚至破坏，严重影响工程安全，故必须对建筑物进行特别检查。

(4) 专门检查。泵站管理单位对工程的技术状态进行评级考核，或对工程进行安全鉴定，或组织专业技术人员对各类建筑物及附属设施进行全面的检查检测，称为专门检查。工程评级应每年进行一次，可结合定期检查一并进行。安全鉴定由上级主管部门负责组织实施。一般在泵站投入运行后，每隔15~20年应进行一次全面的安全鉴定；当工程达到折旧年限时，亦应进行一次安全鉴定；对存在安全问题的单项建筑物，应根据情况适时进行安全鉴定。定期检查、特别检查和专门检查结束后，应写出检查、鉴定报告，报上级主管部门。

2. 检查的基本内容

建筑物的检查内容很多，管理单位应根据工程的具体情况而确定。其中经常检查和定期检查一般包括以下内容：

（1）管理范围内有无爆破、取土、建窑、倾倒和排放有毒或污染的物质及其他危害工程安全的活动；环境是否整洁、美观。

（2）土工建筑物有无雨淋沟、塌陷、裂缝、渗漏、管涌、滑坡、冲刷、淤积和白蚁、洞穴等；排水系统、导渗和减压设施有无损坏、堵塞、失效；堤与建筑物接头处有无渗漏等现象。

（3）石工建筑物的块石护坡有无松动、塌陷、隆起、底部淘空、垫层散失；墩、墙有无倾斜、沉降、滑动、开裂、勾缝脱落；排水设施有无堵塞、损坏等现象。

（4）混凝土建筑物有无裂缝、渗漏、损、剥蚀、露筋及钢筋锈蚀；伸缩缝止水有无损坏、漏水及填充物流失等情况。

（5）水下工程有无淤积、冲刷、渗流破坏；水流是否平顺，有无折冲水流、回流、旋涡等不良流态。

（6）泵房、启闭机房等房屋建筑有无裂缝、渗漏、倾斜、粉刷层脱落；门窗、玻璃是否完整，室外排水是否畅通等。

（7）闸门、拦污栅、清污机等金属结构有无表面涂层剥落、变形、锈蚀、焊缝开裂、螺栓松动；启闭设备是否运转灵活、安全等。

（8）照明、通信、安全防护设施及信号、标志是否完好。

（9）北方冬春季节，应检查建筑物表面的冰盖厚度，以及冰压对建筑物的影响等。

（二）建筑物的观测

1. 观测方式

（1）一般性观测。用眼看、手摸或辅以简单工具（如小刀、手锤等）进行观测。主要用来观测建筑物的裂缝、渗漏、冲刷或悬空等变异损坏程度。

（2）仪器测量。用水准仪、经纬仪等对建筑物的特设标记（如沉陷、位移标点等）进行观测。

（3）固定观测设施。用专门埋设于建筑物内部的固定设施（如应变计、测压管等）直接进行观测。

2. 观测项目

检查观测工作应按照规定的内容（或项目）、测次和时间进行。观测方法和精度应按有关的规程、规范执行。检查情况要有文字记录。观测成果要真实,数据要准确,精度要符合要求,不得任意涂改。检查观测资料要及时整理、分析、归档。观测设施要妥善保护,观测仪器和工具应定期校验、维修。

三、建筑物的养护维修

(一)养护维修工作内容

建筑物的养护维修工作可分为养护、岁修、大修和抢修。

(1)养护是对经常检查发现的缺陷和问题随时进行的保养和局部修补,以保持建筑物完整清洁,运用灵活。

(2)岁修是指每年对汛后全面检查和观测发现的建筑物的损坏问题所进行的必要的整修、局部改善和配套。管理单位应编制岁修计划,报主管部门批准。

(3)大修是指建筑物有较大损坏,修复工程量大,技术复杂,需有计划地进行修复或局部改建。由管理单位编制大修计划,经主管部门批准后实施。

(4)抢修是指工程遭受洪水袭击或因设计施工质量等引起建筑物损坏,危及工程安全或影响供、排水的正常进行,必须立即采取的突击性抢护措施。

建筑物的养护维修工作应本着"经常养护、随时维修、养重于修、修重于抢"的原则进行。一旦发现缺陷和隐患,应及时修复,做到小坏小修,随坏随修,防止缺陷扩大和带病运行。岁修、大修工程应以恢复原设计标准或局部改善建筑物原有结构为原则,按批准的计划施工。在施工过程中,应确保工程质量和安全生产。影响汛期使用的工程必须在汛前完成。岁修、大修工程完工后,应进行技术总结和竣工验收。抢修工程应做到及时、快速、有效,防止险情发展。在养护维修工作中,还应不断学习和汲取国内外的先进经验,因地制宜地采用新技术、新材料、新工艺,务求耐久、经济、有效。养护维修工作应做详细记录,存档备查。

(二)建筑物的养护维修要求

1. 土工建筑物的养护维修

(1)堤坝出现雨淋沟、浪窝、塌陷和岸、翼墙后,填土区发生跌塘、下陷时,应随时修补夯实。

(2)堤坝发生渗漏、管涌现象时,应按照"上截,下排"的原则及时进行处理;危及堤防安全时,应立即向上级主管部门汇报,及时组织抢修。

(3)堤坝发生裂缝时,应针对裂缝特征,按照下列规定处理:

① 干缩裂缝、冰冻裂缝,以及深度小于0.5 m、宽度小于5 mm的纵向裂缝一般可采取封闭缝口处理。

② 深度不大的表层裂缝可采用开挖回填处理。

③ 非滑动性的内部深层裂缝宜采用灌浆处理;对自表层延伸至堤坝深部的裂缝宜采用上部开挖回填与下部灌浆相结合的方法处理。裂缝灌浆宜采用重力或低压灌浆,且不宜在雨季或高水位时进行。当裂缝出现滑动迹象时,严禁灌浆。

(4)堤坝出现滑坡迹象时,应针对产生原因,按"上部减载、下部压重"和"迎水坡防渗、背水坡导渗"等原则进行处理。

(5)堤坝遭受白蚁、害兽危害时,应采用毒杀、诱杀、捕杀等办法防治;蚁穴、兽洞可采用灌浆或开挖回填等方法处理。

(6)引、排水渠(河)道冲刷坑已危及堤防或岸坡稳定时应立即抢护。一般可采用抛石或沉排等方法处理。不影响工程安全的河道冲刷坑可不做处理。

(7)引、排水渠(河)道淤积影响工程效益时,应及时采用人工开挖,机械疏浚或利用泄水结合机具松土冲淤等方法清除。

2. 石工建筑物的养护维修

(1)砌石护坡、护底应嵌结牢固,表面平整。如出现松动、塌陷、降起、错位、底部淘空、垫层散失等现象,应及时按原状修复。

(2)浆砌块石护坡应平整,如有塌陷、隆起,应重新翻修;勾缝脱落或开裂,应清洗干净后重新勾缝。浆砌块石墙身渗漏严重的,可采用灌浆处理;墙体出现倾斜或滑动的迹象时,可以采取减少墙后负荷或在墙前增设支撑结构等措施来应对。墙基出现冒水冒沙现象时，应立即采用墙后降低地下水位和墙前增设反滤设施等办法处理。

（3）进（出）水池、涵闸的防冲设施（防冲槽、海漫等）遭受冲刷破坏时，一般可采用加筑消能设施或抛石笼、柳石枕和抛石等办法处理。

（4）进（出）水池、涵闸的反滤设施、减压井、导渗沟、排水设施等应保持畅通。如有堵塞、损坏，应予疏通、修复；发现有流土、管涌现象时，要及时降低上游水位，查明原因，进行修复，以免淘空建筑物底板下基础，引起重大事故。

3. 混凝土建筑物的养护维修

（1）混凝土或钢筋混凝土表面应保持清洁完好。芥贝等附着物应定期清除；混凝土结构脱壳、剥落和机械损坏时，可根据损坏情况，分别采用砂浆抹补、喷浆或喷混凝土等措施进行修补；钢筋混凝土保护层受到侵蚀损坏时，应根据侵蚀情况，分别采用涂料封闭、砂浆抹面或喷浆等措施进行处理，并应严格掌握修补质量；如果露筋较多或钢筋锈蚀严重，则应进行强度核算，采取加固措施等。

（2）混凝土建筑物出现裂缝后，应加强检查观测，查明裂缝性质、成因及其危害程度，据以确定修补措施。

（3）混凝土结构的渗漏，应结合表面缺陷或裂缝进行处理，并且应根据渗漏部位、渗漏量大小等情况，分别采用砂浆抹面或灌浆等措施。

（4）伸缩缝填料如有流失，应及时填充。止水设施损坏，可用柔性材料灌浆，或重新埋设止水予以修复。

（5）经常露出水面的底部钢筋混凝土构件应因地制宜地采取适当的保护措施，防止腐蚀和受冻。

（6）进（出）水池、涵闸消力池、门槽范围内的淤泥、砂石、杂物应定期清除。

（7）建筑物上的进水孔、排水孔、通气孔等均应保持畅通。桥面排水孔的泄水应防止沿板和梁漫流。空箱式挡土墙箱内的积淤应适时清除。

4. 泵房的养护维修

（1）保持泵房、启闭机房的门窗、玻璃完整，墙体无裂缝，屋面无渗漏，室外排水畅通，以免雨水进入房内，影响设备安全。泵房、启闭机房内应保持清洁卫生，防止灰尘进入设备。

（2）应经常对房屋结构如墙身、墩、柱、梁、板以及相互之间的连接处进行检查。如有裂缝，应查明裂缝性质、成因及其危害程度，据以确定修补措施，尽可能保护结构的完整性。

5. 金属结构的养护维修

（1）拦污栅、清污机前的杂草杂物应及时清除，减小过栅水头损失和承压荷载，保持良好的水流状态。

（2）拍门、拦污栅、清污机的连接紧固件应保持牢固；运转部位应定期加油，保持润滑良好；拍门开度应大于60°。

（3）拦污栅、清污机的承载构件发生变形时，应核算其强度和稳定性，并及时矫形、补强或更换；清污机行走结构的零部件出现裂纹、变形、磨损严重等情况时应更换，更换的零部件规格和安装质量应符合原设计要求。

第九章 水利工程水库管理基础知识

第一节 水库管理概述

一、水库的类型及作用

(一) 水库的类型

水库可以根据其总库容的大小划分为大、中、小型水库,其中大型水库和小型水库又各自分为两级,即大(1)型、大(2)型,小(1)型、小(2)型。因此,水库按其规模大小分为五等,见表9-1。

表9-1 水库的分等指标　　　　　　　　单位:10^8 m^3

水库等级	I	II	III	IV	V
水库规模	大(1)型	大(2)型	中型	小(1)型	小(2)型
水库的总库容	>10	10~1	1~0.1	0.1~0.01	0.01~0.001

水库具有防洪、发电、航运、养殖、旅游等作用,当具有多种作用时即为多目标水库,又称为综合利用水库;只具有一种作用或用途的即为单目标水库。我国的水库一般都属于多目标水库。

根据水库对径流的调节能力,水库可分为日调节水库、周调节水库、季调节水库(或年调节水库)、多年调节水库。

根据水库在河流上所处位置的地形情况,水库可分为山谷型水库、丘陵型水库、平原型水库等三类。

此外,水库还有地表水库和地下水库之分。

(二) 水库的作用

我国河流水资源受气候的影响，存在着时空分布极不均衡的严重问题，水库是进行这种时空调节的最为有效的途径。水库具有调节河流径流、充分利用水资源发挥效益的作用。

水库能调节洪水，削减洪峰，延缓洪水通过的时间，保证下游泄洪的安全。

水库可蓄水抬高水位，进行发电；并可改善河道航运和浮运条件；发展养殖业和旅游业。

二、水库管理的任务与工作内容

水库管理是指采取技术、经济、行政和法律的措施，合理组织水库的运行、维修和经营，以保证水库安全和充分发挥效益的工作。

(一) 水库管理的主要任务

水库管理的主要任务包括以下几方面：
(1) 保证水库安全运行，防止溃坝。
(2) 充分发挥规划设计等规定的防洪、灌溉、发电、供水、航运以及发展水产改善环境等各种效益。
(3) 对工程进行维修养护，防止和延缓工程老化、库区淤积、自然和人为破坏，延长水库使用年限。
(4) 不断提高管理水平。

(二) 水库管理的工作内容

水库管理工作可分为控制运用、工程设施管理和经营管理等方面。本节仅介绍控制运用与工程设施管理。

1. 控制运用

水库控制运用又称水库调度，是合理运用现有水库工程改变江河天然径流在时间和空间上的分布状况及水位的高低，以适应生产、生活和改善环境的需要，达到除害兴利、综合利用水资源的目的，是水库管理的主要生产活动。其内容包括以下几方面：

（1）掌握各种建筑物和设备的技术状况，了解水库实际蓄泄能力和有关河道的供水能力。

（2）收集水文气象资料的情报、预报以及防汛部门和各用户的要求。

（3）编制水库调度规程，确定调度原则和调度方式，绘制水库调度图。

（4）编制和审批水库年度调度计划，确定分期运用指标和供水指标，作为年度水库调节的依据。

（5）确定每个时段（月、旬或周）的调度计划，发布和执行水库实时调度指令。

（6）在改变泄量前，通知有关单位并发出警报。

（7）随时了解调度过程中的问题和用水户的意见，据此调整调度工作。

（8）搜集、整理、分析有关调度的原始资料。

2. 工程设施管理

工程设施管理包括以下几方面：

（1）建立检查观测制度，进行定期或不定期的工程检查和原型观测，并及时整编分析资料，掌握工程的工作状态。

（2）建立养护修理制度，进行日常养护修理。

（3）按照年度计划进行工程岁修、大修和设备更新改造。

（4）出现险情及时组织抢护。

（5）依照政策、法令保护工程设施和所管辖的水域，防止人为破坏工程和降低水库蓄泄能力。

（6）进行水质监测，防治水污染。

（7）建立水库技术档案。

（8）建立防洪预报、预警方案。

第二节　水库库区的防护

小型水库库区防护，是主要以消除和减轻因水库蓄水形成的库区淹没、浸没坍岸等隐患而采用的工程措施，该工程措施也称为水库库区的防护工程。库区常用的防护措施一般有修建防护堤、防洪墙、抽排水站、排水沟渠、减压沟井、防浪墙堤、副坝、护岸、护坡加固等工程措施，以及针对库岸水环境的保护所采取的水体水质保护、水土流失治理等。本节就水库运用管理中通常涉及的工程措施及水库水环境保护等问题进行讨论。

一、工程措施

(一) 防护工程主要措施

防护工程主要措施包括以下内容：
(1) 筑防护堤或防洪墙。
(2) 排除地表和土壤中的水，控制地下水位。
(3) 挖高填低。
(4) 岸边坡的改善和加固。
(5) 其他工程措施等。

(二) 常见的防护工程

以保护现有的实物对象为目标，如房屋、居民点、土地、交通线路、小工厂企业、文物及其他有价值的国民经济对象等。这类工程除需修建防护堤外，还要有防浸、排涝措施，是水库区防护工程中使用最广泛的一种工程。

(三) 防浸排涝措施

最好是堤渠结合，堤后是渠道，通过泵站或闸排将渍水排出，还可利用渠道作下游灌溉和养鱼之用。关于控制地下水位和改善作物生长条件，其措施是挖高填低、截流排水，设立必要的泵站是很重要的。

(四) 防止水库漏水

防护区内还要注意防止水库漏水，影响库外环境恶化工程，主要通过检查库内防护区的土壤和其他部位是否有导致漏水的可能性，以及库岸低凹口和水下漏洞导致渗向库外的可能和隐患。

综上所述，防护工程有很多设施，必须按其用途和程度进行周到的考虑，要非常突出一个目标就是要科学地、极大限度地利用水和土地资源，协调存在的问题。为了正确地、因地制宜地选择和修建库区和其他水利的防护工程设施，必须进行必要和翔实的调查研究工作。防护工程建成后，首要的是管，落实管理人员编制，必须制定管理细节，只有管理到位，工程才能发挥效益，才能达到防护目的。

二、水库的水环境保护

(一) 对水库水环境保护的认识

水库环境保护是现代经济社会赋予水库管理工作的一项全新内容，是现代水库管理的基本要求，是工程效益形成的基础保障，自然也是水利工程管理中一项不可忽视的重要工作。

水库水资源是指水库中蓄存的可满足水库兴利目标，即满足设计用途所需的所有水资源。水库水资源的兴利能力不仅取决于水库的建设任务和规模、水库所在河川径流在时间空间上分布水量的变化，而且取决于水质状况。然而，水库水资源却承受着库区工农业生产及旅游等产业带来的污染和水土流失引发的淤积的威胁，并且这些威胁日趋加重，这类危害若继续并扩大，水库将会面临功能丧失的危机。因此，为维护水库的安全，水库管理者应超脱狭隘的管理范围，"走上库岸"，加强防治污染和水土保持工作，做好库岸的水环境管理。

水库水环境的管理具有一定的广泛性、综合性和复杂性，应运用行政、法律、经济、教育和科学技术等手段对水环境进行强化管理。

(二) 水库污染防治

1. 水库污染及其种类

水污染是指水体因某种物质的介入而导致其化学、物理、生物或者放射性等方面特性的改变，从而影响水的有效利用，危害人体健康或者破坏生态环境，造成水质恶化的现象。水污染的类型见表9-2。

第九章 水利工程水库管理基础知识

表 9-2 水污染的类型

种类	内容
有机污染	有机污染又称需氧性污染，主要指由城市污水、食品工业和造纸工业等排放含有大量有机物的废水所造成的污染
无机污染	无机污染又称酸碱盐污染，主要来自矿上、粘胶纤维、钢铁厂、染料工业、造纸、炼油、制革等废水
有毒物质污染	有毒物质污染为重金属污染和有机毒物污染
病原微生物污染	病原微生物污染主要来自生活、畜禽饲养厂、医院以及屠宰肉类加工等污水
富营养化污染	生活污水和一些工业、食品业排出废水中含有氮、磷等营养物质，农业生产过程中大量氮肥、磷肥，随雨水流入河流、湖泊
其他水体污染	主要包括水体油污染和水体热污染、放射性污染等

水是否被污染、发生哪几种污染、污染到什么程度，都是通过相应的污染分析指标判定衡量的。水污染正常分析指标包括以下内容：

(1) 臭味。

(2) 浑浊度。

(3) 水温。

(4) 电导率。

(5) 溶解性固体。

(6) 悬浮性固体。

(7) 总氧。

(8) 总有机碳。

(9) 溶解氧。

(10) 生物化学需氧量等。

这些指标是管理中进行检查分析工作的重要依据。

2. 水库污染危害的防治

水库中水体受到污染会产生一定的危害：一是对人体健康产生的危害；二是对农业造成的危害。

水库水环境污染防治应将工程措施和非工程措施相结合。

(1) 工程措施

包括三个方面：一是流域污染源治理工程，主要是对工业污染、镇区污水、村落粪便等进行处理；二是流域水环境整治与水质净化工程，主要是对河道淤泥和垃圾进行清理，对下游河道进行生态修复；三是流域水土保持与生态建设工程，主要是对一些废弃的矿区和采石场进行修复处理，栽种水源涵养林。

(2) 非工程措施

就是让各种有害物质和使水环境恶化的一切行为远离库区。为此可以采取以下手段：①法律手段，可依据国家有关水环境法律法规制定库区环境管理条例，通过法律强制措施对库区的不法行为进行制止；②经济手段，通过奖惩办法对积极采取防治库区污染措施的企业予以奖励，对污染严重的企业予以惩罚；③宣传教育手段，采取多种形式在库区进行宣传教育，提高库区群众的防治意识并发挥社会公众监督作用；④科技手段，应用科学技术知识，加强库区农业生产的指导工作，改善产业结构，减少和避免对环境有害的生产方式。科学地制定水资源的检测、评价标准，推广先进的生产技术和管理技术，制定综合防治规划，使环境建设和防治工作持久不懈。

(三) 水库水土保持

1. 水土保持及其作用

水库水土保持是一项综合治理性质的生态环境建设工程，是指在水库水土流失区，为防止水土流失、保护改良与合理利用水土资源而进行的一系列工作。

水土保持工作以保水土为中心，以水蚀为主要防治对象，必然对水库水资源生态环境产生更为全面的显著的作用和影响。主要体现在以下几个方面：

(1) 增加蓄水能力，提高降水资源的有效利用。

(2) 削减洪水，增加枯水期流量，提高河川水资源的有效利用率。

(3) 控制土壤侵蚀，减少河流泥沙。

(4) 改善水环境，促进区域社会经济可持续性发展。

2. 水土保持的措施

水土流失的原因主要有三种：水力侵蚀、重力侵蚀、风力侵蚀。

水力侵蚀概括地说是地表水对地面土壤的侵蚀和搬移。重力侵蚀是斜坡上的土体因地下水渗透力或因雨后土壤饱和引起抗剪强度减小，或因地震等原因使土体因重力失去平衡而产生位移或块体运动并堆积在坡麓的土壤侵蚀现象，主要形态有崩塌、滑坡、泄流等。风力侵蚀是由风力磨损、吹扬作用，使地表物质发生搬运及沉积现象，其表现有滚动、跃移和悬浮三种方式。

水土流失对水库水资源有极大的影响，包括以下几方面：①加剧洪涝灾害；②降低水源涵养能力；③造成水库淤积，降低综合能力；④制约地方经济发展。

搞好水土保持应主要采取三个方面的措施。

（1）水土保持的工程措施。在合适的地方修筑梯田、撩壕等坡面工程，合理配置蓄水、引水和提水工程，主要作用是改变小地形，蓄水保土，建设旱涝保收、稳定高产的基本农田。

（2）水土保持的林草措施。在荒山、荒坡、荒沟、沙荒地、荒滩和退耕的陡坡农地上，采取造林、种草或封山育草的办法增加地面植被，保护土壤免受暴雨侵蚀冲刷。

（3）水土保持的农业措施。通过采取合理的耕作措施，在提高农业产量的同时达到保水保土的目的。

第三节　库岸失稳的防治

水库蓄水之后，常常给库岸带来一系列的危害，如库岸淹没、浸没、库岸坍塌等问题，这些问题严重时会使水库因丧失功能而"夭折"。所以在水库运行管理中应经常对库岸进行检查，出现问题应及时进行治理，并采取有效的防护措施减少和避免危害的发生。水库蓄水后，库岸在自重和水的作用下常常会发生失稳，形成崩塌和滑坡。影响库岸稳定的因素很多，如库岸的坡度和高度、库岸线的形状、库岸的地质构造和岩性、水流的淘刷、水的浸湿和渗透作用、水位的变化、风浪作用、冻融作用、浮冰的撞击、地震作用以及人为的开挖、爆破等作用，均会造成库岸的失稳。本节就水库运用管理中通常涉及的库岸失稳的防治问题进行讨论。

一、岩质库岸失稳的防治

岩质库岸的形态一般有崩塌、滑坡和蠕动三种类型。崩塌是指岸坡下部的外层岩体因其结构遭受破坏后脱落，使库岸的上部岩体失去支撑，在重力或其他因素作用下而坠落的现象。滑坡是指库岸岩体在重力或其他力的作用下，沿一个或一组软弱面或软弱带做整体滑动的现象。蠕动现象可分为两种：脆性岩层是指在重力或卸荷力的作用下沿已有的滑动面或绕某一点做长期而缓慢的滑动或转动；塑性岩层（如夹层）是指岩层或岩块在荷载作用下沿滑动面或层面做长期而缓慢的塑性变形或流动。

（一）削坡

当滑坡体范围较小时，可将不稳定岩体挖除；如果滑坡体范围较大，则可将滑坡体顶部挖除，并将开挖的石渣堆放在滑坡体下部及坡脚处，以增加其稳定性。

（二）防漏排水

防漏排水是岸坡整治的一项有效措施，并广泛运用于工程实践中。其具体措施为：在环绕滑坡体的四周设置水平和垂直排水管网，并在滑坡体边界的上方开挖排水沟，拦截沿岸坡流向滑坡体的地表水和地下水；对滑坡体表面进行勾缝，水泥喷浆或种植草皮，阻止地表水渗入滑坡体内。

（三）支护

支护措施通常有挡墙支护和支撑支护两种。当滑坡体是松散土层或裂隙发育的岩层时，可在坡脚处修建浆砌石、混凝土或钢筋混凝土挡墙进行支护；如果滑坡体是整体性较好的不稳定岩层时，也可采用钢筋混凝土框架进行支护。

(四) 抗滑桩法

当滑动体具有明确的滑动面时，可沿滑动方向用钻机或人工开挖的方法造孔，在孔内设钢管，管中灌注混凝土，形成一排抗滑桩，利用桩体的强度增加滑动面的抗剪强度，达到增强稳定性的目的。抗滑桩的截面有方形和圆形两种，其直径对于钻孔桩为 0.3~0.5 m，对于挖孔桩一般为 1.5~2.0 m，桩长可达 20 m。当滑动面上、下岩体完整时，也可采用平洞开挖的方法沿滑动面设置混凝土抗滑短桩或抗滑键槽，以增强滑动体的稳定性，也可取得良好的效果。

二、非岩质库岸失稳的防治

防治非岩质库岸破坏和失稳的措施有护坡、护脚、护岸墙和防浪墙等。对于受主流顶冲淘刷而引起的塌岸，常采用抛石护岸；如水下部分冲刷强烈，则可采用石笼或柳石枕护脚；对于受风浪淘刷而引起的塌岸，可采用干砌石、浆砌石、混凝土、水泥等材料进行护坡；当库岸较高，上部受风浪冲刷，下部受主流顶冲，则可做成阶梯式的防护结构，上部采用护坡，下部采用抛石、石笼固脚；对于水库位变化较大，风浪冲刷强烈的库岸，可采用护岸墙的防护方式；对于库岸较陡、在水的浸湿和风浪作用下有塌岸的危险，则可采用削坡的方法进行防护，当库岸较高时，也可采取上部削坡，下部回填，然后进行护坡的防护方法。

抛石护岸具有一定的抗冲能力，能适应地基的变形，适用于有石料来源和运输的情况。石料一般宜采用质地坚硬，直径为 0.2~0.4 m，质量在 30~20 kg 的石块，抛石厚约为石块直径的 4 倍，一般为 0.8~1.2 m。抛石护坡表面的坡度，对于水流顶冲不严重的情况，一般不陡于 1∶1.5；对于水流顶冲严重的情况，一般不陡于 1∶0.8。

干砌块石护岸是常采用的一种护岸形式，其顶部应高于水库的最高水位，底部应深入水库最低水位以下，并能保护护岸不受主流顶冲。干砌块石的厚度一般为 0.3~0.6 m，下面铺设 0.15~0.2 m 的碎砾石垫层。

石笼护岸是用铅丝、竹篾、荆条等材料编制成网状的六两体或圆柱体，内填块石、卵石，将其叠放或抛投在防护地段，做成护岸。石笼的直径为

0.6~1.0 m，长度 2.5~3.0 m，体积 1.0~2.0 m³。石笼护岸的优点是可以利用较小的石块，抛入水中后位移较小，抗冲刷能力强，且具有一定的柔性，能适应地基的变形。

护岸墙适用于岸坡较陡、风浪冲击和水流淘刷强烈的地段。护岸墙可做成干砌石墙、浆砌石墙、混凝土墙和钢筋混凝土墙。护岸墙的底部应伸入基土内，墙前用砌石或堆石做成护脚，以防墙基淘刷。在必要的情况下，可在墙底设置桩承台，以保证护岸墙的稳定。

防护林护岸是选择宽滩地的适当地段植树造林，做成防护林带，以抵御水库高水位时的风浪冲刷。

第四节　水库泥沙淤积的防治

一、水库泥沙淤积的成因及危害

(一) 水库泥沙淤积的成因

河流中挟带泥沙，按其在水中的运动方式，常分为悬移质泥沙、推移质泥沙和河床质泥沙，它们随着河床水力条件的改变，或随水流运动，或沉积于河床。

当河流上修建水库以后，泥沙随水流进入水库，由于水流流态变化，泥沙将在库内沉积形成水库淤积。水库淤积的速度与河流中的含沙量、水库的运用方式、水库的形态等因素有关。

(二) 水库泥沙淤积的危害

水库的淤积不仅会影响水库的综合效益，而且还对水库的上下游地区造成严重的后果。其表现为以下几方面：

(1) 由于水库淤泥、库容减小，水库的调节能力也随之减小，从而降低甚至丧失防洪能力。

(2) 加大了水库的淹没和浸没。

(3) 使有效库容减小，降低了水的综合效益。

(4) 泥沙在库内淤积，使其下泄水流含沙量减小，从而引起河床冲刷。
(5) 上游水流携带的重金属等有害成分淤积库中，会造成库中水质恶化。

二、水库泥沙淤积与冲刷

(一) 淤积类型

水流进入库内，因库内水的影响，可表现为不同的流态，一种为壅水流态，即入库水流流速由回水端到坝前沿程减小；另一种是均匀流态，即挡水坝不起壅水作用时，库区内的水面线与天然河道相同时的流态。均匀流态下水流的输沙状态与天然河道相同，称为均匀明流输沙流态。均匀明流输沙流态下发生的沿程淤积称为沿程淤积；在壅水明流输沙下发生的沿程淤积称为壅水淤积。含沙量大细颗粒多，进入壅水段后，潜入清水下面沿库底继续向前运动的水流称异重流，此时发生的沿程淤积称为异重流淤积。当异重流行至坝前而不能排出库外时，则浑水将滞蓄在坝前的清水下形成浑水水库。在壅水明流输沙流态中，如果水库的下泄流量小于来水量，则水库将继续壅水，流速继续减小，逐渐接近静水状态，此时未排除库外的浑水在坝前滞蓄，也将形成浑水水库，在深水水库中，泥沙的淤积称为深水水库淤积。

(二) 水库的冲刷

水库库区的冲刷分溯源冲刷、沿程冲刷和壅水冲刷三种。

1. 溯源冲刷

当水库水位降至三角洲顶点以下时，三角洲顶点处形成降水曲线，水面比降变陡，流速加快，水流挟沙能力增大，将由三角顶点起从下游逐渐发生冲刷，这种冲刷称为溯源冲刷。溯源冲刷包括辐射状冲刷、层状冲刷和跌落状冲刷三种形态。

当水库水位在短时间内降到某一高程后保持稳定或当放空水库时会形成辐射状冲刷；如果冲刷过程中水库水位不断下降，历时较长，会形成层状冲刷；如果淤积为较密实的黏性土层时，会形成跌落状的冲刷。

2. 沿程冲刷

在不受水库水位变化影响的情况下，由于来水来沙条件改变而引起的河床冲刷，称为沿程冲刷。当库水来水较多，而原来的河床形态及其组成与水流挟沙能力不相应时，会发生沿程的冲刷。它是从上游向下游发展的，而且冲刷强度较低。

3. 壅水冲刷

在水库水位较高的情况下，开启底孔闸门泄水时，底孔周围淤积的泥沙，随同水流一起被底孔排出孔外，在底孔前逐渐形成一个最终稳定的冲刷漏斗，这种冲刷称为壅水冲刷。壅水冲刷局限于底孔前，且与淤积物的状态有关。

三、水库淤积防治措施

水库淤积的根本原因是水库水域水土流失形成水流挟沙并带入水库内。所以根本的措施是改善水库水域的环境，加强水土保持。关于水土保持措施已在前述内容中介绍。除此之外，对水库进行合理的运行调度也是减轻和消除淤积的有效方法。

（一）减淤排沙的方式

减淤排沙有两种方式：一种是利用水库水流流速实现排沙，另一种是借助辅助手段清除已产生的淤积。

1. 利用水流流态作用的排沙方式

（1）异重流排沙

多沙河流上的水库在蓄水运用中，当库水位、流速、含沙量符合一定条件（一般是水深较大，流速较小，含沙量较大）时，库区内将产生含沙量集中的异重流，若及时开启底孔等泄水设备，就能达到较好的排沙效果。

（2）泄洪排沙

在汛期遭遇洪水时，库水位壅高，将造成库区泥沙落淤，在不影响防洪安全的前提下，及时加大泄洪流量，尽量减少洪水在库区内的滞洪时间，也能达到减淤的效果。

（3）冲刷排沙

水库在敞泄或泄空过程中，使水库水流形成冲刷条件，将库内泥沙冲起排出库外，有沿程冲刷和溯源冲刷两种方式。

2. 辅助清淤措施

对于淤积严重的中小型水库还可以采用人工、机械设备或工程设施的措施作为水库清淤的辅助手段。机械设备清淤是利用安在浮船上的排沙泵吸取库底淤积物，通过浮管排出库外，也有借助安在浮船上的虹吸管，在泄洪时利用虹吸管吸取库底淤积泥沙，排到下游。工程设施清淤是指在一些小型多沙水库中，采用一种高渠拉沙的方式，即于水库周边高地设置引水渠，在库水位降低时利用引渠水流对库周滩地造成的强烈冲刷和滑塌，使泥沙沿主槽水流排出水库，恢复原已损失的滩地库容。

(二) 水沙调度方式

上述的减淤排沙措施应与水库的合理调度配合运用。在多泥沙河道的水库上将防洪兴利调度与排沙措施结合运用，就是水沙调度，包括以下几种方式。

1. 蓄水拦洪集中排沙

蓄水拦洪集中排沙又称水库泥沙的多年调节方式，即水库按防洪和兴利要求的常用方式拦洪集中排沙和蓄水运用，待一定时期（一般为2~3年）以后，选择有利时机泄水放空水库，利用溯源冲刷和沿程冲刷相结合的方式清除多年的淤积物，达到全部或大部分恢复原来的防洪与兴利库容。在蓄水运用时期，还可以利用异重流进行排沙，这种方式宜于河床比降大、滩地库容所占比重小、调节性能好、综合利用要求高的水库。

2. 蓄清排浑

蓄清排浑又称泥沙的年调节方式，即汛期（丰沙期）降低水位运用，以利排沙，汛后（长沙期）蓄水兴利。利用每年汛期有利地增长沙子的条件，采用溯源冲刷和沿程冲刷相结合的方式，清除蓄水期的淤积，做到每年基本恢复原来的防洪和兴利库容。

3. 泄洪排沙

泄洪排沙即在汛期水库敞开泄洪，汛后按有利排沙水位确定正常蓄水位，并按天然流量供水。这种方式可以避免水库大量淤积，能达到短期内冲淤平衡，但是综合效益发挥将受到限制。

根据我国水库的运用经验，水库的运用方式可根据水库的容积沙量比

$K_s=V_0/V_s$（V_0 为水库容积，V_s 为水库的年来沙量）和容积水量 $K_w=V_0/V$（V 为年来水量）来初步确定。

当 $K_s > 50$，$K_w > 0.2$ 时，宜采用拦洪蓄水运用方式。

当 $K_s < 30$，$K_w < 0.1$ 时，宜采用蓄清排浑运用方式或泄洪排沙。

当 $K_s=30\sim 50$，$K_w=0.1\sim 0.2$ 时，可以采用前期拦洪蓄水、后期蓄清排浑的运用方式或采用泄洪排沙或蓄清排浑交替使用的运用方式。

一般以防洪季节灌溉为主的水库，由于水库主要任务与水库的排沙并无矛盾，故可以采用泄洪排沙或蓄清排浑运用方式；对于来沙量不大的以发电为主的水库，可采用拦洪蓄水与蓄清排浑交替使用的运用方式。

四、水库的泄洪排沙

（一）泄洪排沙泄量的选择

排沙泄量的大小对滞洪排沙效果有很大影响，排沙泄量过大，泄洪时间短，对于下游行洪防淤不利；排沙泄量过小，则滞洪时间过长，将会造成水库大量淤积。根据一些水库实测资料的分析，排沙、泄量与峰前水量存在下列关系：

$$Q_{sw} = W_w(\eta_{s0}/4000)^{1/0.37} \qquad (9-1)$$

式中：η_{s0}——排沙率。

W_w——入库洪水的峰前水量，m^3。

Q_{sw}——第一天平均排沙量，m^3/s。

上式适用于单峰型洪水，涨峰历时不超过12小时的情况。

对于峰高、量大的洪水，如若滞洪历时过长，则漫滩淤积量就大，排沙率就低，根据一些中小型水库实测资料的分析，排沙效率 η_{s0} 与滞洪历时 $t(h)$ 之间存在下列关系：

$$\eta_{s0} = 258t^{-1/3} \qquad (9-2)$$

（二）泄洪排沙期淤积量

计算滞洪排沙期间的淤积量为：

$$\Delta W_s = W_s - W_{s0} \tag{9-3}$$

式中：W_s——该次洪水的入库沙量，m³。

W_{s0}——该次洪水的排沙量，m³。

$$W_{s0} = \eta W_s \tag{9-4}$$

其中，η 为排沙比例，等于出库沙量与入库沙量之比。

$$\eta = \eta_w^{1.5} \tag{9-5}$$

其中，η_w 为排水比，即出库水量 W_0 与 W_w 入库水量之比。

五、水库的异重流排沙

(一) 异重流排沙的形成条件

当 $L \geq Q_s J_0$ 时，异重流中途消失；当 $L < Q_s J_0$ 时，形成异重流排沙。以上不等式中，L 为水库回水长度 (km)，Q_s 为洪峰的平均输沙率 (kg/s)，J_0 为库底比降 (‰)。

(二) 异重流排沙计算

异重流的淤积和排沙计算有两类方法：一类是挟沙能力计算法；另一类是经验统计法。这里介绍一下经验统计法。

经验统计法是在水库运行管理中，按实测资料建立的异重流传播时间、异重流排沙泄量和异重流排沙比例的经验关系式，估算水库的异重流排沙情况，是比较简便而迅速的方法，在中小型水库管理中被普遍采用。

(1) 异重流的传播时间。异重流的传播时间是指异重流从潜入断面运行至坝前的时间，能否准确地掌握这一时间关系，并且是否充分发挥异重流的排沙效果，是水库管理中的重要问题。如果在异重流到达坝前的时刻，能及时开闸泄水，则可将异重流挟带的大部分泥沙排出库外。如若开闸过晚，则异重流到坝前受阻，泥沙将在库内落淤；若开闸过早，则将使库内储存的清水泄出库外，造成浪费。

异重流传播时间与洪峰流量和水库前期蓄水量的关系为：

$$T_0 = 2.2(W_0^{1/2}/Q)^{0.48} \tag{9-6}$$

式中：T_0——从洪峰通过入库水文站到异重流运行至坝前的历时，h。

W_0——水库前期蓄水量，$10^4 \, m^3$。

Q——洪峰流量，m^3/s。

（2）异重流的排沙泄量。异重流排沙泄量的选择，直接影响水库的排沙效果。据有关工程实测资料的分析得出，异重流排沙泄量与入库洪水的峰前水量、水库的前期蓄水量和排沙比例存在下列关系：

$$q_0 \leqslant W_1(\eta_e^{0.006W_0}/4000)^{2.7} \tag{9-7}$$

式中：q_0——异重流第一日的平均排沙量，m^3/s。

W_1——入库洪水的峰前水量，$10^4 \, m^3$。

W_0——水库的前期蓄水量，$10^4 \, m^3$。

η——排沙比例，%，即水库排出的总沙量（m^3）与入库总沙量（m^3）之比的百分率。

（3）异重流的排沙比例。据有关资料分析得异重流的平均排沙比例与河底比降的关系。

$$\eta = 6.4 J^{0.64} \tag{9-8}$$

式中：η——平均排沙比例。

J——原河底比降。

第五节　水库的控制运用

一、水库控制运用的意义

水库的作用是调节径流、兴利除害。但是，由于水库功能的多样性和河川未来径流的难以预知性，使水库在运用中存在一系列的矛盾问题，概括起来主要表现在四个方面：一是汛期蓄水与泄水的矛盾；二是汛期弃水发电与防汛的矛盾；三是工业、农业、生活用水的分配矛盾；四是在水资源的配置和使用过程中产生用水部门及地区间的不平衡而发生的水事纠纷问题。这就要加强对水库的控制运用，合理调度。只有这样，才能在有限的水库资源条件下较好地满足各方面的需求，获得较大的综合利益。如果水库调度同时结合水文预报进行，实现水库预报调度，所获得的综合效益将更大。

二、水库调度工作要求

水库调度包括防洪调度与兴利调度两个方面。在水情长期难以预报还不可靠的情况下，可根据已制定的水库调节图与调度准则指导水库调度，也可参考中短期水文预报进行水库预报调度。对于多泥沙河流上的水库，还要处理好拦洪蓄水与排沙的关系，即做好水沙调度。水库群调度中，要着重考虑补偿调节与梯级调度问题。为做好调度的实施工作，应预先制订水库年度调度计划，并根据实际来水与用水情况，进行实时调度。

水库年调度计划是根据水库原设计和历年运行经验，结合面临年度的实际情况而制订的全年调度工作的总体安排。水库实时调度是指在水库日常运行的面临阶段，根据实际情况确定运行状态的调度措施与方法，其目的是实现预定的调度目标，保证水库安全，充分发挥水库效益。

三、水库控制运用指标

水库控制运用指标是指那些在水库实际运行中作为控制条件的一系列特征水位，它是拟定水库调度计划的关键数据，也是实际运行中判别水库运行是否安全、正常的主要依据之一。

水库在设计时，按照有关技术标准的规定选定了一系列特征水位。主要有校核洪水位、设计洪水位、防洪高水位、正常蓄水位、防洪限制水位、死水位等。它们决定水库的规模与效益，也是水库大坝等水工建筑物设计的基本依据。水库实际运行中采用的特征水位是水利部颁发的《水库管理通则》中规定的允许最高水位、汛期末蓄水位、汛期限制水位、兴利下限水位等。它们的确定，主要依据原设计和相关特征水位，同时还需考虑工程现状和控制运用经验等因素。当情况发生较大变化，不能按原设计的特征水位运用时，应在仔细分析比较与科学论证的基础上，拟定新的指标，且这些运行控制指标因实际情况还需随时调整。

（一）允许最高库水位

水库运行中，在发生设计的校核洪水时允许达到的最高库水位，它是判断水库工程防洪安全最重要的指标。

（二）汛期限制水位

水库为保证防洪安全，汛期要留足够的防洪库容而限制兴利蓄水的上限水位。一般根据水库防洪和下游防洪要求的一定标准洪水，经过调洪演算推求而得。

（三）汛期末蓄水位

综合利用的水库，汛期根据兴利的需要，在汛期限水位上要求充蓄到的最高水位。这个水位在很大程度上决定了下一个汛期到来之前可能获得的兴利效益。

（四）兴利下限水位

兴利下限水位是指水库兴利运用在正常情况下允许消落到的最低水位。它反映了兴利的需要及各方面的控制条件，这些条件包括泄水及引水建筑物的设备高程，水电站最小工作水头，库内渔业生产、航运、水源保护及要求等。

四、水库兴利控制运用

水库兴利控制运用的目的，是在保证水库及上下游城乡安全及河道生态条件的前提下，使水库库容和河川径流资源得到充分运用，最大限度地发挥水库的兴利效益。水库兴利控制运用是水利管理的重要内容，其依据是水库兴利控制运用计划。

（一）编制控制运用计划的基本资料

编制水库兴利控制运用计划需收集下列基本资料。
(1) 水库历年逐月来水量资料。

(2) 历年灌溉、供水、发电、航运等用水资料。

(3) 水库集水面积内和灌区内各站历年降水量、蒸发量资料及当年长期气象水文预报资料。

(4) 水库的水位与面积、水位与库容关系曲线。

(5) 各种特征库容及相应水位，水库蒸发、渗漏损失资料。

(二) 水库年供水计划的编制

1. 编制年度供水计划的内容

编制年度供水计划的内容主要是估算来水、蓄水、用水，通过水量平衡计算拟定水库供水方案。

2. 编制方法

目前常用的编制方法有两种：一是根据定量的长期气象及水文预报资料估算来水和用水过程，编制供水计划；二是利用代表年与长期定性预报相结合的方法。其中以第一种方法最为常用，其计算方法如下。

(1) 水库来水量估算

降雨径流相关法。根据预报的各月降雨量 b 由月降雨量径流相关图查得月径流深度 h，即可按下列计算各月来水量。

$$W=0.1hF \tag{9-9}$$

式中：W——月来水量，$10^4\,\mathrm{m}^3$。

h——月径流深度，mm。

F——水库集水面积，km^2。

月径流系数法。根据预报的各月降雨量 b 和各月的径流系数 a，按下式计算各月来水量。

$$W=0.1abF \tag{9-10}$$

式中：b——预报的月降雨量，mm。

a——径流系数。

具有长期水文预报的水库，可直接预报各月径流量。

(2) 水库供水量估算

灌溉用量的计算如下。

①逐月耗水定额法。

$$W = \frac{(M - 0.667\beta c)A}{\eta} \quad (9\text{-}11)$$

式中：W——各月灌溉用水量，10^4 m^3。

M——作物月耗水定额，$\text{m}^3/$亩。

A——灌溉面积，10^4 亩。

β——降雨的田间有效利用系数。

c——田间月降雨量，mm。

V——渠系水有效利用系数。

②固定灌溉用水量法。对于北方地区的旱作物，各年灌溉用水量差别不大，各年同一月份的灌溉用水量可以采用一常量。

（3）水库损失水量估算

$$W_0 = 1000(h_w - h_e)(A - a) \quad (9\text{-}12)$$

式中：W_0——水库月蒸发损失水量，m^3。

h_w——月水面蒸发水层深度，mm。

h_e——原来陆地面蒸发水层深度，mm。

A——水库月平均水面积，km^2。

a——建库前库区原有水面面积，km^2。

水库的渗漏损失量。水库的渗漏损失与水库的水文地质条件有极大的关系，可按规定进行估算。

（4）兴利调节计算

水库兴利调节计算的基本原理是：某时段入库水量与出库水量（包括各部门的用水量、汛期的弃水量和损失水量）之差，应等于该时段水库增蓄的水量。即：

$$\Delta W_e - \Delta W_u - \Delta W_f = \pm \Delta W \quad (9\text{-}13)$$

式中：ΔW_e——某计算时段水库的来水量，m^3。

ΔW_u——同一时段的出库水量（包括各部门的用水量、汛期的弃水量和损失水量），m^3。

ΔW_f——同一时段水库的损失量，m^3。

ΔW——同一时段水库蓄水量的变化，m^3；"+"号表示蓄水量增加，"—"

号表示蓄水量减少。

五、水库防洪控制运用

水库防洪调度是指利用水库的调蓄作用和控制能力，有计划地控制、调节洪水，以避免下游防洪区的洪灾损失和确保水库工程安全。

为确保水库安全，以充分发挥水库对下游的防洪效益，应每年在汛前编制好水库汛期控制运用计划。防汛控制运用计划应根据工程实际情况，对防洪标准、调度方式、防洪限制水位进行重新确定，并重新绘制防洪调度图。

（一）防洪标准的确定

对实际工程状况符合原规划设计要求的，应执行原规划设计时的防洪标准。对由于受工程质量、泄洪能力和其他条件的限制，不能按原规划设计标准运行的，就应根据当年的具体情况拟定本年度的防洪标准和相应的允许最高水位，在拟定时应考虑以下因素：

（1）当年工程的具体情况和鉴定意见，水库建筑物出现异常时对规定的最高防洪位应予以降低。

（2）当年上、下游地区与河道堤防的防洪能力及防汛要求。

（3）新建水库未经过高水位考验时，汛期最高洪水位需加以限制。

（二）防洪调度方式的确定

水库汛期的防汛调度是水库管理中一项十分重要的工作。它不但直接关系水库安全和下游防洪效益的发挥，而且也影响汛末蓄水和兴利效益的发挥。要做好防汛调度，必须重视并拟定合理可行的防洪调度方式，包括泄流方式、泄流量、泄流时间、闸门启闭规则等。

水库的防洪调度方式取决于水库所承担的防洪任务、洪水特性和各种其他因素。按所承担的防洪任务要求分为以下几方面：①以满足下游防洪要求的防洪调度方式；②以保证水库工程安全而无下游防汛任务要求的防洪调度方式。

1. 下游有防洪要求的调度

下游有防洪要求的调度包括固定泄洪调度方式、防洪补偿调度方式、防洪预报调度方式三种。

(1) 固定泄洪调度

对于下游洪区(控制点)紧靠水库、水库至防洪区的区间面积小、区间流量不大或者变化平稳的情况，区间流量可以忽略不计或看作常数。对于这种情况，水库可按固定泄洪方式运用。泄流量可按一级或多级形式用闸门控制。当洪水不超过防洪标准时，控制下游河道流量不超过河道安全泄量。对防洪渠只有一种安全泄量的情况，水库按一种固定流量泄洪，水库下游有几种不同防洪标准与安全泄量时，水库可按几个固定流量泄洪的方式运用。一般多按"大水多泄，小水少泄"的原则分级。有的水库按水位控制分级，有的水库按入库洪水控制流量分级。当判断来水超过防洪标准时，应以水工建筑物的安全为主，以较大的固定泄量泄水，或将全部泄洪设备敞开泄洪。

(2) 防洪补偿调度(或错峰调度)方式

当水库距下游防洪区(控制点)较远、区间面积较大时，则对区间的来水就不能忽略，要充分发挥防洪库容的作用，可采用补偿(或错峰调度)方式。所谓补偿调节，就是指水库的下泄流量加上区间来水，要小于或等于下游防洪控制点允许的安全泄流量 $q_{安}$。为使下游防洪控制点的泄流量不超过 $q_{安}$，水库就必须在区间洪水通过防洪控制点时减少泄流量。

错峰调节是指当区间洪水汇流时间太短，水库无法根据预报的区间洪水过程逐时段地放水时，为了使水库的安全泄流量与区间洪水之和不超过下游的安全流量，只能根据区间预报可能出现的洪峰，在一定时间内对水库关闸控制，错开洪峰，以满足下游的防洪要求。这实际上是一种经验性的补偿。例如，大伙房水库就曾经按照抚顺站的预报关闸错峰，即当连续暴雨3小时雨量超过60 mm，或不足3小时雨量超过50 mm时关闸错峰。

(3) 防洪预报调度是利用准确预报资料进行调度工作的一种方式

对已建成的水库考虑预报进行预泄，可以腾空部分防洪库容，增加水库的防洪能力或更大限度地削减洪峰保证下游安全。对具有洪水预报技术和设备条件，洪水预报精度和准确性高，且蓄泄运用较灵活的水库可以采用防洪预报调度。短期水文预报一般指降水径流预报或上下站水位流量关系的预报,其预期不长,但精确度较高、合格率较高,一般考虑短期预报进行防洪调度比较可靠。

根据防洪标准的洪水过程,按照采用的洪水预报预见期及其精度,进行调洪演算。调洪演算所用的预泄流量是在水库泄流能力范围内且不大于下游允许泄流量的流量。如果下游区间流量比较大时,应该是不超过下游允许泄流与区间流量的差值。通过调洪演算即可求出能够预泄的库容及调洪最高水位。

2. 下游无防洪要求的调度

当下游无防洪要求时,应以满足水库工程安全为主进行调度。包括正常运行方式、非常运行方式两种情况的泄流方式,可采用自由泄流或变动泄流的方式进行。

(1) 正常运用方式

可以采用库水位或者入库流量作为控制运用的判断指标。按照预先制定的运行方式(一般为变动泄流,闸门逐渐打开)蓄泄洪水,控制水位不高于设计洪水位。

(2) 非常运用方式

当水库水位达到设计洪水位并超过时,对有闸门控制的泄洪设施,可以打开全部闸门或按规定的泄洪方式泄洪(多为自由泄流方式或启动非常泄洪道等方式),以控制发生校核洪水时库水位不超过校核洪水位。

3. 闸门的启闭方式

(1) 集中开启

集中开启就是一次集中开启所需的闸门个数及相应的开度。这种方式对下游威胁较大,只有在下游防洪要求不高,或水库自身安全受到威胁时才考虑采用。

(2) 逐步开启

有两种情况:一种是对安全闸门而言,分序开启;另一种是对单个闸门而言,部分开启。如何开启主要根据下泄洪水流量大小来确定。

(三) 防洪限制水位的确定

防洪限制水位在规划设计时虽已明确,但水库在汛期控制阶段,还必须根据当年的情况予以重新确定调整。一般应考虑工程质量、水库防洪标准、水文情况等因素来确定。

对于质量差的应降低防洪限制水位运行；问题严重的要空库运行；对于原设计防洪标准低的水库在汛期应降低防洪限制水位，以提高防洪标准；对于库容较小而上游河道枯季径流相对较大，在汛期后短期内可以蓄满，则防洪限制水位可以定得低一些。

在汛期内供水有明显分期界限的，为了充分发挥水库的防洪及综合效益，在一定条件下使防洪库容与兴利库容相结合使用，并根据预报信息提前预泄洪水或拦蓄洪位等。对此可以采取分期防洪限制水位进行分期调度，即将汛期分为不同的阶段，分别计算各阶段洪量和留出不同的防洪库容，进而确定各阶段的防洪限制水位，分期蓄水，逐步抬高防洪限制水位。

分期防洪限制水位的确定方法有两种。

（1）从设计洪水位反推防洪限制水位。将汛期划分为几个时段后，根据各分期的设计洪水，从设计洪水位（或防洪高水位）开始按逆时序进行调洪计算，反推各分期的防洪限制水位及调节各分期洪水所需的防洪库容。

（2）假定不同的分期防洪限制水位，计算相应的设计洪水位，综合比较后确定各分期的防洪限制水位。对每一个分期设计洪水拟定几个防洪限制水位，然后对每个防洪限制水位按规定的防洪限制条件和调洪方式，对分期设计洪水进行顺时序的调洪计算，求出相应的设计洪水位、最大泄流量和调洪库容。最后综合分析后确定各分期的防洪限制水位。

（四）汛期防洪调度图

水库汛期防洪调度图是防洪调度工作的工具，只要根据水库的水位在调度图中所处的位置，就可以按相应的调度规则确定该时刻的下泄流量。防洪调度图可以确定整个汛期的调洪方式。防洪调度图由防洪限制水位线、防洪调度线、各种标准洪水的最高调洪水位线和由这些线所划分的各级调洪区所组成，根据调洪库容与兴利库容结合的情况，介绍以下两种。

1. 防洪和兴利库容完全结合的调度图

防洪和兴利完全结合的调度图分三种情况。

（1）防洪库容是兴利库容的一部分（部分重叠）。

(2) 防洪库容与兴利库容全部重叠。

(3) 兴利库容是防洪库容的一部分。

调洪库容与兴利库容完全结合，故正常蓄水位与设计洪水位或防洪高水位相同，或低于设计洪水位或防洪高水位，而防洪限制水位可能等于死水位也可能高于死水位。防洪调度线是根据设计洪水过程线从洪水出现时刻（洪水出现可能最迟时间）开始，由防洪限制水位进行调洪计算所求得的水库蓄水位过程线，它也表示汛期各个时刻为满足防洪要求所必须预留库容的指导线。基本调度线是根据设计枯水年的来水，经调节计算，在满足发电及其他兴利要求的情况下绘制的水位过程线，因此它必须位于防洪调度线的下侧。在汛期前，水库的兴利蓄水位不得超过防洪限制水位和防洪调度线。如果洪水时期水库的水位被迫超过防洪限制水位和防洪调度线，则应根据一定标准确定的调洪规则来控制水库的泄流量，使水库水位回落到防洪限制水位和防洪调度线上来。

2. 调洪库容与兴利库容不结合

这种方法适用于在水库控制流域面积较小、洪水出现的时期和洪水的大小无规律的情况，此时调洪库容和兴利库容分别设置，汛期防洪限制水位位于水库正常蓄水位上，预留全部调洪库容以拦蓄随时可能出现的洪水。

第十章 水库工程的运行调度管理

第一节 水库调度规程及工作制度

一、调度规程

水库调度规程主要包括：水利枢纽工程概况，如工程组成及主要设备、工程特征值，所承担的防洪发电及其他综合利用任务和相应的设计标准及设计指标，水库运行调度所必需的其他基本资料和依据等；水库运行调度的基本原则，水库调度技术管理的工作内容，有关编制运行调度方案（包括有关工程特征值、指标的复核计算及相应的调度方法、调度函数或调度图表及调度规则的选定）的一般要求和规定；有关年度计划编制与实施的一般意见和可能采取的措施；有关水库工程观测、水文、水情测报及水文气象要素预报的要求；水库调度的通信保障及水库调度工作制度等。总之，调度规程是水库运行调度原则的具体体现，是编制和实施水库运行调度方案和计划的具体要求，是水库技术管理和法制管理的基本依据。水库调度规程中涉及的防洪、发电等兴利调度问题许多已在前面有关章节做了论述，下面仅补充在规程中对兴利调度实施的几点要求：

（1）为充分利用水能资源和水资源，保证供水期供电和供水，汛末应抓紧有利时机，特别要善于抓住最后一次洪水的控制调度，尽量使水库多蓄水。为此，要根据来水趋势和汛期结束的迟早，确定最后一次蓄水的开始时间。当汛末来水较少时，要注意节约用水，不能盲目加大水电站出力和供水，使水库在水电站保证出力和对其他用水部门保证供水的条件下，争取汛末尽量蓄至调度方案和计划规定的水位。

（2）当进行预报调度时，要随时掌握预报来水、水库蓄水、电力系统用水和各部门用水的具体情况，加强计划发电和供水。当实际来水与年初预报来水相比出入不大时，一般可按原计划的预报调度方式调度。如果水库实际蓄水与预报调度方式相应地库水位偏离较大，应根据当前时期的预报来水，修正后期的发电和其他兴利供水计划及水库调度方式。

（3）丰水年份和丰水期的运行调度，要注意及时加大出力，争取多发电少弃水。但当提前加大出力时，应考虑到以后可能来水偏少的趋势，要随时了解和掌握水文气象预报信息，灵活调度，力争做到既有利于防洪，又可多蓄水、多发电。

（4）枯水年份及枯水期的运行调度，主要应做到保证重点，兼顾一般。要本着开源节流的原则，充分挖掘潜力，节约用水，合理调度，使水库尽量在较高水位下运行，尽量使水电站及其他用水部门的正常工作不被破坏或少破坏。

（5）对多年调节水库，为预防可能发生连续若干年枯水的情况，每年应在水库中留有足够储备水量，合理确定每年的消落水位。若多年库容已全部放空，又遇到特枯年份，一般不允许动用死水位以下的库容。

二、工作制度

水库调度的工作制度主要包括以下几点。

（一）组织、审批、执行及请示报告制度

实际水文气象条件、工程运用情况、用电、用水及其他综合利用要求等在运行期间可能发生重大变化，当水电站及其水库的工程特征值和设计指标（如水库防洪限制水位、防洪及调洪库容、正常蓄水位、死水位、水电站保证出力及其他兴利保证供水等）不符合实际情况时，上级主管机关应组织水库管理单位、设计部门及其他有关单位，复核修改、编制相应的水库运行调度方案。所复核修改、编制的成果，属跨省电网内的大型水利枢纽，报中央有关部委批准，并报有关省（自治区、直辖市）人民政府备案；属地方管理的水库，经省（自治区、直辖市）人民政府批准，报中央有关部委备案。一般情况下，设计特征值和指标的复核及相应运行调度方案的编制每5~10年进行一次。

在上年末或当年初或蓄水期前，上级主管机关应组织所属电网内水电站及水库管理单位编制当年发电计划和水库调度计划，所编制成果的报批程

序同上所述。

对于上级下达的有关指示、决定及审批的调度方案和年度计划、指标等，水库管理单位必须认真执行。在执行中要坚持请示汇报制度。在特殊情况下，对重大问题的处理，当发生超设计标准洪水时，对泄洪建筑物的超标准运用，非常保坝措施的采取等，事先要及时请示，事后要及时汇报。

(二) 技术管理及运行值班制度

各水库必须设置专门机构从事水库调度的各项工作，如运行调度方案及年度计划的编制、日常调度值班业务，调度工作总结、资料的收集整理与保管，水情测报和水文气象预报等。各项技术管理工作要在管理单位技术行政负责人的统一领导下，各级分工负责。要加强岗位责任制，严格遵守工程管理的各项规章制度。要建立常年(特别是汛期)的调度值班制度，值班人员要掌握雨情、水情、工程变异情况，水库供水和水电站发电情况，做好调度日志及各项运行调度数据的记录、整理统计等工作，及时向上级汇报运行调度中出现的有关情况，负责和有关单位联系，要坚持交接班制度。对有关技术资料和文件要建立严格的检查、审批和保管制度，这些文件和资料主要有以下几个方面：

(1) 运行调度中记录、整理和统计的上下游水位、出入库流量、雨量、蒸发量、渗漏量、水温、泥沙、水质及各部门用水、水电站水头、出力和发电量等各项指标数据。

(2) 所编制的水库运行调度方案、历年发电和调度计划、各种计算成果。

(3) 水文气象预报和水情测报成果及其他有关技术文件、科研成果、工作总结等。有关重要计算成果和调度处理意见应经单位领导审查签署。

(三) 与有关单位和部门的联系制度

为了互通信息，密切配合，加强协作，搞好水库调度，水库管理单位应主动与水库上下游地方政府、防汛机构、上级水利主管部门、原设计单位、水文气象部门、各用水部门及交通、通信等有关单位和部门建立联系制度，必要时达成协议，共同遵守执行。

(四) 总结制度

为了评定和考核水库的运行调度效益,不断提高运行调度水平,应建立水库运行调度总结制度。总结可在汛后或年末进行,总结内容主要包括以下几点:

(1) 当年来水(包括洪水、年水量及年内变化情况)防汛、度汛、供水、发电情况。

(2) 水文气象预报成果及其误差。

(3) 实际运行调度(包括防洪调度和兴利调度)指标与原计划指标的比较。

(4) 防洪、发电及其他兴利等效益的评定。

(5) 本年度运行调度工作的经验教训及对下年度水库调度的初步意见、建议等。水库运行调度总结要及时上报和存档。

第二节 水库调度方案的编制

为了实现水库合理的或最优的运行调度,首先必须编制好相应的运行调度方案和运行调度计划。水库运行调度方案是在将来若干年内对水电站经济运行及其水库最优调度起指导作用的总策略和总计划。运行调度计划是运行调度方案在每一面临年份的具体策略或具体实施安排。本节先介绍水库运行调度方案编制的有关问题。

一、方案编制的基本依据

在编制水库运行调度方案和调度计划时,必须收集、掌握以下有关资料和信息,作为编制的基本依据:

(1) 国家的有关方针、政策,国家和上级主管部门颁布的有关法律、法规,如《中华人民共和国水法》《中华人民共和国防洪法》《水库调度规程编制导则(试行)》等有关水利管理方面的各种条例、通则、标准、规定、通令、通知、办法以及临时下达的有关指示等文件。这些文件是加强水库科学管理和法治管理的基本依据，对提高其运行管理水平和效益有直接指导意义，必须严格认真贯彻执行。

（2）水利枢纽和水库的原规划设计或复核资料，如规划报告、设计书、计算书及设计图表等。

（3）水利枢纽和水库的建筑物及机电设备（如大坝，泄水及取引水建筑物、闸门及其启闭设备，水电站厂房及其动力设备等）的历年运行情况和现状的有关资料。

（4）电力负荷和国民经济各有关部门防洪和用水要求等方面的资料。这些资料与设计时相比可能发生变化，应从多方面通过多种途径获取。

（5）水库所处河流流域及其水库的自然地理、地形、生态和水文气象等资料。如地形图、流域水系、主河道纵剖面图、水库及库区蒸发、渗漏、淹没、坍塌、回水影响范围、土地利用、陆生和水生生物种类分布、社会经济、人群健康、污染源等资料，历年已整编刊印的水文、气象观测统计资料，河道水位—流量关系曲线、水库特性、现有水文、气象站网分布和水情测报及水文气象预报信息等有关资料。

（6）水库以往运行调度的有关资料。包括过去历次编制的运行调度方案和年度计划；历年运行调度总结及实际记录、统计资料，如上下游水位，水库来水，水库泄放水过程及各时段和全年的水量平衡计算、洪水过程及度汛情况、水电站水头、引用流量及出力过程和发电量，耗水率以及其他部门资料等；有关运行调度的科研成果和试验资料等。

二、方案编制的内容

为了选定合理的水库运行调度方案，必须同时对所依据的基本资料、水库的防洪和兴利特征值（参数）、主要水利动能指标进行复核计算。所以，运行调度方案编制的内容应当包括以下三点：

（1）在基本资料方面，重点要求进行径流（包括洪水、年径流及年内分配）资料的复核分析计算。

（2）在防洪方面，要求选定汛期不同时期的防洪限制水位、调洪方式下各种频率洪水所需的调洪库容及相应的最高调洪水位、最大泄洪流量等防洪特征值和指标。

(3) 在发电、灌溉、水运、给水、养殖等兴利方面，要求核定合理的水库正常蓄水位、死水位、多年调节水库的年正常消落水位及相应的兴利库容与年库容，选定有效的水库调度方法，拟定水库调度规则及建立相应的调度函数或编制相应的水库调度图、表，复核计算有关的水利动能指标，阐明这些指标与水库特征值的关系等。

三、方案编制的方法和步骤

编制和选定运行调度方案可采用优化法或方案比较法，其中优化法有很多优点，在水库调度中已得到广泛使用，但使用更普遍的是方案比较法（在若干可行方案中选择比较合理的较好方案）。下面重点介绍方案比较法编制水库兴利运行调度方案的步骤：

(1) 拟定比较方案。按照水库所要满足防洪、发电及其他综合利用要求的水平和保证程度，一定坝高下的调洪库容、兴利库容的大小和二者的结合程度，水库运行调度方式等因素的不同组合，运行调度方案可能多种多样，严格来说，可有无穷多个不同的组合方案，因此必须从中拟定较为合理的可行方案作为备选的比较方案。

(2) 选择各比较方案的水库调度方法（可用常规调度法，也可用优化调度法），拟定各方案的调度规则，计算和建立相应的调度函数或编制相应的调度图、表。这是运行调度方案编制的核心内容之一。

(3) 按各比较方案选择的调度方法、调度规则、调度函数或调度图表，根据水库长系列来水资料，复核计算水电站及其水库的水利动能指标。如水电站保证出力和对其他兴利部门的保证供水流量及相应的正常工作保证率下水电站的多年平均年发电量以及耗水率、水库蓄水保证率、水电站装机利用小时数、水量利用系数等。

(4) 按照水库调度基本原则，对各比较方案的水利动能指标和其他有关因素，进行综合分析和比较论证，选定一个较为合理的、较好的水库运行调度方案。

第三节 水库度汛计划的编制

一、水库防洪调度方案的编制

水库防洪调度方案是指导水库进行防洪调度的依据，是完成防洪任务的基本措施。在水库的规划设计阶段和运行期间都需要编制防洪调度方案。规划阶段的编制工作结合水库调洪参数的选择完成；运行调度期间则根据实际情况的变化每隔若干年编制一次。编制防洪调度方案必须体现防洪调度原则。下面论述运行水库防洪调度方案编制的基本依据、方案的主要内容和编制的方法步骤。

(一) 防洪调度方案编制的基本依据

水库防洪调度方案编制的主要依据有：国家的有关法规、方针政策及上级关于防汛工作和水库调度的指示文件；水库及水电站的原设计资料；水库防洪任务、兴利任务及相应的设计标准；水工建筑物及其设备等的历年运行情况和现状；水库面积、容积特性曲线和回水曲线、泄流特性曲线及各种用水特性曲线等；水库设计防洪调度图、洪水资料和水文气象预报资料等。

(二) 防洪调度方案的主要内容

防洪调度方案的内容视各水库的具体情况而定，一般应包括：阐明方案编制目的、原则及基本依据，在设计洪水复核分析计算的基础上核定水库调洪参数和最大下泄流量，核定水库调洪方式和调洪规则，核定或编制防洪调度图及提出防洪调度方案的实施意见等。

(三) 防洪调度方案编制的方法步骤

防洪调度方案各项内容之间与兴利调度方案之间关系密切，影响因素甚多，因此方案编制比较复杂，有时要有一个由粗到细的反复过程。对运行水库来说，大坝高程是已定的，校核洪水位和泄洪建筑物的型式与尺寸一般也是确定的；上游的移民标准洪水位也是已定的。在这种条件下，防洪调度方案编制的一般方法及步骤如下：

(1) 在分期洪水特性分析的基础上,研究进行分期洪水调度的可能性和防洪与兴利结合的程度,确定汛期各分期的分界日期,研究各分期洪水的分布特性,根据各种防洪标准(如上下游防洪标准、大坝设计标准和校核标准等)推求各分期相应的设计洪水。

(2) 根据上下游防洪要求及泄洪建筑物的型式和尺寸,拟定水库控泄的判别条件及相应的调洪规则。

(3) 对汛期各分期分别拟定若干防洪限制水位 Z_{FX} 方案:对每一个 Z_{FX} 方案,用各种频率的洪水,按所拟定的判别条件及相应的调洪规则进行顺时序调洪计算,求出各种频率洪水下的最高水位 Z_m 和最大下泄流量 q_m。

(4) 根据所拟定的各 Z_{FX} 值以及用各种频率洪水计算求得的与之相应的 Z_m 值,绘制 $Z_{FX} \sim Z_m$ 关系线。每一分期这种关系线的数目与水库防洪标准的数目相应。该水库汛期分为前汛期(4~6月)和后汛期(7~9月),根据上下游防洪要求采用5个设计防洪标准,相应的洪水频率为 $P_{F1}=20\%$(下游防洪标准)、$P_{F2}=10\%$(上游防洪标准)、$P_{F3}=5\%$(移民标准)、$P_{SJ}=0.1\%$(设计洪水标准)及 $P_{XH}=0.02\%$(校核洪水标准)。这样,每个分期各有5条 $Z_{FX} \sim Z_m$ 关系线。

(5) 确定各分期防洪限制水位 Z_{FX}。各分期的 Z_{FX} 可根据给定的校核洪水位 Z_{XH} 及上游移民标准洪水位 Z_{F3},利用各分期的 $Z_{FX} \sim Z_m$ 关系线,并结合考虑有关因素经综合分析确定。根据图13-1已知的 Z_{XH}=172.7 m 和 Z_{F3}=169.2 m 在相应的 $Z_{FX} \sim Z_m$ 关系线上能够查得防洪限制水位 Z_{FX}:前汛期都为162.6 m,后汛期分别为164.6 m 和164.25 m(取低值)。所以,162.6 m 和164.25 m 分别为前、后汛期允许的最高防洪限制水位。但考虑到延迟泄洪时间,动库容等对调洪的种种不利因素及开展预报调度等有利因素,要留有一定余地,最终分析确定的 Z_{FX} 前汛期为162.5 m,后汛期为164 m。

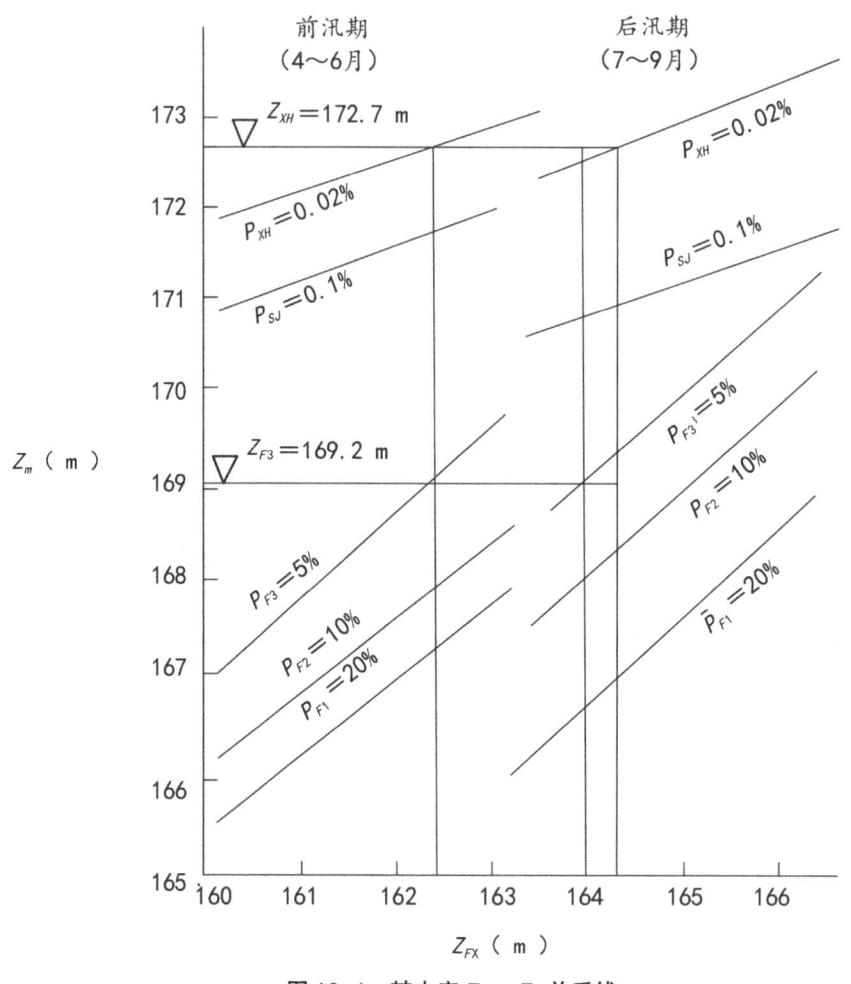

图 10-1 某水库 $Z_{FX} \sim Z_m$ 关系线

（6）防洪调度核定演算。主要包括：①根据各分期最后确定的 Z_{FX}，分别对各种频率设计洪水按与第（3）步同样的方法进行调洪演算，核定与 Z_{FX} 相应的各种频率设计洪水的最高调洪水位 Z_m、调洪库容 V_T（或 V_F）与最大控制泄量 q_m；②由最后一场洪水的水库蓄水过程线决定防洪调度线；③由汛期初的 Z_{FX} 与正常蓄水位 Z_{ZH} 之间的库容决定防洪与兴利结合库容 V_1。

（7）绘制水库防洪调度图。由水库各种最高调洪水位 Z_m、各分期防洪限制水位 Z_{FX}、防洪调度线及由这些线所划分的各调洪区，构成水库防洪调度图。

(8）编写防洪调度方案实施意见，最终形成防洪调度方案文件，并呈报主管部门审批。不宜实施分期防洪调度的水库，其编制方法与分期防洪调度方案的做法完全相同。

二、水库当年度汛计划的编制

由于通信手段的现代化和计算机的广泛应用，目前我国不少大中型运行水库均在不同程度上结合水文气象预报进行水库的防洪预报调度。因此，水库年度防洪调度的实施工作，原则上按照预先编制的防洪调度方案和利用长期水文预报制订的当年防洪度汛计划进行。按照它们规定控制各时期的水库水位和泄量，在具体的防洪调度及操作中，利用中短期预报，分析当时的雨情和水情，在一定范围内灵活地实施操作调度，以求得更大的综合效益。下面介绍实施水库当年度汛计划的一些基本内容。

（一）汛前准备工作

为保证水库本身和上下游防洪安全，汛前必须做好防洪度汛的准备工作。其主要内容有：建立防洪指挥机构，组织防汛抢险队伍，做好水文测站的水情测报准备和洪水预报方案的编制修订；根据当年具体情况，制订当年度汛调洪计划，对水库调洪规程、制度及各种使用图表进行检查，必要时应进行补充修正；对水库工程和设备进行全面检查修理；准备必要的防汛器材和照明通信设备；有计划地将水库水位消落至防洪要求的防洪限制水位等。

（二）水库当年度汛计划的编制

每年汛前，水库调度管理部门应根据水库防洪任务、当年水文气象预报资料及汛期各方面对水库调度提出的要求，按水库防洪调度方案制订符合当年情况的水库度汛调洪计划。这个计划在内容、编制方法及步骤上基本与水库防洪调度方案相同。防洪调度方案是对近期若干年起指导作用的方案，而当年度汛计划则是防洪调度方案在当年的具体体现。当年的度汛调洪计划一般包括如下内容：根据平时工程观测资料和近期质量鉴定的结果、以往运行中达到的最高库水位及其历时和当年库区的有关要求，规定当年水库的允许最高蓄洪水位（一般情况下，它不得高于经核定的设计洪水位）；根据防洪调度方案中核定的设计洪水标准、下游防洪标准及以往运行经验，参考当年水文气象预报资料，确定水库当年各种防洪标准及相应的设计洪水；规定汛期各时期的防洪限制水位、错峰方式及汛末蓄水位等。以上各项，如水库各方面情况无大的变动，可采用防洪调度方案成果；如出现大的变动，则应重新计算确定。

第四节 水库调度的评价与考核

一、水库调度考核目的及意义

中华人民共和国成立以后，为满足社会经济发展的需求，不同开发目标或综合利用水库相继建设完成，这些水库不同程度地承担着发电、防洪、灌溉、防凌、供水、航运、减淤等任务。随着水库的建成投运，如何运用水库完成相关开发任务，最大程度地发挥效益，是一个需要解决的问题。

水库调度考核的目的就在于通过对水库各项运行目标制定合理的运行标准，并采取必要的奖惩手段，激励有关部门和个人采取有效措施，努力实现运行目标。随着电力体制的改革和市场化的推进，水库的经济运行工作将更加重要，因此对水库调度工作进行全面考核是水库调度适应改革、适应市场经济的重要途径和出路。通过水库调度考核，可以提高水库调度人员的专业业务水平，及时总结工作经验，从而促进水库的安全经济及优化运行达到更高水平。

二、发电调度的主要考核指标

目前，发电调度考核采用的主要考核指标包括节水增发电量、水能利用提高率。这两个指标能够较全面地反映水库经济运行状况。

(一)节水增发电量与水能利用提高率

节水增发电量是反映水库经济运行的一项绝对指标，它是考核运行期的实际发电量与理论电量之差。理论电量是指在考核期内，水电站如果按照既定的常规调度图以及有关调度原则运行后可发的电量。

水能利用提高率是反映水库经济运行的一项相对指标,指考核时段水电站节水增发电量占理论发电量的百分比,可用于比较不同水电站之间的经济运行情况。目前已被列为水电站争创一流企业的重要考核指标。

由于不同调节性能水库的节水增发电量能力有明显差异,因此不同水库水能利用提高率的比照标准也不同,表10-1的考核指标仅供参考。

表10-1 水库年度水能利用提高率考核指标

水库调节性能	调度水平优劣		
	优秀	良好	合格
周调节及以下(%)	1.5~2.0	1.0~1.4	0.5~0.9
季、年调节(%)	2.0~3.0	1.5~1.9	0.5~1.4
多年调节(%)	3.0~4.0	2.0~2.9	0.5~1.9

(二)理论电量的计算

计算考核指标的关键是理论电量,而理论电量能否正确计算,取决于基本资料及重要计算参数是否准确。

1. 基本资料的收集与重要计算参数的审定

基本资料包括:水库水量损失与水头损失,综合利用用水要求;水库库容、面积、尾水位流量、水头损失、机组出力限制等关系曲线、电站设计保证率与保证出力、水库发电调度图等。

重要计算参数包括:①综合出力系数。各电站可根据历史资料及运行现状科学合理地确定。②水电站负荷率。水电站合理的负荷率与所在电网的结构、电网负荷特性、负荷预测、停机方式、火电实际调峰状况、电价政策、网内其他水电站来水蓄水情况以及水电站本身机组状况、电网的安排等有密切关系。因此,水电站负荷率一般通过对历史资料的认真分析和计算,并经过充分协商和论证确定。

2. "水位差电量"计算问题

所谓"水位差电量",是指在按调度图或有关调度原则进行理论电量计算时,考核期末的计算水位与实际水位存在差异,因此存在着相应的电量差,即"水位差电量"。根据对"水位差电量"处理方式的不同,分连续计算法和折算计算法。连续计算法不考虑"水位差电量"对考核结果的影响,每个考核期在起算时,都以上一考核期末的计算结果为初始条件进行计算。该方法是目前争议较少的一种计算方法。折算计算法则要考虑"水位差电量"对考核结果的影响,在下一考核期再起算时,以上一考核期末的实际或计算结果为初始条件进行计算。折算时应坚持实际水位向计算水位靠拢的原则。如实际水位高,则应将多余水量按照合理的耗水率折算为电量,并加入考核期实际电量;如实际水位低,则应将超用水量按照合理的耗水率折算为电量,并从考核期实际电量中扣除。折算时所用耗水率应为考核期平均耗水率。使用折算计算法后,应注意对其后效性进行处理。当某水电站确定使用折算计算法进行考核计算时,应根据初始水量差在第二考核期内的实际作用,对第二考核期的实际电量进行必要的修正。

3. 理论电量上限问题

每个水电站的可调出力随着水库水位的变化而变化,因此不同水位下的可调出力存在上限值。同时水电站在电网中都不同程度地担负着调峰、调频任务,因此水电站理论电量对应不同水位以及调峰,调频力度具有上限值。所以,在计算水电站理论电量时,考核时期内任何一个计算时段的理论电量应小于或等于该时段内的理论电量的上限值。如果计算的理论电量大于理论电量的上限值,则该计算时段的理论电量取理论电量上限值。

理论电量上限值 E_{max} 的计算公式为

$$E_{max} = N_k T_\gamma \tag{10-1}$$

式中 N_k——计算时段平均可调出力(kW);

T——计算时段长(h);

γ——电站发电负荷率(%)。

(三) 不同调节性能水库水能利用考核方法

由于各种水库的规模不同,调节性能差异很大,运行规律也多种多样,因此各种调节性能水库的节水增发电量计算办法也有所差别。

1. 日调节性能水库

日调节水库的调节性能较差,在进行发电考核计算时,其水库的调节性可不予考虑。理论计算电量时,上游水位可采用固定值进行计算:如取死水位与正常高水位的平均水位或取近三年上游平均水位,也可根据水库运行具体情况确定计算值。水电站综合出力系数 K 值可采用前期运行实际结果或采用近三年的平均值进行计算。计算时段应以日为单位。

日理论电量严格按水库出、入库平衡计算，计算公式为：

$$E_{II} = 24K\left(\overline{Z_{SY}} - \overline{Z_{XY}}\right)\overline{Q_{rk}} \tag{10-2}$$

式中 E_{II}——日理论电量（kWh）；

K——综合出力系数；

$\overline{Z_{SY}}$——水库上游计算考核水位（m）；

$\overline{Q_{rk}}$——日均入库流量（m³/s）；

$\overline{Z_{XY}}$——对应于日均入库流量的下游水位（m）。

按式（13-2）计算的日理论电量如果大于日理论电量的上限值，则应取其上限值。将考核期内所有日理论电量进行累加，即得考核期内的理论电量。

2. 季、年调节及其以上性能水库

季、年调节水库计算时段一般为旬，多年调节水库也可采用月。计算理论电量应按照调度图及有关调度原则进行。在考核期内，对于每一个计算时段而言，其理论电量的计算结果应当不超过该时段所设定的理论电量上限值。不过，多年调节水库的综合出力系数 K 值变化范围较大，因此计算中应考虑水位等因素对 K 值的影响，并根据考核期具体情况对其加以修正。

3. 梯级水库

梯级水库运行存在以下两种情况：一是各自单独运行，各水库运行目标互不影响；二是联合运行，即通过各梯级水库联合运行以完成相关目标任务。对于第一种情况，各水库的水能考核应单独进行，其方法同前。对于实施联合运行的梯级水库，应及时完成梯级联合调度图的编制工作。梯级水库调度考核办法不太成熟，以下是几项考核原则：

（1）梯级中各水库理论电量计算时应使用连续计算办法。

（2）在梯级中起主要调节作用的水库，其考核计算必须按梯级联合调度图及有关梯级调度原则进行理论电量的计算。

（3）梯级中非主要调节性能水库考核计算时，可按梯级调度图及有关梯级调度原则进行计算，也可以作为单一水库进行计算。具体采用哪种办法，视实际情况决定。

（4）由于梯级水库间存在较大的补偿调度效益，因此应根据具体情况，采用合理的计算办法对节水增发电量在各水库间进行公平分配。

第五节　水库的防洪调度图

水库的防洪调度是一种确保水库安全，实现水库防洪任务，使水库充分发挥综合效益而采用的控制运用方式。当发生洪水时，利用水库的防洪库容，根据水库及下游防洪的设计标准，合理解决入库洪水、水库拦洪与水库泄洪的关系，进行水库防洪调度，其基本依据是水库防洪调度图。

水库防洪调度图是由分期防洪限制水位、防洪调度线、防洪高水位、设计洪水位校核洪水位与当年允许最高洪水位等蓄水指示线，以及这些指示线划分的运行区组成的水库汛期运行图。它是用来指示水库在汛期为了防洪安全，各个时刻应该预留多少防洪库容及调洪库容的。

一、水库防洪调度线的绘制

防洪调度线是由后汛期的洪水最迟发生时刻起，从防洪限制水位开始，用下游防洪标准的设计洪水进行顺时序调洪计算，所得的不同时刻的水库蓄水位过程线。绘制防洪调度线的调洪计算依据是：各种标准的设计洪水过程线和规定的下游河道安全泄量；起调水位是防洪限制水位；起调时刻采用汛期最后一次洪水来临的时刻，即汛末。

防洪调度线至防洪高水位的纵距表示水库在汛期各时刻所应预留的拦洪库容。必须指出的是，设计洪水可能有不同的分配过程，为确保防洪安全，必须同时考虑各种可能的分配典型，以便最后合理地确定防洪调度线。为此，下游防洪标准的设计洪水应选择几个不同分配典型缩放而得多个过程设计洪水过程线，分别绘出经调洪计算求得的蓄洪过程线，最后取其下包线作为防洪调度线。这样不论何种分配典型的设计洪水过程，其拦洪库容都可以满足，从而可以保证防洪的安全。

由于水库设计洪水过程的历时相对于调度图横坐标的月份来说，历时很短，因而调度图上设计洪水可能出现的最迟时刻以后防洪调度线一般比较陡，有时甚至是垂直线。

二、水库防洪调度图的分区与应用

水库防洪调度区是指汛期为防洪调度预留的水库蓄水区域，该区的下边界是防洪限制水位$Z_{限}$，右边界是防洪调度线，上边界对应各种标准设计洪水的防洪特征水位（$Z_{防}$、$Z_{设}$、$Z_{校}$）。防洪限制水位$Z_{限}$、防洪调度线以及防洪高水位$Z_{防}$之间的区域称为正常防洪区，该区是为防范下游设计洪水而预留的防洪库容，在这种情况下为了使下游免遭洪灾，水库最大泄洪流量$q_m = q_{安}$；防洪高水位$Z_{防}$、防洪调度线以及设计洪水位$Z_{设}$之间的区域称为加大泄洪区，该区是针对大坝设计洪水而额外预留的调度库容。在发生大坝设计洪水的情况下，为确保大坝安全，下游不可避免遭受洪灾，水库最大泄洪流量$q_m = q_{m设} > q_{安}$；设计洪水位$Z_{设}$、防洪调度线以及校核洪水位$Z_{校}$之间的区域称为非常泄洪区，该区是针对大坝校核洪水而额外预留的调洪库容，在这种情况下为了确保大坝安全，下游肯定会遭受非常严重的洪灾，此时水库最大泄洪流量$q_m = q_{m校} > q_{m设} > q_{安}$。

有了防洪调度图，就可以根据汛期各时刻库水位落在哪一运行区，并结合短期天气预报情况，决定水库如何泄流。

必须强调指出，防洪调度图是按照一定的条件制定的，而在实际运用年度内实际来水情况千变万化，防洪调度方案不可能包罗万象，有很多情况难以预料。因此，在汛期调度运用中，不能把调度图作为唯一依据，而应视当时的雨情、水情、工程具体情况和天气预报等因素，遵循具体的调度规则灵活运用。

第六节　水库的防洪限制水位

水库在汛期除防洪外，还要蓄水抗旱。防洪要求水库的水位要降得低一些，以便腾出库容来拦洪，而抗旱又希望抬高水库的水位，多蓄一些水。为了解决这个矛盾，就要定一个恰当的蓄水位，既可保证防洪的安全，又可以蓄到一定水量用来灌溉，这个水位就称为防洪限制水位。防洪限制水位是水库在汛期洪水来临前允许兴利蓄水时的上限水位，是一个协调兴利与防洪矛盾的特征水位。从防洪安全角度出发，这一水位定得越低越有利；而从蓄水兴利角度出发，这一水位定得高一些更利于汛后能蓄满兴利库容。

一、防洪限制水位的推求

规划设计阶段已确定了水库的防洪限制水位。而在运行阶段中，由于以下因素都需要重新确定防洪限制水位：一是水库当年的防洪标准或当年允许的最高水位，或下游允许的安全泄量与设计条件的不同；二是进行分期洪水调度，需要确定分期的防洪限制水位。

对某一水库而言，只要泄流方式已定，便可推算出各种不同允许最高洪水位条件下，遇到各种频率洪水时的防洪限制水位。防洪限制水位一般取决于设计洪水与校核洪水的调洪需要，根据技术设计阶段选定的设计洪水与校核洪水过程线和防洪运用方式，分别以设计洪水位和校核洪水位为起始水位，由入库流量等于最大下泄流量的时刻开始，逆时序进行调洪计算得出的最低时刻水位即为防洪限制水位。

关于防洪限制水位的确定，一般可考虑以下几个方面：

（1）工程质量。根据工程检查，如果发现工程质量差或工程防洪标准不够，防洪限制水位就要比原规划的结果定得低一些。

（2）枯季径流情况。如果库容小，但上游河道枯季径流相对较大，在汛后短期内可以充满的水库，则防洪限制水位可以定得低一些，使工程可以更安全一些，而又不妨碍汛后蓄水。

（3）洪水发生规律。这也是规定水库防洪限制水位要考虑的一个主要因素。由于汛期不同时期洪水的大小不同，因而可以将汛期分为前、中、后期

(或初汛、主汛、尾汛)，分别计算不同时期的设计洪水，按不同时期的不同洪水计算各时期的防洪限制水位。

二、分期汛期限制水位的确定

我国多数地区洪水的大小和过程线形状在汛期各个阶段具有明显的差异。这种情况下，若整个汛期采用一个防洪限制水位显然没有必要，不利于兴利蓄水。确定分期防洪限制水位有利于兴利蓄水，是解决防洪和兴利矛盾的有效途径，可以更好地获得水库的综合利用效益。防洪限制水位必须兼顾防洪和兴利两方面的要求，要恰当地处理好它们之间的矛盾，使两个方面的要求都得以落实。同时，还要考虑洪水的季节性特点，一般应拟定出汛期不同阶段的防洪限制水位。

(一) 汛期洪水的分期

分期抬高汛期防洪限制水位，是解决防洪与兴利矛盾的有效办法。我国绝大多数汇流的洪水由降雨产生，一般可由水库所在流域上暴雨或洪水发生的时间和次数，统计分析洪水出现的规律性，以确定汛期洪水的分期。例如，某中型水库日雨量超过 50 mm 的次数统计见表 10-1 所示。从表中的统计可以得出初汛期、主汛期、尾汛期出现的时期。

表 10-1　某中型水库日雨超过 50 mm 的次数统计

月份	6			7			8			9		
旬	上	中	下	上	中	下	上	中	下	上	中	下
次数	0	2	3	6	11	8	9	12	9	5	3	2
洪水分期	初汛期			主汛期						尾汛期		

根据我国多数地区汛期水文特性和当地暴雨发生的规律，水库防洪运用一般可分为初汛期、主汛期和尾汛期 (也可分为两期或四期) 进行控制蓄泄。初汛期和尾汛期洪水较小，防洪限制水位可以适当抬高一些，以增加兴利蓄水量；主汛期洪水较大，防洪限制水位可降低一些，以提高水库的抗洪能力。例如，海河流域汛期为 6~9 月，大多数水库主汛期为 7 月下旬至

8月上旬，汛期其余时间分别为初汛期、尾汛期。又如：位于汉江上的丹江口水库汛期为 7～10 月，其洪水特点是 7、8 月的洪水峰高量大，涨势迅猛；而 9、10 月的洪水往往是量大、历时长、涨势缓慢。根据上述特点，丹江口水库确定 7 月 1 日至 8 月 31 日为前汛期；9 月 1 日至 10 月 15 日为后汛期。

(二) 推求汛期分期防洪限制水位的途径

关于汛期分阶段防洪限制水位的推求，与前述不分阶段的做法大体相同。区别是：这里设计洪水的计算和防洪限制水位的推求，都要按划定的阶段进行。由于当年整个汛期的允许最高洪水位是固定不变的，因此各阶段 $Z_限$ 的推求的主要问题就是如何推求各阶段的设计洪水。分析出洪水发生的规律后，推求汛期分期防洪限制水位 Z 限，大体有如下两种途径：

(1) 各分期采用不同的防洪设计标准。这种途径常用于缺乏资料的中小型水库。

(2) 各分期采用相同的防洪设计标准。这种途径常用于有实测资料的大中型水库。

第七节　防洪调度方式的拟定及调度规则的制定

水库汛期的防洪调度直接关系到水库安全及下游防洪效益的发挥，并影响汛末蓄水，因此是水库管理中一项十分重要的工作。做好水库防洪调度首先必须制定合理而又切实可行的防洪调度方式。防洪调度图，虽能表达在汛期内各时期水库应预留的防洪库容，但是当洪水来临时，水库应如何控制蓄泄，还需要考虑上下游的防洪要求、水文预报的可靠程度、洪水特性、泄洪设备使用情况等因素，拟定出合适的调度方式和调度规则。

一、防洪调度方式的拟定

所谓防洪调度方式，是指控制和调节洪水的蓄泄规则，包括泄流方式、下泄流量的规定和泄洪闸门的启闭规则等。它是根据水库防洪要求（包括大坝安全和下游防洪要求），对一场洪水进行防洪调度时，利用泄洪设施泄放流量的时程变化的基本形式，也常称为水库泄洪方式或水库调洪方式。其中，泄流方式泄流量的规定是调节计算的基础。所采用的水库调洪方式应根据泄洪建筑物的型式、是否担负下游防洪任务，以及下游防护地点洪水组成情况等方面因素来考虑和区分。基本上水库防洪调度方式可分为自由泄流、固定下泄、补偿调节三种类型。以下按下游无防洪任务和有防洪任务两种情况分别予以介绍。

（一）下游无防洪任务的水库调度方式

对于下游无防洪任务的水库，水库调洪的出发点是确保水工建筑物的安全。对于这种水库一般采用自由泄流或泄洪建筑物敞泄的方式，即在调度时，只需考虑水库工程本身的防洪安全，下泄流量不受限制。现以下游溢洪道有闸门与无闸门两种情况的泄流方式予以介绍。

1. 溢洪道上无闸门控制的泄流方式

对于水库不设闸门控制的溢洪道，水库的泄流方式为自由泄流，防洪调度方式比较简单。当库水位超过溢洪道堰顶高程后，溢洪道开始自由溢洪，下泄流量仅取决于库水位的高低，随入库洪水的大小而变化。

2. 溢洪道上有闸门控制的泄流方式

对于下游无防洪任务的有闸溢洪道水库，下游对水库泄量无具体限制，其防洪调度的目的就是保证大坝的防洪安全。这种水库为了做到防洪与兴利库容相结合，往往将防洪限制水位设置为高于溢洪道堰顶高程，抬高兴利蓄水位和增加泄洪时的初始泄量。因闸门的调节性能不同，泄流方式又可分为以下两种。

（1）闸门不能调节流量的泄洪方式

有些水库溢洪道闸门不能逐步开启调节流量，要么全开，要么全关，遇到洪水起涨，就全开闸门泄流，但是此时开始入库的洪水流量较小，而下泄流量较大，故引起水库水位下降，泄空了一部分库容。随着库水位的降低，下泄流量相应逐渐减小。当出现入库流量超过水库的下泄流量时，水库水位又开始回升，先前泄空的一部分库容得到充蓄，泄流量也随之增加，直到出现最大泄流量。

采用这种泄流方式，可以及早腾空部分防洪库容，对水库防洪安全有利，而且闸门的操作方式简便。但是由于开闸后下泄流量较大，水位下降较快，可能会影响后期蓄水，所以宜在有洪水预报的情况下采用。

(2) 闸门能够调节流量的泄流方式

该方式主要是考虑水库本身的安全和兴利蓄水的要求，可以采用控制泄流与自由泄流相结合的方式。当洪水来临时，库水位为防洪限制水位 Z 限，闸前已具有一定的水头（有闸门控制时，一般防洪限制水位高于溢洪道堰顶高程）。如果打开闸门，则具有较大的泄洪能力。在没有洪水预报的情况下，当洪水开始入库时，为了保证兴利要求，若入库流量不大于水库防洪限制水位 Z 限的溢洪道泄流能力 q 限，应将闸门逐渐打开，控制闸门开启度，使水库泄量等于入库流量，并保持库水位维持在水库防洪限制水位不变。当闸门开启到与防洪限制水位齐平时，如果洪水继续增大，说明此时入库流量将要大于防洪限制水位所对应的溢洪道泄流量，这时，要维持水位在防洪限制水位，使库水位不上涨，已不可能，应立即全开闸门，使洪水按自由泄流运行，使库水位上升的高度尽可能地小。

采用这种泄流方式，在水库整个兴利过程中，水库蓄水位不会低于防洪限制水位，因此它不会因后期洪水变小而影响蓄水。在无洪水预报或预报精度不高的情况下，采用这种方式比较稳妥可靠。但闸门操作比较频繁，因此要求闸门的启闭必须灵活。

某些水库的闸门不能调节流量，但闸门的孔数较多，可采用逐个开启闸门的方式。也就是说，在洪水刚开始入库时，先开一孔闸门，随着入库流量的增加，再逐个开启。用这种方式同样也可达到上述效果。

(二) 下游有防洪任务的水库调度方式

对于有下游防洪任务的水库，既要考虑下游的防洪要求，又要保证大坝安全。水库的防洪调度方式，一般可分为固定泄洪调度、防洪补偿调度和防洪预报调度。有防洪和兴利作用的综合利用水库，在防洪调度中还需要考虑防洪与兴利的联合调度。

1. 固定泄量调洪方式

若水库距防洪控制点很近，坝址至规划控制点区间洪水很小，洪水不超过下游防洪标准的洪水，水库可按下游河道安全泄量下泄，这种泄洪方式常称为固定泄量调洪方式。

固定泄量调洪是指当洪水不超过下游防洪标准洪水时，水库控制下泄流量，使下游河道不超过安全泄量。固定泄量防洪调度方式主要适用于水库下游有防洪任务，但水库坝址距防洪控制点很近、区间面积较小、区间洪水可以忽略的情况。

2. 防洪补偿调度方式

当水库距防洪控制点有一定距离、区间面积较大时，水库与下游防护地区之间的区间洪水不可忽略。当发生洪水时，水库仅能控制的是入库洪水，因此为了能比较经济地利用防洪库容及满足防护地区的防洪要求，水库要考虑区间来水大小，进行补偿放水，这种视区间流量大小控泄的调洪方式称为防洪补偿调节。这种调度方式的基本点为：当发生小于或等于下游防洪标准的洪水时，水库放水与区间洪水有机配合——当区间洪水大时，水库少泄洪；当区间洪水小时，水库多泄洪，使两者之和不超过防洪控制点的允许泄量。实现防洪补偿调节的前提条件是：水库泄流到达防洪控制点的传播时间小于（至多等于）区间洪水的集流时间，否则无法获得确定水库下泄流量大小所需的相对区间流量信息；或者是具有精度较高的区间水文预报方案（包括产汇流预报相应水位或相应流量等），其预见期不短于水库泄流量至防洪控制点的传播时间。

对于有几种安全泄量或流量标准的情况，可采取多级防洪补偿调度。根据区间洪水和补偿条件的不同，又可分为考虑洪水传播时间的补偿调度、考虑区间洪水预报的补偿调度和考虑综合因素的防洪补偿调度。

（1）考虑洪水传播时间的补偿调度。当水库泄量到达防洪区的传播时间小于或等于区间洪水传播到防洪区的时间时，水库泄量比区间洪水提前到达防洪区，故而可以利用传播时间差按已知区间流量确定水库的防洪补偿泄量。

（2）考虑区间洪水预报的补偿调度。若水库泄量晚于区间洪水到达防洪区，则需要有一定预见期的区间洪水预报，才能预知区间流量并考虑预报误差对水库进行补偿泄洪。

（3）考虑综合因素的防洪补偿调度。对区间面积很大、洪水遭遇组成比较复杂的情况，可以参照洪水发生的基本规律并根据以往实际洪水资料，分析水库对防洪区补偿调度的蓄泄洪量与防洪区的水位、流量及涨率之间的经验关系,据此建立以防洪区水位、流量、涨率等综合因素为参数的防洪补偿调度图,作为指导水库防洪补偿调度的依据。

3. 防洪预报调度

具备洪水预报技术和设备条件,洪水预报精度及准确率较高,蓄泄运用较灵活的水库,可以采用防洪预报调度。通常有以下两种方式:

(1) 根据洪水预报提前腾出库容以蓄纳即将发生的洪水。对于有兴利任务的水库,其预泄水量一般以该次洪水过后水库能回蓄到防洪限制水位,不致影响兴利效益为原则来确定。预报调度可以与补偿调度相结合。预报预见期越长、预报误差越小,则防洪预报调度效果越好。目前,多采用短期防洪预报调度;中期预报精度较差,实际应用尚不多;长期预报尚处于探索阶段。随着水文预报科学技术水平的提高,防洪预报调度将是提高防洪效益的有效途径。

(2) 根据入库洪水(或防洪控制点以上的洪水)的洪峰或总量的预报进行水库调度。在考虑分级调度的情况下,若预报洪水(考虑预报误差)即将超过下游某一级防洪标准的相应安全泄量时,即可提前按高一级标准的安全泄量泄洪。如预报将发生超过工程防洪标准的洪水(考虑预报误差)时,可提前按确保水库安全的调度方式运用,以提高水工建筑物的安全度。

二、防洪调度规则的制定

(一) 编制水库防洪调度规则的依据

防洪调度图是指导水库防洪调度的基本依据。由于它是在一定的设计条件下制定的,因此它反映不了防洪调度中的许多细节和措施。为了使水库的防洪调度在任何情况下均有所遵循,需要在防洪调度图的基础上,附加文字说明,定出各种可能出现回升情况的调度规则,以确保安全,发挥防洪效益。

水库防洪调度规则就是根据水库防洪调度的任务、防洪特征水位、水库的调洪方式、水库泄流量的判别条件等,编制的指导水库防洪调度的操作指示,是水库调度规程的重要组成部分。水库调洪方式的拟定是编制水库防洪调度规则的基础。首先，制定防洪调度规则时必须体现在各种条件下调洪方式的相互联系及规则的连贯性。其次，不同条件下调洪方式的调整和转换必须选择可作为操作指示的判别指标。

(二) 入库洪水的判别

拟定合理的防洪调度方式是实现水库对洪水进行合理调节与适时的蓄泄、确保水库安全、提高水库综合效益的重要环节；而合理防洪调度方式的实现，取决于对入库洪水判别的正确与否。

水库承担下游防洪任务，在防洪调度中，当来水不超过下游防洪标准时，应保证下游防洪安全；当洪水超过下游防洪标准后，且在大坝设计标准、校核标准范围内，应确保大坝安全。因此，在防洪调度中，十分重要的是要判别在什么情况下应确保下游防洪安全，什么情况下应转为保大坝安全，又在什么情况下需要启用非常泄洪设施。在洪水起涨初期，因不能预知将继续出现的洪水全过程，而不能直接知道这次洪水是否超过某种标准。通常必须利用某一水情信息作为判别条件，借助其指标值来判断当前洪水的量级。

判别方式的优劣在于能否正确判别洪水，使各级防洪安全能得到可靠保证，合理考虑决策时间，便于控制运行，而且在确保各级防洪安全的前提下，使防洪库容及调洪库容较小，以提高发电、灌溉等兴利效益。

判别方式一般有库水位判别、入库流量判别及库水位与入库流量相结合的峰前蓄水量判别，分别简介如下：

1. 用库水位进行判别

用各种频率洪水进行调洪求得最高库水位来判别洪水达到什么标准。调度时，根据实际库水位来判别出现洪水的大小，由此来决定泄流量的大小。这种方法比较可靠，一般不会出现未达标准而加大泄量或敞泄的情况，但由于加大泄量较迟，在泄洪时机的掌控上，就显得滞后一些。因此，这种方法多适用于防洪库容较大，且调洪结果主要取决于洪水总量的情况。

2. 以入库流量作为判别条件

以各种频率的洪峰流量来判别洪水是否超过标准。在设计和复核阶段，曾对各种频率的洪水进行分析，求出各种频率洪峰流量。在实际工作中，要求根据预报的洪峰流量来判别入库洪水的标准,因此要求水文预报不仅要及时,还要高精度。或者按水量平衡原理,根据库水位的涨率反推入库洪水流量。这种方法比用库水位作为判别条件来说,泄水要早,因而所需防洪库容相对较小。但若判别失误,将造成较大损失。因此,该法一般适用于调洪库容很小,调洪最高水位主要受入库洪峰流量决定的水库,或者洪水峰量关系较好的水库。

3. 以峰前蓄水量作为判别条件

由以上两种方法可知。采用库水位作为判别条件较稳妥,但加大泄水相对较迟,所需防洪库容较大;以入库流量作为判别条件,可以早一些判别洪水频率,但可靠性差。

(三) 非常泄洪设施的标准与启用条件

当水库不承担下游防洪任务时,防洪调度的主要任务是确保枢纽工程的安全,使水库在遭遇设计洪水时,库水位不超过设计洪水位;在遭遇校核洪水时,库水位不超过校核洪水位。前者称为水库正常运用,后者称为水库非常运用。

当水库的校核洪水比设计洪水大很多,尤其是当校核洪水采用可能最大洪水时,两者的差异更大。对于这种情况,设计时往往应考虑在库区适当位置修建工程比较简易的非常泄洪设施,如非常溢洪道或可破副坝等,在遇到非常洪水时启用以帮助正常泄洪设施宣泄洪水。

由于正常运用(设计)标准与非常运用(校核)标准相差较大;据部分水库统计,校核标准洪峰比设计标准洪峰大1.5~4.6倍,故而非常运用泄洪设施一般采用非常溢洪道和破副坝泄洪等。对泄洪通道和下游可能发生的情况,要预先做出安排,确保泄洪设施启用生效;规模大或具有两个以上的非常泄洪设施,一般应考虑能分别先后启用,以控制下泄流量。由于启用非常泄洪设施将使下游产生严重的淹没损失,启用后还必须进行修复,影响水库效益的发挥,后果是严重的,故而应根据水库的规模、重要性、地形地质条件、启用非常措施后对下游影响程度等情况慎重拟定标准。选择的原则为:失事后对下游将造成较大灾害的大型水库、重要的中型水库以及特别重要的小型水库,当采用土石坝时,应以可能最大洪水作为非常运用洪水标准;当采用混凝土坝、浆砌石坝时，根据工程特性、结构型式、地质条件等，其非常运用洪水标准较土石坝可适当降低。一般来说，对下游有密集居民点、重要城镇、大型工矿企业及铁路，且启用后修复困难、严重影响效益发挥的水库，应采用较高的标准；反之，可采用稍低的标准。

但应注意的是，非常泄洪设施一旦启用，其后果往往十分严重，或使下游产生严重的淹没损失，或可能冲毁部分水工建筑物，严重影响社会效益的发挥，因此应慎重拟定合理的启用标准。通常以库水位略高于设计洪水位，或以入库流量略超过设计洪峰流量且有上涨的趋势作为非常泄洪设施的启用标准。一般情况下，当水库具有一定的调洪能力时，以水库水位高于相应标准的库水位作为启用非常泄洪设施的判别条件比较安全，也比较明确。对于调洪能力不大、洪峰与洪量有一定相关关系的水库，也可以考虑按入库流量及库水位相结合来作为判别条件：①在基本按防洪调度原则运用情况下，入库流量虽未达到启用非常泄洪设施标准，但库水位达到了标准，就应启用非常泄洪设施；②库水位虽未达到启用非常泄洪设施标准，但入库流量达到了标准，且根据水文预报及洪水特性判别，当不启用非常泄洪设施，库水位将明显超过启用非常泄洪设施标准时，也应及时启用非常泄洪设施。

考虑到未来实际发生特大洪水的过程与设计时所采用的不会完全相似，加之启用非常泄洪设施还需要一定的决策时间、准备时间、生效时间等，故而在保坝洪水的调洪计算中，最好在超过启用非常泄洪设施标准后再推迟 1~2 个计算时段才计入非常溢洪道的泄量；或在库水位高于启用非常泄洪设施标准水位一定数值后才计入非常溢洪道的泄量，以留有余地。

在具有几个非常溢洪道能分段使用的情况下，要充分利用水库调洪库容，研究不同的启用非常泄洪设施标准采用分级分段的非常运用方式，但分段不宜太多，一般以 2~3 段为限。

非常措施有几处时，宜采用先远后近的启用顺序，当各处对下游影响有较大差别时，宜先用对下游影响较小者；当各处地质条件及修复难易程度不同时，应先启用地质条件较好、修复较易的溢洪道。

（四）防洪调度规则的编制

防洪调度规则一般包括下列内容：

（1）前、后汛期水库遭遇一般较小洪水，且库水位未超过防洪限制水位时的兴利蓄水与防洪调度的规定。

（2）水库发生常遇洪水（5年、10年一遇洪水）、防洪标准洪水、大坝设计标准洪水及特大稀遇洪水的判别条件，控制泄量、调度方式和采取相应措施的规定。

（3）水库遭遇不同频率洪水时，泄洪设备闸门启闭的决策程序和闸门操作的有关规定。

（4）汛中和汛末水库拦洪的消落和回蓄的有关规定。

（5）整个汛期利用洪水预报采取预泄、预蓄和回充的有关措施和规定。

各水库的防洪调度规则，应视其具体情况而定。其条款可增可减，但需要抓住主要问题，不宜过于烦琐。在编制水库防洪调度规则的过程中，为了使拟定的调度方式切实可行，需综合考虑如下因素：

①水库调洪方式的选择是编制水库防洪调度规则的基础。对于承担下游防洪任务的水库，若下游有不同重要性的防护对象，应采取分级控制方式，体现"小水少放，大水多放，常遇洪水适当调蓄"的原则。当出现超下游防洪标准洪水时，应结合泄洪建筑物的具体情况采用加大下泄，甚至于敞泄的调洪方式。

②控制不同泄量的依据是洪水的量级（用重现期表示）。应根据水库及其下游区间洪水的规律寻求某种水文要素的指标量作为判别条件。良好的判别条件，应使判断的失误率减小，而且可较早做出判别。要考虑各种可能影响泄洪的因素。当判别来水超过某种标准需加大泄量时，往往有一系列因素影响及时泄出应泄的流量；由于管理不够现代化、自动化，编制调洪计划时需要适当给予考虑。

③为编制水库防洪调度规则而进行水库调洪计算时，必须从常规至校核洪水有序地、彼此衔接地逐级进行。每次进行较大洪水的调洪计算必须从小到大逐级控制泄量，即必须结合判别条件，根据已出现的洪水情况，逐级加大泄量。尽可能使泄量逐步增大或减小，避免突变。除水库泄流量大小对下游堤防有影响外，泄量大小变化太剧烈也将对堤防产生不利影响。因此，在编制水库防洪调度规则时要尽可能避免泄量的突变。

④水库防洪调度规则具有整体性和连贯性。连贯性体现在不管出现哪

一个量级(或重现期)的洪水,总是应该按规则逐条连续操作,直到出现洪水量级与规则条款规定的洪水一致。整体性体现在水库防洪调度规则是防洪特征参数(防洪限制水位、防洪高水位、设计洪水位、校核洪水位)、泄洪建筑物型式、尺寸、运用条件(如泄洪设施及闸孔的启用次序、闸门的开启方式等)、水库调洪方式(包括为下游防洪分级控泄及为保坝安全加大泄量或敞泄)、洪水判别条件等元素的共同产物。上述任何一个要素有变动,原则上讲都应该对水库防洪调度规则进行全面复核和修订。

第十一章 水电站厂内经济运行

第一节 水电站厂内经济运行的任务及内容

明确水电站厂内经济运行的任务及内容有利于明确各阶段重点完成的任务，便于整个厂内的工作顺利、有序地开展，对水电站厂内经济运行具有重要意义。

一、水电站厂内经济运行的任务

(一) 确定最优工作机组台数和组合

水电站厂内经济运行的首要任务是在给定系统负荷的条件下，精准确定工作机组的最优台数和组合。这一过程要求深入研究水电站的动力特性曲线，该曲线详细描绘了机组在不同工况下的性能表现，是制定最优运行策略的基础。通过对动力特性曲线的分析，明确各机组在不同负荷下的效率与能耗，为合理安排机组运行提供数据支持。为了实现这一目标，必须组织专业的机组动力特性试验。这些试验旨在获取原型机组的真实动力特性数据和资料，包括机组的启动、运行、停机等各个环节的性能参数。这些数据不仅反映了机组的实际运行状态，也是后续制定经济运行方案的重要依据。通过试验，可以更加准确地了解机组的性能特点，为优化机组组合提供可靠的技术支撑。

在掌握机组动力特性的基础上，需要进一步计算和编制机组（段）的动力特性表。这些表格是经济运行中不可或缺的基本工具，它们详细列出了机组在不同工况下的性能指标，如效率、耗水量、出力等。动力特性表的编制应基于原型机组动力特性试验资料，确保数据的真实性和准确性。若尚未进行原型试验，则可依据设备制造厂家提供的机组模型试验资料进行换算，以得到近似的动力特性数据。根据动力特性表和实际运行需求，通过科学的方法和算法，确定在给定负荷条件下水电站厂内的最优工作机组台数和组合。这一决策过程应综合考虑机组的性能、效率、能耗以及运行成本等多个因素，确保水电站能够在满足系统负荷需求的同时，实现经济、高效、稳定的运行。

(二) 制订日最优运行方式计划

(1) 这一计划需要明确一天之内各机组的开停时间。通过对水电站面临的负荷预报图进行细致分析，结合机组的动力特性和运行效率，科学地确定每台机组的启动和停止时间。这样不仅能确保水电站随时满足系统负荷的需求，还能有效避免机组频繁启停带来的能耗损失和设备磨损。

(2) 在确定机组开停计划的基础上，接下来要解决的问题是负荷在并列运行机组间的经济分配。这一步骤要求根据机组的性能特点和当前的水头条件，将系统负荷合理地分配到每一台运行中的机组上。通过精确的计算和分析，找出使得总能耗最小的负荷分配方案，从而实现水电站的经济运行。这一过程中，需要充分利用机组的动力特性数据，确保负荷分配既符合实际需求，又能最大限度提高水电站的整体运行效率。

(3) 在制订日最优运行方式计划时，还必须充分考虑各种影响因素。除了机组的动力特性和负荷需求外，水头变化也是一个不可忽视的重要因素。水头的高低直接影响机组的出力和效率，因此在制订计划时需要准确预测一天内的水头变化情况，并据此调整机组的运行策略。同时，还需要考虑水电站与其他电力系统的协调运行，确保水电站的运行方式既符合自身经济利益，也能满足整个电力系统的稳定运行要求。

(4) 制订其最优运行方式计划是一项需要高度专业知识和严谨态度的工作。它要求计划制订者不仅具备扎实的电力工程知识，还需要对水电站的实际情况有深入的了解和准确的把握。通过科学合理的计划和精细化的管理，确保水电站在满足负荷需求的同时，实现经济运行和可持续发展。

(三) 实时操作控制，实现经济运行

水电站厂内经济运行的实现离不开实时操作控制的精准执行。在实际运行过程中，由于负荷预报存在不确定性，计划负荷图往往难以完全准确反映实际负荷需求。因此，必须根据负荷、水头等实际运行参数的变化，进行实时的操作调整。这就要求运行人员密切监控各项运行指标，一旦发现偏差，立即采取相应措施，确保各机组承担的负荷在其允许范围内波动，从而维持水电站运行的经济性。

实时操作控制的核心在于快速响应和精确调整。当实际负荷与计划负荷出现偏差时，运行人员需要迅速判断偏差的原因和趋势，然后依据机组的动力特性和当前运行状况，制定出合理的调整方案。这一过程中，既要考虑机组的稳定运行，又要兼顾经济性的提升。调整方案确定后，运行人员需迅速执行，通过调整机组出力、开机台数或负荷分配等方式，使水电站运行重新回归最优状态。为了提高实时操作控制的效率和准确性，水电站应积极采用自动控制技术。通过引入电子计算机或微处理机，实现对水电站运行的实时监控和自动调整。自动控制系统能够根据预设的经济运行模型和实时采集的运行数据，自动计算出最优的调整方案，并发出控制指令，使机组在无人干预或最少干预的情况下自动调整至最佳运行状态。这样不仅能减轻运行人员的工作负担，还能大大提高水电站运行的经济性和稳定性。

实时操作控制的目标是确保水电站能够在实时运行中保持最优的经济运行方式。通过精确的监控和调整，最大限度减少因负荷波动、水头变化等因素带来的能耗损失，提高水电站的发电效率和经济效益。同时，实时操作控制还有助于延长机组的使用寿命，降低维护成本，为水电站的长期稳定运行提供有力保障。

（四）优化负荷分配和机组启停

首先，根据电网对水电站负荷的实时要求，必须合理选择运行机组的台数。这一选择需基于对当前负荷需求的准确评估，以及对未来负荷变化趋势的合理预测。通过科学分析，确定最经济的机组运行组合，既满足电网需求，又避免不必要的能耗。在确定运行机组台数的基础上，接下来需按照等微增率原则分配运行机组间的负荷。等微增率原则是一种优化负荷分配的方法，它要求在各机组间分配负荷时，使得每增加一单位负荷所带来的额外水耗（或能耗）相等。通过精确计算各机组在不同负荷下的效率特性，制定出符合等微增率原则的负荷分配方案,从而实现少用水多发电的目标。

除了合理的负荷分配外,减少开、停机的次数和缩短开、停机的时间也是提高水电站经济运行效率的重要手段。开、停机过程中会消耗大量水资源,并产生额外的设备操作成本。因此,应尽量避免不必要的开停机操作。在实际运行中,通过优化调度策略、提高负荷预测的准确性等措施来减少开停机的次数和时间,从而降低水电站的运行成本。此外,在水电站进行调相运行时,也需要注意优化负荷分配和机组启停。调相运行是水电站的一种特殊运行方式,主要用于调节电力系统的相位和电压。在调相运行时,应特别注意转轮室的水压控制,确保转轮不在水中旋转,以减少对电网有功的消耗。同时,还需根据调相运行的特点,合理调整机组的启停顺序和负荷分配方案,以进一步提高水电站的经济运行效率。通过这些措施的实施,显著提升水电站的整体经济效益和运行水平。

二、水电站厂内经济运行的内容

作为水电站生产技术管理的一项重要工作,其厂内经济运行的内容主要包括以下五点:

(1) 组织机组动力特性试验。这是挖掘水电站设备潜力的一项基础性工作,目的在于摸清和获得原型机组的真实动力特性,为开展经济运行提供可靠依据。关于机组动力特性试验的知识和方法,读者可阅读相关文献。

(2) 计算和编制机组动力特性。机组动力特性是经济运行中使用的基本动力特性,一般应根据原型机组动力特性试验资料直接编制。当还未进行原型试验时,则只能依据设备制造厂家提供的,通过机组模型试验资料换算得到的有关动力特性来编制。

(3) 编制全厂的最优动力特性。这是厂内经济运行的核心工作,是对厂内经济运行策略的具体体现。因此,要按所建立的厂内经济运行数学模型,采用一定的优化方法,利用各机组动力特性,综合考虑影响经济运行的各种因素和条件,然后根据水电站出力变化范围内的任何可能负荷情况,确定工作机组的最优台数、组合、启停次序及在各机组间进行负荷的最优分配,在此基础上,编制出全厂的最优动力特性,为制订面临日水电站全厂及各台机组的经济运行方式(计划)及进行实时控制提供指导依据。

（4）制订面临日的厂内经济运行方式（计划）。根据电力系统给定的面临日水电站负荷图以及其他相关信息资料，按照所编制的全厂最优动力特性和各机组（或机组段）的动力特性。制订该日水电站及各机组的经济运行方式（计划），包括该日逐小时负荷的工作机组最优台数组合、启停次序计划、下泄流量和上下游水位过程、各机组最优分配的出力过程、引用流量过程及各水轮机导叶开度过程等。

（5）进行实时控制，实现厂内经济运行。以所编制的面临日厂内经济运行方式（计划）为指导，根据面临时刻（段）及其后负荷等信息的可能变化，随时修正原计划方式调整水电站及其各机组面临时刻（段）的决策和面临时刻至日末的经济运行方式，同时还须考虑电力频率和电压的变化情况，调整相应功率。负荷调整时可用手工操作，有条件时，应借助电子计算机或微处理机，实现水电站厂内经济运行的自动控制。

第二节　水电站动力特性

水电站的生产过程是水能通过水轮机转变为机械能，再由发电机把机械能转变为电能的过程，这是主过程。此外还有电能参数的变换、相应的调节控制等过程。分析能量在生产过程中的变化和损失特性一般采用动力指标作为基本工具。

一、水电站动力指标

动力指标中有三种常用的，称为基本动力指标，即绝对动力指标、单位动力指标和微分动力指标。

（一）绝对动力指标

绝对动力指标是指以动力因素的基本单位绝对值表示的动力指标，是评价水电站运行整体效益及在电子计算机上进行数值计算的基本指标，常用的有如下几种：

（1）水头。水头是构成水能的要素之一，是水电站所利用水流的含能性指标,其度量单位为 m。我们把水轮发电机组(水轮机和发电机)以及与机组对应的引水管道合称为机组段。对机组单元引水的电站来说,水流经过拦污栅、进水口、输水管道及阀门(如蝶阀)等都不可避免地会引起水头损失,这些水头损失又可以分为沿程摩阻水头损失和局部水头损失两大类。一般来说,水头损失与输水管中流过的流量有关。

因此,机组段水头和水轮机水头有所不同,两者相差的部分正是这个水头损失,水轮机水头等于机组段水头减去引水水头损失。

(2)流量。流量单位通常为 m^3/s。流量反映了单位时间内,流经水轮机机组的水量。

(3)输入功率、输出功率(出力)、功率损失的度量单位为 kW、MW 或万 kW。

(4)输入能量、输出能量(发电量)、能量损失的度量单位为 kW·h。

(二)单位动力指标

单位动力指标是评价水电站生产过程"物质含量"的重要效益指标之一,常用的有如下几种:

(1)效率。它是指输出功率(或输出能量)对输入功率(或输入能量)的比值。

(2)单位耗功率。它是指输入功率对输出功率的比值。

(3)单位耗水率。这是水电站引用流量对其出力的比值,也可用水电站引用水量对其发电量的比值表示,单位为 m/(kW·h)。

(三)微分动力指标

微分动力指标是以绝对动力指标微增量的比值表示的指标,一般称为微增率。这是对水电站运行方式变化更加敏感的指标,广泛用于优化计算,特别适用于各种课题的分析法求解,常用的有以下两种:

(1)功率微增率。

(2)流量微增率。

二、动力特性曲线

动力特性曲线综合反映出机组在不同工况下的效率,以及能量在型式与数量上的变化。一般来说,这些特性曲线的获得有两种途径:根据制造厂家水轮机模型试验特性曲线和引水管道、发电机等特性资料,换算得出原型特性曲线;根据机组的现场效率试验数据计算得出效率曲线,再由各特性曲线间的关系绘制其他特性曲线。但由于水轮机发电机组的加工制造和机组、引水管道的安装一般难以满足设计要求,且实际运行中水轮机受气蚀和漏水磨损等因素的影响而性能变坏,以及拦污栅堵塞引起水头损失等原因,使得整个机组效率降低,故实际的机组特性曲线与根据制造厂家提供的模型资料换算得出的原型特性曲线有差别。因此,往往在无法取得水轮发电机组效率特性曲线的情况下,才采用第一种方法。

三、水电站动力特性分析

(一)机组动力特性

机组负荷特性是水电站动力特性的重要组成部分,它描述了机组输出功率与负载之间的函数关系。具体来说,机组负荷特性可分为直线特性、凹形特性和凸形特性三种类型。其中,直线特性表示机组输出功率与负载呈线性关系,即负载增加时,输出功率也按比例增加;凹形特性意味着在负载较小时,输出功率增加较快,但随着负载的增大,输出功率的增加速度逐渐减缓;凸形特性表示在负载较小时,输出功率增加较慢,而负载增大时,输出功率的增加速度加快。这些特性可通过式(11-1)来表示。

$$P=f(L) \tag{11-1}$$

式中:P——机组输出功率;

L——负载;

f——描述两者关系的函数。

不同的负荷特性对应着机组对负荷变化的响应模式,对水电站的经济运行和电力系统的稳定性具有重要影响。

机组调速特性是描述机组调整运行功率时输出功率与调整信号之间关

系的特性。根据调速系统的不同，机组调速特性可分为比例调节型、积分型调节和比例积分型调节。其中，比例调节型表示机组输出功率的调整量与调整信号成正比，即调整信号越大，输出功率的变化就越大；积分型调节根据调整信号持续时间的长短来调整输出功率，时间越长，调整量越大；比例积分型调节则是两者的结合，既考虑调整信号的大小，又考虑其持续时间。机组调速特性的优劣直接影响机组的稳态性能和响应速度，是水电站运行控制中的重要参数。

机组调相特性是描述机组并列运行时输出电压相位与公共母线电压相位之间关系的特性。在电力系统中，机组的调相运行对于维持系统电压和相位的稳定至关重要。机组调相特性可分为静态调相型和动态调相型。静态调相型表示机组在并列运行时，其输出电压相位与公共母线电压相位保持固定差值，不随系统负荷的变化而变化。而动态调相型则能够根据系统负荷的变化，自动调整输出电压相位，以维持系统电压和相位的稳定。调相特性可通过式（11-2）来表示。

$$\varphi = \varphi_0 + \Delta\varphi \tag{11-2}$$

式中：φ——机组输出电压相位；

φ_0——公共母线电压相位；

$\Delta\varphi$——两者之间的相位差。

机组调相特性的好坏直接影响电力系统的稳定性。

(二) 机组段动力特性

1. 功率损失特性曲线

功率损失特性曲线是机组动力特性的关键组成部分，它详细描绘了机组在不同工况下的功率损失情况。这条曲线通常通过实验或仿真获得，横坐标代表机组的流量或水头，纵坐标则代表对应的功率损失。在曲线上，有几个特征工况点尤为关键。空载工况点，即机组无负载运行时的状态，此时的功率损失主要来源于机械摩擦、水流阻力等；最小损失点，是机组在特定工况下达到功率损失最小的运行点，此点对于优化机组运行、减少能耗具有重要意义；最大出力点，表示机组在允许范围内能够达到的最大输出功率时的功率损失，此点反映了机组在极限工况下的性能表现。通过功率损失特性曲线，我们可以定量地分析机组在不同工况下的能耗情况，为机组的经济运行提供数据支持。

2. 功率特性曲线

功率特性曲线是描述机组输出功率与流量、水头等参数之间关系的图形表示。它直观地展示了机组在各种工况下的输出功率变化情况。在功率特性曲线上，空载工况点对应着机组无负载时的输出功率，此点通常作为曲线的起点；最大出力点则机组在允许范围内能够达到的最大输出功率，它代表了机组的最大发电能力；而最大过流点则是机组在流量达到最大值时的运行状态，此点对于评估机组的过流能力和安全性能至关重要。功率特性曲线可通过式（11-3）来表示。

$$P=f(Q, H) \tag{11-3}$$

式中：P——机组输出功率；

Q——流量；

H——水头；

f——描述它们之间关系的函数。

通过这条曲线能够全面了解机组在不同工况下的发电性能，为水电站的优化调度和经济运行提供科学依据。

3. 效率特性曲线

效率特性曲线是反映机组效率与输出功率之间关系的图形表示。它揭示了机组在不同输出功率下的效率变化情况，是评估机组性能优劣的重要指标。在效率特性曲线上，最大效率点对应着机组达到最高效率时的输出功率，此点是机组经济运行的理想状态，是最大出力点，此时虽然机组输出功率最大，但效率可能并非最高，甚至可能有所下降。

4. 耗水率特性曲线

耗水率特性曲线是水电站机组动力特性中的一个核心要素，详细记录机组在不同工况下，单位输出功率所对应消耗的流量。在实际运行中，机组需要消耗一定的水量来产生电力，而耗水率特性曲线正是通过量化这一消耗，帮助运行人员了解机组在不同输出功率下的水耗情况。通过对比不同机组或同一机组在不同时间段的耗水率，可以直观地反映出机组水资源利用的优劣，为水电站优化运行策略、提高水资源使用效率提供重要依据。

进一步地，耗水率特性曲线还能够帮助水电站进行长期规划。通过对历史数据的整理和分析，预测未来机组在不同工况下的水耗趋势，为水电站的水资源管理和调度提供科学指导。此外，在机组选型或改造过程中，耗水率特性曲线也是评估新机组性能、对比不同机型优劣的重要参考。

5. 流量微增率特性曲线

流量微增率特性曲线则是描述机组输出功率微小变化时，流量随之变化的速率，在水电站的实际运行中，机组输出功率往往需要根据电网需求进行频繁调整。而流量微增率特性曲线正是反映机组在这种调整过程中，流量的响应速度和变化趋势。通过深入分析这一特性曲线，运行人员能够更加准确地把握机组对负荷变化的敏感程度，制定出更加精细合理的调节策略，确保机组在负荷变化时能够迅速稳定地调整输出功率，满足电网需求。同时，在机组的设计、制造和调试过程中，通过对比实际运行数据与理论预期，检验机组的动态响应特性是否满足设计要求，对于存在问题的机组，依据流量微增率特性曲线进行针对性的优化改进，提高机组的整体性能和稳定性，流量微增率特性曲线在水电站机组的设计、运行及维护过程中均发挥着重要作用。

（三）水电站全厂最优动力特性

在水电站的全厂动力特性分析中，机组最优台数与组合环节需要深入考虑水电站的经济运行原理和方法，通过综合分析机组性能、发电效率、水流条件以及电网需求等多方面因素，来确定在不同工况下最优的机组运行台数和组合方式。具体来说，就是要根据水电站的实际情况，计算出在不同负荷需求下，启动哪些机组、停止哪些机组，以及各机组应该如何组合运行，才能使得整个水电站的经济效益达到最大化。这一过程中，需要充分利用机组的性能数据，进行精细的计算和比较，以确保得出的最优方案既符合实际运行需求，又能实现经济效益最大化。合理的机组启停计划能够有效减少开停机过程中的水量损失和设备操作成本，从而提高水电站的整体运行效率。在制定启停次序时，需要综合考虑机组的启动时间、停机时间、运行稳定性以及维修周期等因素，确保在满足电网需求的前提下，尽可能减少不必要的开停机操作。同时，还需要根据水电站的实际情况，灵活调整启停计划，以应对可能出现的突发情况或负荷变化，确保水电站的稳定运行和经济效益。

机组间负荷最优分配则是水电站全厂最优动力特性分析中的另一个重要方面。基于等微增率原则或其他优化算法，可以实现机组间负荷的经济分配，使得各机组在承担不同负荷时，都能保持较高的发电效率和稳定性。具体来说，就是要根据各机组的性能特点和当前运行状态，计算出在不同负荷下各机组的最佳出力点，并据此进行负荷分配。通过合理的负荷分配，可以充分发挥各机组的优势，提高整个水电站的经济效益和发电能力。同时，还可以减少机组间的相互干扰和负荷波动，确保水电站的稳定运行和供电质量。

（四）其他动力特性

1. 水力损失特性

在引水系统中，水流经过长距离的管道、弯道、闸门等结构时，会因摩擦、撞击和涡流等现象而产生沿程摩阻损失和局部水头损失。这些损失不仅可能降低水流的有效能量，还可能增加水电站运行的成本。进入水轮机内部后，水流与转轮叶片的相互作用会产生更为复杂的水力损失，包括撞击损失、摩擦损失以及涡流损失等。这些损失不仅影响水轮机的转换效率，还导致水轮机内部流态的恶化，进而影响机组的稳定运行。

2. 机组振动与稳定性

机组振动是水电站运行中不可避免的现象，其产生的原因多样且复杂。一方面，水流的不均匀性、湍流及水轮机内部的涡流等水力因素会对机组产生周期性的激振力，导致机组振动；另一方面，机组本身的制造和安装误差、轴承的磨损、不平衡的转子质量等机械因素也是引起机组振动的重要原因。机组振动不仅会影响机组的稳定性和寿命，还会通过传动系统传递到水电站的其他设备和结构，造成更广泛的损害。因此，对机组振动的监测和分析是确保水电站安全运行的重要环节。

机组稳定性涉及机组在受到各种扰动时，是否能保持原有的运行状态和性能。机组稳定性的好坏直接影响水电站的供电质量和电网的稳定性。在水力、机械、电磁等多种因素的综合作用下，机组可能产生不同程度的失稳现象，如频率波动、振幅增大等。这些失稳现象不仅会降低机组的发电效率，还会对水电站的安全运行构成威胁。

第三节　等微增率法求解运行机组的最优组合和负荷分配

一、运行机组间负荷最优分配

水电站中常以两台以上的机组并行运行，共同承担电力系统给定的负荷，此时机组会有许多运行工况。一般与运行方式有关的机组工况参数有三个：运行机组台数、运行机组组合及各机组所承担的负荷。水电站厂内经济运行的问题之一就是在给定负荷的情况下，如何选择最优机组组合以及如何在机组间进行最优负荷分配。解决这一问题的常见方法是等微增率法和动态规划法，这一节主要介绍等微增率法。

(一) 等微增率原则

当电力系统在某一时刻分配给水电站的负荷一定时，水电站运行机组间最优负荷分配应满足"通过各机组的总流量为最小"这一原则。

(二) 用微增率曲线进行固定机组间负荷最优分配

固定机组间负荷最优分配是指已确定了开机组合，且这些机组不论承担多少负荷（甚至空载）都并在电网上运转时，决定负荷在机组间的分配，使全厂工作流量最小。

二、机组最优组合与负荷分配

以上讨论的是固定机组间的负荷最优分配问题。在工程中，问题往往是已知电厂负荷而需要选取机组台数、台号，并在选定的机组之间进行负荷的优化分配。此时需要考虑各台机组的空载流量对于负荷分配的影响，故应使用组合流量特性曲线。

三、求解运行机组的最优组合和负荷分配方法

等微增率法是一种用于求解水电站运行机组最优组合和负荷分配的有

效方法。该方法基于经济学中的边际成本相等原则,通过比较各机组在不同负荷下的微增率,即负荷增加时,成本或耗水量的增加率,来确定机组的最优运行组合和负荷分配。

在等微增率法中,首先需要对水电站的各机组进行性能测试,获取各机组在不同负荷下的耗水率或成本数据。然后,根据这些数据计算出各机组在不同负荷下的微增率,即单位负荷增加时,耗水率或成本的增加量。这一步骤是等微增率法的核心,它要求数据准确、计算精细,以确保后续分析的有效性。接下来,利用微增率曲线进行机组的最优组合选择。具体做法是将各机组的微增率曲线绘制在同一坐标系中,并按照微增率从小到大的顺序进行排列。然后,从微增率最小的机组开始,依次选择机组,直到满足水电站的总负荷需求为止。这样选择出的机组组合就是使得总耗水率或总成本最小的最优组合。这一过程中,需要注意的是,当某机组的微增率超过其他机组时,应停止选择该机组,转而选择微增率更低的机组,以确保整体经济效益的最大化。

在确定最优机组组合后,还需要进行负荷的最优分配。这一步骤是基于等微增率原则进行的,即要求各机组在承担负荷时,其微增率应该相等。具体来说,就是根据各机组的性能特点和当前运行状态,调整各机组的负荷分配,使得各机组在承担不同负荷时,其耗水率或成本的增加量保持相等。这样就可以确保在满足总负荷需求的前提下,各机组都能以最低的成本或耗水率运行,从而实现水电站整体经济效益最大化。

对于任意两个机组 i 和 j,在最优负荷分配下,应满足式(11-4)。

$$\Delta C_i/\Delta P_i = \Delta C_j/\Delta P_j \tag{11-4}$$

式中:ΔC_i 和 ΔP_j——机组 i 和 j 的负荷微增成本;

ΔP_i 和 ΔP_j——机组 i 和 j 的负荷增加量。

通过这一公式计算各机组在最优负荷分配下的具体出力情况,为水电站的实际运行提供科学指导。

第四节　动态规划法求解运行机组的最优组合和负荷分配

等微增率法应用于机组最优组合和负荷分配，虽然简单直观，但有一个前提条件，那就是水电站所有机组段的流量特性曲线都是光滑的凸函数，或者可以通过较小修正误差而修正为光滑的凸函数。此外，当机组存在出力限制区时，也会给等微增率法的使用带来很多困难。为此，可采用动态规划法来解决微增率曲线非凸及不连续时的机组负荷最优分配问题。

在具体实施过程中，动态规划法通过递归地求解子问题的最优解，逐步构建出整体问题的最优解。对于每一个子问题，都根据其状态变量（如机组出力、负荷需求等）和决策变量（如开机组合、负荷分配等）来定义目标函数，如最小化总耗水量或最大化发电效率。然后，利用动态规划的基本方程，即贝尔曼方程（式11-5），来递推地计算各子问题的最优值。

$$V(s) = \min_{d \in D(s)} \{C(s,d) + V[T(s,d)]\} \tag{11-5}$$

式中：$V(s)$——状态 s 下的最优值；

$D(s)$——状态 s 下可行的决策集合；

$C(s,d)$——从状态 s 采取决策 d 的即时成本；

$T(s,d)$——采取决策 d 后，状态 s 的转移状态。

动态规划法的另一大优势在于能够自然地处理机组出力限制区的问题。当某些机组由于技术或安全原因而不能在特定出力范围内运行时，动态规划法可以通过在决策集合 D(s) 中排除这些不可行的决策，从而确保得到的解始终满足实际运行约束。这种灵活性使得动态规划法在实际应用中更加可靠和实用。通过动态规划法得到的最优组合和负荷分配方案不仅考虑了当前时刻的效益最大化，还通过递归地考虑未来状态的影响，实现了全局的最优性。这种全局优化的特性使得动态规划法在解决复杂的水电站机组负荷分配问题时，能够找到比等微增率法等传统方法更加精确和高效的解决方案。因此，动态规划法在水电优化调度领域具有广泛的应用前景和重要的实践价值。

第五节　电厂开停机计划的制订

一、数据搜集与预处理

在着手制订电厂开停机计划之初，数据搜集是不可或缺的基础环节。具体而言，需汇总各机组的详细性能参数，如额定功率这一决定机组发电能力的重要指标，以及启动时间和停机冷却时间等反映机组响应速度和灵活性的关键参数。这些数据将直接用于评估机组在不同工况下的表现，为后续的计划制订提供有力支撑。同时，历史运行记录也是不可或缺的数据源，它详细记录了机组过去的运行状态、效率及出现的问题，通过深入分析这些数据，准确识别机组的稳定运行区间，及时发现并预防潜在风险。

数据搜集工作完成后，紧接着是数据预处理的关键步骤。首要任务是对搜集到的数据进行严格清洗，通过比对、校验等手段剔除其中的错误或异常值，确保数据的真实性和可靠性。随后，需对数据进行科学分类和整理，依据机组类型、时间段等维度进行有序组织，以便后续进行高效的分析和计算。最后，根据数据的具体特性和分析需求，精心选择合适的统计方法和模型，如时间序列分析、回归分析等，为开停机计划的精确制订提供坚实的科学依据和数学支撑。

二、模型构建与优化

在数据基石之上，电厂需精心构建开停机计划的优化模型，这是实现高效调度与成本控制的关键，此模型本质上是一个复杂的多目标优化系统，不仅需要紧密贴合电网的实时负荷需求，还需要在机组的运行效率、维护成本及环保标准之间找到最佳平衡点。目标函数涵盖最小化总发电成本以控制经济支出、最大化发电效率以提升能源利用率，以及最小化污染物排放以满足环保法规，这些目标相互制约、相互促进，共同构成模型的核心框架。

模型构建过程中，约束条件的设定是确保方案可行性的重要一环。机组出力限制界定了每台机组能够提供的最大和最小电力输出，是保障电网稳定运行的基础。启停时间约束则考虑机组启动和停机所需的时间及其对经济性和系统稳定性的影响。此外，检修计划安排作为机组维护的重要组成部分,其时间窗口的设定需与开停机计划紧密协调,以避免因检修导致的供电中断。同时,电网的稳定运行要求作为硬性约束,确保了整个电力系统在负荷波动和机组调度中的安全稳定。为求解这一高度复杂的优化问题,电厂需借助先进的智能算法。其中,遗传算法通过模拟生物进化过程中的选择、交叉和变异机制,能够在庞大的解空间中高效搜索最优解;粒子群算法利用群体智能原理,通过粒子间的信息共享和协作,快速收敛至全局最优或近似最优解;而模拟退火算法则借鉴物理学中金属退火过程的思想,通过逐步降低"温度"来寻找全局最优解,特别适用于处理具有多个局部最优的复杂问题。这些算法的应用为电厂开停机计划的优化提供了强有力的技术支撑,确保了调度方案的科学性与实用性。

三、计划制定与调整

在优化模型输出结果的基础上,电厂需将理论转化为实践,制订开停机计划,精确到小时甚至分钟的机组启停时间表,确保每台机组在最佳时间点启动或停机,以最大化发电效率和减少启动损耗。负荷分配策略需依据机组性能、燃料效率和当前电网需求综合考量,实现电力供应与需求的精准匹配,备用机组的安排需根据历史故障率和检修计划,合理预留备用容量,以应对突发状况,确保电网的连续供电能力。

面对电网负荷的波动性和不确定性,电厂需构建一套高效的监控与反馈系统,集成实时数据采集、状态监测和预警功能。通过SCADA(监控与数据采集)系统实时跟踪机组运行状态,结合负荷预测模型预测未来电力需求变化,为及时调整计划提供数据支持。一旦检测到电网负荷异常波动或机组故障预警,系统能迅速触发应急响应机制,自动或人工调整开停机计划,确保电网稳定运行和机组高效调度。

为了进一步提升开停机计划的适应性和准确性,电厂应实施定期的评估总结,对计划执行效果复盘,分析实际运行数据与计划预测之间的差异,识别偏差原因并采取措施进行修正。同时,利用机器学习算法对历史数据进行深度挖掘,不断优化预测模型和调度策略,提高计划的智能化水平。此外,电厂还应关注新技术、新设备的发展,如储能系统的集成应用,为开停机计划提供更多灵活性和优化空间。

参考文献

[1] 丁亮，谢琳琳，卢超．水利工程建设与施工技术 [M]．长春：吉林科学技术出版社，2022．

[2] 贾志胜，姚洪林．水利工程建设项目管理 [M]．长春：吉林科学技术出版社，2020．

[3] 贺志贞，黄建明．水利工程建设与项目管理新探 [M]．长春：吉林科学技术出版社，2021．

[4] 张长忠，邓会杰，李强．水利工程建设与水利工程管理研究 [M]．长春：吉林科学技术出版社，2021．

[5] 高喜永，段玉洁，于勉．水利工程施工技术与管理 [M]．长春：吉林科学技术出版社，2020．

[6] 田茂志，周红霞，于树霞．水利工程施工技术与管理研究 [M]．长春：吉林科学技术出版社，2022．

[7] 曹刚，刘应雷，刘斌．现代水利工程施工与管理研究 [M]．长春：吉林科学技术出版社，2021．

[8] 赵黎霞，许晓春，黄辉．水利工程与施工管理研究 [M]．长春：吉林科学技术出版社，2022．

[9] 廖昌果．水利工程建设与施工优化 [M]．长春：吉林科学技术出版社，2021．

[10] 耿娟，严斌，张志强．水利工程施工技术与管理 [M]．长春：吉林科学技术出版社，2022．

[11] 杜海燕，夏薇，张晓川．水利工程施工管理技术措施研究 [M]．北京：现代出版社，2023．

[12] 任海民．水利工程施工管理与组织研究 [M]．北京：北京工业大学出版社，2023．

[13] 赵建祖，姜亚，付亚军．水利工程施工与管理 [M]．哈尔滨：哈尔滨地图出版社，2020．

[14] 朱卫东，刘晓芳，孙塘根．水利工程施工与管理 [M]．武汉：华中科技大学出版社，2022．

[15] 张晓涛，高国芳，陈道宇．水利工程与施工管理应用实践 [M]．长春：吉林科学技术出版社，2022．

[16] 李宗权，苗勇，陈忠．水利工程施工与项目管理 [M]．长春：吉林科学技术出版社，2022．

[17] 赵永前．水利工程施工质量控制与安全管理 [M]．郑州：黄河水利出版社，2020．

[18] 卢宁，李明金，李旭东．水利工程施工质量控制与安全管理 [M]．延吉：延边大学出版社，2024．

[19] 张燕明．水利工程施工与安全管理研究 [M]．长春：吉林科学技术出版社，2021．

[20] 崔永，于峰，张韶辉．水利水电工程建设施工安全生产管理研究 [M]．长春：吉林科学技术出版社，2022．

[21] 典松鹤，苗春雷，刘春成．水利工程施工安全管理研究 [M]．延吉：延边大学出版社，2023．

[22] 王昊，崔魁，张维杰．水利水电工程建设安全生产管理 [M]．郑州：黄河水利出版社，2024．

[23] 郑宇，李洁，杨晓箐，等．水利工程施工组织与安全管理 [M]．西安：西北工业大学出版社，2022．

[24] 陈功磊，张蕾，王善慈．水利工程运行安全管理 [M]．长春：吉林科学技术出版社，2022．

[25] 陆一忠．泵站精细化管理 [M]．南京：河海大学出版社，2020．

[26] 袁连冲．南水北调泵站运行管理 [M]．南京：河海大学出版社，2021．

[27] 世界银行．国际水电站运维战略与实务 [M]．姜付仁，于书萍，王振红，等，译．北京：中国水利水电出版社，2021．

[28] 郑源，潘虹，谢俊，等．水光互补系统优化调度与经济运行 [M]．南京：河海大学出版社，2022．